高职高专立体化教材 计算机系列

Photoshop 平面设计项目实用教程
(第 2 版)

卢宇清 万莉君 主 编

闫 芳 刘金凤 副主编

清华大学出版社

北 京

内容简介

本书为全国高等职业教育"十二五"规划教材。本书以高等职业教育注重学生应用能力培养的要求为原则，以 Photoshop CS4 为蓝本，遵循"项目驱动，任务实施"的教学设计理念，选材新颖、结构清晰、内容丰富。全书包含摄影作品简单处理、网页页面设计、广告和形象设计、宣传单页设计、海报设计、园林效果图设计、包装设计、图书封面设计制作、相册的设计与制作、室内效果图设计和建筑效果图设计11 个真实项目，每个项目后面都配有一定数量的职业技能知识考核题，帮助读者巩固学习技能。

本书不仅可以作为高职院校、成人高校及广播电视大学等校的教材，也可以作为各类计算机培训及相关等级考试的教材，还可作为广告设计及图像处理等爱好者的参考用书。

图书在版编目(CIP)数据

Photoshop 平面设计项目实用教程/卢宇清，万莉君主编；闫芳，刘金凤副主编. --2 版. --北京：清华大学出版社，2012

(高职高专立体化教材　计算机系列)

ISBN 978-7-302-28282-2

Ⅰ. ①P… Ⅱ. ①卢… ②万… ③闫… ④刘… Ⅲ. ①平面设计—图象处理软件，Photoshop—高等职业教育—教材　Ⅳ. ①TP391.41

中国版本图书馆 CIP 数据核字(2012)第 040639 号

责任编辑：桑任松
封面设计：刘孝琼
责任校对：李玉萍
责任印制：杨　艳

出版发行：清华大学出版社
　　　　　网　　　址：http://www.tup.com.cn，http://www.wqbook.com
　　　　　地　　　址：北京清华大学学研大厦 A 座　　　邮　　编：100084
　　　　　社 总 机：010-62770175　　　　　　　　　　邮　　购：010-62786544
　　　　　投稿与读者服务：010-62776969，c-service@tup.tsinghua.edu.cn
　　　　　质 量 反 馈：010-62772015，zhiliang@tup.tsinghua.edu.cn
　　　　　课 件 下 载：http://www.tup.com.cn，010-62791865
印 装 者：北京鑫海金澳胶印有限公司
经　　　销：全国新华书店
开　　　本：185mm×260mm　　　印　张：25.25　　　字　　数：614 千字
版　　　次：2008 年 8 月第 1 版　　 2012 年 5 月第 2 版　　印　　次：2012 年 5 月第 1 次印刷
印　　　数：1～4000
定　　　价：45.00 元

产品编号：040729-01

前　言

本书以高等职业教育注重学生应用能力培养的要求为原则，力求从实际应用的需要出发，尽量减少枯燥死板的理论概念，加强应用性和可操作性的内容，改革教学方法和手段，为社会主义现代化建设培养更多的高素质技能型专门人才。

本书具有以下特点。

1．定位选材得当

Photoshop 是美国 Adobe 公司开发的平面设计领域中最优秀的软件之一，而且 Photoshop CS4 是 Adobe 公司历史上最大规模的一次产品升级，除了包含 Adobe Photoshop CS3 的所有功能外，还增添了 3D、深度图像分析等一些特殊功能，可以为广大的 Photoshop 用户开拓更为广泛的设计领域。本书以 Photoshop CS4 中文版软件为蓝本，有利于以汉语为母语的用户学习使用。

2．更新设计理念

本书遵循"项目驱动，任务实施"的教学设计理念，摒弃了"讲菜单、讲工具"的传统教学方式，通过项目分解产生任务，使读者在每个具体任务实施过程中掌握实用操作技巧与基础知识，融"教、学、做"为一体，学以致用，学有所成。

3．项目任务真实

全书包含来自不同企业、广告设计公司的 11 个真实项目，分解为 26 个任务。每个项目均以项目背景、项目要求、项目分析、能力目标、软件知识目标、专业知识目标、学时分配、课前导读等环节开篇，并且每个项目后面都配有一定数量的职业技能知识考核题，帮助读者巩固专业知识。

4．注重能力培养

注重培养学生的学习能力、实践能力，着力提升其创新能力和管理能力。

本书由河南农业职业学院的卢宇清和常州市大学城工程职业技术学院的万莉君任主编，北京信息职业技术学院闫芳和唐山科技职业技术学院刘金凤任副主编，河南农业职业学院的史兴燕、袁社峰、张淑君也参加了编写。本书配套电子课件、素材、效果图、职业技能知识考核参考答案，可从清华大学出版社网站(www.tup.tsinghua.edu.cn)下载。

本书由河南师范大学的李振亭教授主审，在审定过程中对项目设计提出了许多宝贵的意见，在此表示衷心的感谢。在编写过程中，得到了各位编审人员所在院校领导的大力支持，在此一并致谢。同时，在编写过程中，参考了有关教材、论文和著作，使用了某些网站的网页和资料，在此也一并表示感谢。

本书的编写人员都是从事本课程教学工作的一线教师，由于教科研任务繁重，加之能力有限，书中难免存在不足和疏漏之处，敬请广大读者批评指正。

编　者

目　录

项目〇　摄影作品简单处理
——图像的基础知识

项目背景

小朱是一个旅游、摄影爱好者，每次外出旅游，都会带回来很多拍摄的图片。这不，这次旅游回来，他从中挑选几张，准备用 Photoshop 处理一下，放到他 QQ 空间晒晒或彩色印刷出来。

项目要求

Photoshop CS4 是在 Photoshop CS3 的基础上升级的产品，具有强大的图像处理功能，采用开放式结构，能够外挂其他的处理软件和图像输入/输出设备，具有广泛的兼容性，是目前 Mac 和 PC 上普遍使用的最流行的图像编辑设计软件之一。因此，本书项目软件定位于 Adobe Photoshop CS4。本项目要求安装 Photoshop CS4，调整要处理照片的图像大小、分辨率和颜色模式。

项目分析

网络上的图片，主要是通过显示器来浏览的，因此，为了不影响网络速度和图片显示效果，图像尺寸、分辨率不宜设置得太大，分辨率设置 72dpi。而需要彩印的图片，为确保图片质量，其颜色模式设置为 CMYK，分辨率设置应不小于 300dpi。显示器的比例为 4:3，数码相机拍摄的照片一般也是 4:3 的比例，与显示器的一致，而扩印的照片的比例一般是 3:2(与胶卷负片的长宽比例一致)。因此，数码相机的照片扩印出来一般要把照片的比例剪裁调整成 3:2 左右的。

启动 Photoshop CS4 后默认工作界面如图 0-1 所示。

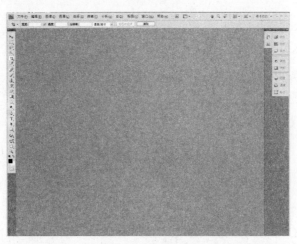

图 0-1　Photoshop CS4 默认工作界面

能力目标

1. 能熟练完成软件的安装与启动。
2. 能熟练完成 Photoshop CS4 的基本操作。

软件知识目标

1. 能独立完成 Photoshop CS4 的安装与启动。
2. 熟悉 Photoshop CS4 的工作界面。

专业知识目标

1. 掌握平面设计的基本知识。
2. 掌握数字图像处理的基本知识。

学时分配

4 学时(讲课 2 学时，实践 2 学时)。

课前导读

本项目分解为两个任务。通过本项目的学习，能正确安装与启动 Photoshop CS4，熟悉 Photoshop CS4 的工作界面，并能进行简单的操作，掌握平面设计与数字图像处理的基本知识，为深入学习 Photoshop 平面设计奠定基础。

任务 1　初识 Photoshop CS4

任务背景

Photoshop CS4 是 Adobe 公司历史上最大规模的一次产品升级，除了包含 Adobe Photoshop CS3 的所有功能外，还新增了 3D、深度图像分析等一些特殊功能，在工作界面、文件窗口等方面也有很大改观。

任务要求

建议使用正版软件，正确安装 Photoshop CS4。

任务分析

通过 Photoshop CS4 的安装与启动，掌握软件安装与启动的方法，熟悉 Photoshop CS4 的工作界面。

重点难点

❶　Photoshop CS4 的安装与启动。
❷　Photoshop CS4 的工作界面组成。

高职高专立体化教材　计算机系列

任务实施

(1) 打开 Photoshop CS4 的安装光盘，双击 █ 图标运行安装程序，打开 Adobe Photoshop CS4 完美增强版安装向导界面 1，如图 0-1-1 所示。

(2) 单击【下一步】按钮，打开 Adobe Photoshop CS4 完美增强版安装向导界面 2，了解许可协议，如图 0-1-2 所示。

图 0-1-1　Photoshop CS4 完美增强版安装向导 1　　图 0-1-2　Photoshop CS4 完美增强版安装向导 2

(3) 单击【我同意】按钮，打开 Adobe Photoshop CS4 完美增强版安装向导界面 3，选择安装位置，如图 0-1-3 所示。

(4) 单击【下一步】按钮，打开 Adobe Photoshop CS4 完美增强版安装向导界面 4，选择是否创建桌面快捷方式，如图 0-1-4 所示。

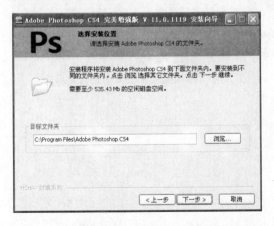
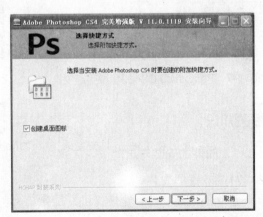

图 0-1-3　Photoshop CS4 完美增强版安装向导 3　　图 0-1-4　Photoshop CS4 完美增强版安装向导 4

(5) 单击【下一步】按钮，打开 Adobe Photoshop CS4 完美增强版安装向导界面 5，准备安装，如图 0-1-5 所示。

(6) 单击【安装】按钮，开始安装，进入 Adobe Photoshop CS4 完美增强版安装向导界面 6，如图 0-1-6 所示。

(7) 稍等片刻，安装成功，打开 Adobe Photoshop CS4 完美增强版安装向导界面 7，如图 0-1-7 所示。

（8）单击【完成】按钮，立即启动 Photoshop CS4 程序。启动 Photoshop CS4 后，用户看到的是它的启动过程和默认工作界面，启动过程如图 0-1-8 所示，默认工作界面如图 0-1 所示。

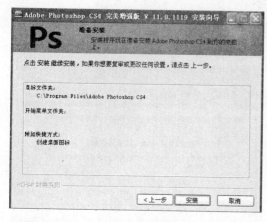

图 0-1-5　Photoshop CS4 完美增强版安装向导 5

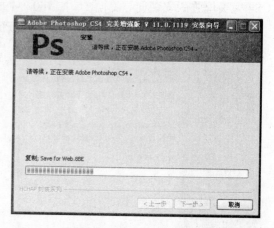

图 0-1-6　Photoshop CS4 完美增强版安装向导 6

图 0-1-7　Photoshop CS4 完美增强版安装向导 7

图 0-1-8　Photoshop CS4 启动过程界面

相关知识

1. 软件的安装与启动

（1）软件的安装

正确地安装软件是让计算机发挥作用的第一步。对于 Windows 平台上的应用程序来说，它们的安装过程其实是很标准化的，按照安装向导进行安装，几乎所有 Windows 应用程序的安装过程都非常相似。

第一步，双击软件安装程序包，弹出安装欢迎界面。在这个界面中一般描述了要安装的应用程序的名称以及在安装前关闭其他应用程序的建议。

> **注意：** 若软件是.exe 的安装文件，则可以直接进行安装；若安装文件是 RAR 的压缩文件，要先进行解压缩后再安装。解压缩的方法是：右击安装文件后，在右键快捷菜单中选择"解压文件"命令即可进行解压。如果您还没有安装解压缩文件而无法解压文件，可先下载解压缩文件并后再安装。

第二步，单击【下一步】之后，弹出安装软件的许可协议。软件许可协议主要包含了软件的版权声明以及用户协议。当然，只有同意才能进行下一步的安装。

第三步，选择软件安装位置。如果不满意程序默认的安装位置，单击【浏览】按钮可以自定义安装位置。

第四步，进行必要安装选项设置。有些软件在安装时会有一些自定义的安装选项设置，这时用户要仔细选择，不然会发生诸如 IE 主页被改等状况，给用户带来不必要的麻烦。

第五步，设置完以上选项之后，单击【安装】按钮开始安装。当文件复制结束之后，安装过程就完成了，单击【完成】按钮即可结束程序的安装过程。

(2) 软件的启动

启动软件的常用方式有以下三种。

① 从【开始】菜单项启动

选择【开始】|【程序】|Adobe Photoshop CS4 命令，启动 Photoshop CS4 程序。

② 双击桌面上的快捷图标

创建桌面快捷图标：选择【开始】|【程序】命令，找到 Adobe Photoshop CS4 程序后右击，从快捷菜单中选择【发送到(N)】|【桌面快捷方式】命令，即可在桌面上创建 Adobe Photoshop CS4 的快捷图标，如图 0-1-9 所示。此后，只要双击 Adobe Photoshop CS4 的桌面快捷图标即可启动 Adobe Photoshop CS4 程序。

图 0-1-9　Adobe Photoshop CS4 的桌面快捷图标

③ 双击已保存的文档图标

双击已保存的.psd 文档图标，打开文档的同时启动 Adobe Photoshop CS4 程序。

2. Photoshop CS4 工作界面

Photoshop CS4 与 Photoshop CS3 相比，工作界面有很大的改观，Photoshop CS4 采用了新界面样式，去掉了 Windows 本身的"蓝条"，直接以菜单栏显示，并在菜单栏的右侧，新增了一批应用程序按钮。Photoshop CS4 的工作界面由菜单栏、应用程序按钮、属性栏、工具箱、图像编辑区和浮动面板 6 部分组成，如图 0-1-10 所示。如果屏幕分辨率设置得低，Photoshop CS4 工作界面中菜单栏右侧的应用程序按钮就以标题栏的样式显示在菜单栏的上方，如图 0-1-11 所示。

图 0-1-10　Photoshop CS4 工作界面组成

图 0-1-11　低屏幕分辨率时 Photoshop CS4 的工作界面

(1) 菜单栏

菜单栏位于工作界面的最上方,包含了按任务组织的 11 个菜单命令,分别为文件、编辑、图像、图层、选择、滤镜、分析、3D、视图、窗口和帮助菜单。各菜单项的主要作用分别如下。

① 【文件】菜单

【文件】菜单包含文件的新建、打开、存储、打印等命令，如图 0-1-12 所示，主要是对图像文件进行操作。

② 【编辑】菜单

【编辑】菜单包含对图像进行剪切、粘贴、填充、变换等操作的命令，如图 0-1-13 所示。主要是对整个图像或图像区域进行编辑操作。

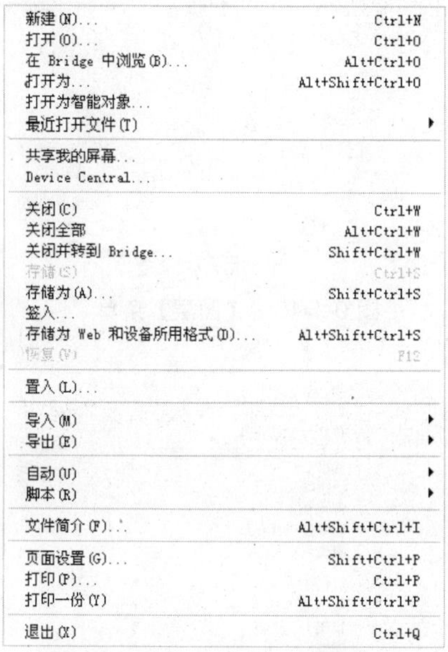

图 0-1-12　【文件】菜单

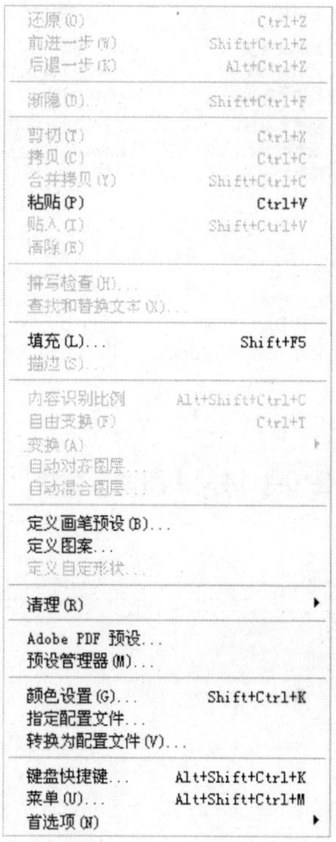

图 0-1-13　【编辑】菜单

③ 【图像】菜单

【图像】菜单包含图像模式、色彩调整、图像大小、裁切等命令，如图 0-1-14 所示，主要对图像的色彩模式、色彩色调以及尺寸大小进行调整。

④ 【图层】菜单

【图层】菜单包含新建、图层样式、图层蒙版、链接图层、合并图层等命令，如图 0-1-15 所示，主要是对图像中图层进行控制和编辑等操作。

⑤ 【选择】菜单

【选择】菜单包含全部、反选、色彩范围、变换选区、载入选区、存储选区等命令，如图 0-1-16 所示，主要对选取的图像区域进行编辑操作。

⑥ 【滤镜】菜单

【滤镜】菜单包含抽出、液化、风格化、模糊、扭曲、艺术效果等命令，如图 0-1-17 所示，主要对图像或图像的某一部分进行像素化、模糊、扭曲等特殊效果的处理与制作。

模式 (M) ▶	
调整 (A) ▶	
自动色调 (N)	Shift+Ctrl+L
自动对比度 (U)	Alt+Shift+Ctrl+L
自动颜色 (O)	Shift+Ctrl+B
图像大小 (I)...	Alt+Ctrl+I
画布大小 (S)...	Alt+Ctrl+C
图像旋转 (G)	▶
裁剪 (P)	
裁切 (R)...	
显示全部 (V)	
复制 (D)...	
应用图像 (Y)...	
计算 (C)...	
变量 (B)	▶
应用数据组 (L)...	
陷印 (T)...	

图 0-1-14 【图像】菜单

图 0-1-15 【图层】菜单

全部 (A)	Ctrl+A
取消选择 (D)	Ctrl+D
重新选择 (E)	Shift+Ctrl+D
反向 (I)	Shift+Ctrl+I
所有图层 (L)	Alt+Ctrl+A
取消选择图层 (S)	
相似图层 (Y)	
色彩范围 (C)...	
调整边缘 (F)...	Alt+Ctrl+R
修改 (M)	▶
扩大选取 (G)	
选取相似 (R)	
变换选区 (T)	
在快速蒙版模式下编辑 (Q)	
载入选区 (O)...	
存储选区 (V)...	
onOne	▶

图 0-1-16 【选择】菜单

上次滤镜操作 (F)	Ctrl+F
转换为智能滤镜	
抽出 (X)...	
滤镜库 (G)...	
液化 (L)...	
图案生成器 (P)...	
消失点 (V)...	
风格化	▶
画笔描边	▶
模糊	▶
扭曲	▶
锐化	▶
视频	▶
素描	▶
纹理	▶
像素化	▶
渲染	▶
艺术效果	▶
杂色	▶
其它	▶
Eye Candy 4000	▶
Alien Skin Splat	▶
Alien Skin Xenofex 2	▶
DCE Tools	▶
DigiEffects	▶
Digimarc	▶
Digital Film Tools	▶
Flaming Pear	▶
Genicap	▶
Kodak	▶
KPT effects	▶
LP 扫光	▶
onOne	▶
VDL Adrenaline	▶
燃烧的梨树	▶
浏览联机滤镜...	

图 0-1-17 【滤镜】菜单

⑦ 【分析】菜单

【分析】菜单包含标尺工具、计数工具等命令，如图 0-1-18 所示，主要对制作图像起到辅助作用。

⑧ 3D 菜单

3D 菜单包含从图层新建 3D 明信片、渲染设置、3D 绘画模式、导出 3D 图层、栅格化等命令，如图 0-1-19 所示，主要对图层图像进行 3D 设置并操作。3D 菜单是 Photoshop CS4 的新特性，3D 设置操作是 3D 设计师的得力助手。

⑨ 【视图】菜单

【视图】菜单包含校样设置、屏幕模式、放大、缩小、显示等命令，如图 0-1-20 所示，主要对图像的显示比例、屏幕模式、显示或隐藏标尺等辅助功能进行设置。

图 0-1-18 【分析】菜单 图 0-1-19 3D 菜单 图 0-1-20 【视图】菜单

⑩ 【窗口】菜单

【窗口】菜单包含排列、工作区、3D、导航器、图层、样式等命令，如图 0-1-21 所示，主要对文件窗口、工具箱、面板等工作环境进行控制。

⑪ 【帮助】菜单

【帮助】菜单包含 Photoshop 帮助、系统信息、Updates、Photoshop 联机等命令，如图 0-1-22 所示，主要为用户提供关于使用 Photoshop 的联机帮助信息。

> 提示：Photoshop 菜单的形式与 Windows 系统其他应用程序一样，遵循以下约定。
> - 墨色菜单命令表示该命令当前可使用，灰色表示当前不可使用。
> - 菜单命令后的组合键是此菜单命令的快捷热键。
> - 如果菜单命令后有"…"符号，选择此菜单命令将打开相应的选项对话框。
> - 如果菜单命令前有"√"符号，表示此菜单命令已被选中。
> - 如果菜单命令后有"▶"符号，表示此菜单命令有下一级级联菜单。

(2) 应用程序按钮

应用程序按钮位于菜单栏的右侧，包含启动 Bridge、查看额外内容、排列文档等常用的操作功能，如图 0-1-23 所示。

图 0-1-21　【窗口】菜单　　　　　　　图 0-1-22　【帮助】菜单

图 0-1-23　应用程序按钮

① Bridge 浏览图像

单击 按钮，可以启动 Bridge 打开浏览图像窗口，可以快速地浏览、管理及打开所需要的文件。

② 查看额外内容

单击 按钮，弹出查看额外内容下拉菜单，如图 0-1-24 所示。选择相应菜单命令可以显示或隐藏图像编辑区的参考线、网格和标尺。

③ 缩放级别

单击 100% 按钮，可以设置或选择图像显示比例。

④ 浏览图像工具

浏览图像工具中的按钮 ，分别为抓手工具、缩放工具和旋转视图工具。

⑤ 排列文档

同时打开多个图像文件时，单击 按钮，弹出【排列文档】下拉菜单，如图 0-1-25 所示，从中可以选择不同的文档排列方式。

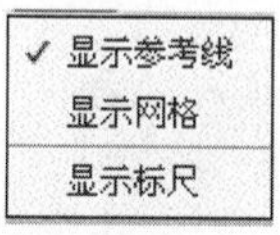

图 0-1-24　查看额外内容下拉菜单　　　　　图 0-1-25　【排列文档】下拉菜单

⑥　屏幕模式

单击 按钮，弹出屏幕模式下拉菜单，如图 0-1-26 所示。根据需要可以选择不同的屏幕显示模式。

⑦　基本功能

单击 基本功能 按钮，弹出基本功能下拉菜单，如图 0-1-27 所示。根据需要可以选择不同的工作模式。

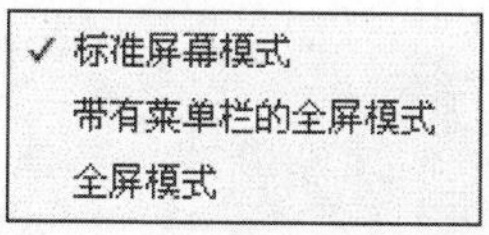

图 0-1-26　屏幕模式下拉菜单 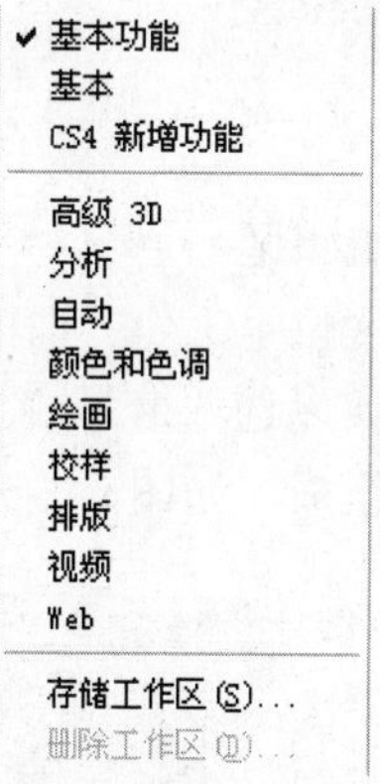　　　　　图 0-1-27　基本功能下拉菜单

(3)　选项栏

选项栏默认位于菜单栏的下面，拖动它左边的标题栏可将其浮动在工作界面的其他位置，执行【窗口】|【选项】命令可以控制选项栏的显示与隐藏，它的样式随着选取工具箱中工具的不同而发生变化，如图 0-1-28 所示。

图 0-1-28　选项栏

(4)　工具箱

工具箱默认位于工作界面的左侧，拖动它上边的标题栏可将其浮动在工作界面的其他位置。工具箱中包含用于创建和编辑图像的工具，只要单击工具图标就可以选中所需要的

工具。如果在工具图标的右下角有一个黑色小三角符号，则代表该工具有一个弹出式的工具组，右击该工具便可打开工具组选择不同的工具。单击工具箱标题栏上的双箭头按钮，可以切换工具箱单双栏显示，如图 0-1-29 所示。

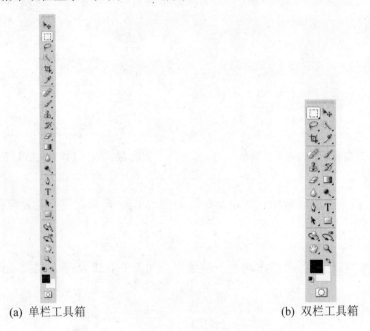

(a) 单栏工具箱　　　　　　　　　　　(b) 双栏工具箱

图 0-1-29　工具箱

(5)　图像编辑区

图像编辑区位于工作界面的中央，显示当前打开的图像文件。在 Photoshop CS4 中，打开的图像默认以选项卡形式显示。图像编辑区由名称栏、图像窗口、图像比例显示、状态栏和滚动条组成，如图 0-1-30 所示。

图 0-1-30　图像编辑区

高职高专立体化教材　计算机系列

在 Photoshop CS4 中，如果想让图像以独立窗口显示，只需选中图像文件选项卡名称，然后拖放到所需要放置的位置，松开鼠标左键即可。

在 Photoshop CS4 中，按 Ctrl+K 组合键，在弹出的【首选项】对话框中选中【界面】选项，在【面板和文档】选项组中，可以设置是否【以选项卡方式打开文档】和【启用浮动文档窗口停放】，如图 0-1-31 所示。

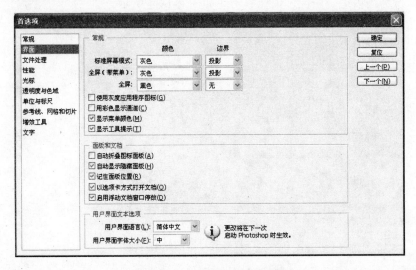

图 0-1-31　【首选项】对话框

(6) 浮动面板

浮动面板帮助监视和修改图像，默认折叠于工作界面的右侧，如图 0-1-32 所示。单击面板标题栏上的双箭头按钮，可展开面板，如图 0-1-33 所示。按 Shift+Tab 组合键，可以隐藏或显示面板。

图 0-1-32　折叠面板　　　　　　　图 0-1-33　展开面板

任务进阶

【进阶任务】使用【排列文档】功能重排多个图像文件。

(1) 启动 Photoshop CS4，进入其默认工作界面。

(2) 打开素材文件"素材\项目〇\001.jpg、002.jpg、003.jpg、004.jpg、005.jpg、006.jpg"，使 001.jpg 图像为当前编辑图像，图像编辑区如图 0-1-34 所示。

图 0-1-34　打开素材后图像编辑区

(3) 选取图 0-1-25 所示【排列文档】下拉菜单中的"六联"选项，图像文件重新排列，效果如图 0-1-35 所示。

图 0-1-35　排列文档效果

任务 2 摄影作品简单处理

任务背景

旅游、摄影爱好者小朱，要把他外出旅游时拍的图片放到 QQ 网络空间晒晒或彩色印刷出来。

任务要求

放到网络空间上的图片，图像尺寸、分辨率不宜设置太大，颜色模式设置为灰度和 RGB 两种模式，分辨率设置为 72dpi 即可。彩印的图片，为确保图片质量，颜色模式设置为 CMYK，分辨率设置为 300dpi。

任务分析

在 Photoshop 中，改变图像尺寸和分辨率时执行【图像】|【图像大小】命令；改变颜色模式时需执行【图像】|【模式】命令。

重点难点

❶ 图像的处理操作。
❷ 平面设计的基本知识。
❸ 数字图像处理的基本知识。

任务实施

其设计过程如下。

(1) 启动Photoshop CS4，打开素材文件"素材\项目〇\胡杨1.jpg"，如图0-2-1所示。

(2) 执行【图像】|【图像大小】命令，弹出【图像大小】对话框，设置参数如图 0-2-2 所示，并单击【确定】按钮。

图 0-2-1 胡杨 1.jpg 原图

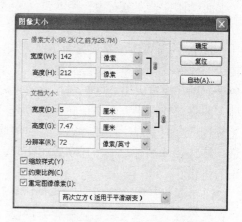

图 0-2-2 图像大小参数设置

(3) 调整图像100%显示,效果如图0-2-3所示。执行【文件】|【存储为】命令,保存文件,命名为"胡杨1-1.jpg",以备放到QQ空间使用。

(4) 执行【图像】|【模式】|【灰度】命令,在弹出的【信息】对话框中单击【扔掉】按键,图像将变为灰度模式,如图0-2-4所示,保存文件,命名为"胡杨1-2.jpg",以备放到QQ空间使用。

图 0-2-3　图像胡杨 1-1　　　　　　　　　　　图 0-2-4　图像胡杨 1-2

(5) 重复上述步骤,对素材文件"素材\项目○\胡杨2.jpg"进行操作。保存文件,命名为"胡杨2-1.jpg"和"胡杨2-2.jpg",以备放到QQ空间使用。

相关知识

1. 平面设计的基本知识

(1) 平面设计的概念

设计(Design),原意为"上记号",即为一个构想做出方案和计划。随着社会的进步,设计在"功能"与"美"的争执中逐渐完善,具有社会性、经济性、技术性、艺术性、心理性和生理性。

平面设计是设计范畴中一个非常重要的组成部分,是计算机多媒体技术的一个主要应用方向,是将图像、图形、文字、色彩等诸多元素有机地组合和布局,以平面介质(如纸张、书刊、报纸等)为载体,以视觉为传达方式,通过大量复制(印刷、打印、喷绘)等手段向观众传达一种视觉美感和传播信息的造型设计活动。

平面设计注重灵感、创意与视觉效果。在信息化社会,平面设计除了在视觉上给观众一种美的感受外,更重要的是向观众传达一种信息、一种理念,因此在平面设计中,不仅要注重视觉上的美观,还要考虑信息的传递效果。设计师与观众之间正是通过平面设计作品这一特殊载体,进行一种互动式的交流,而这一交流过程要求设计师在平面设计中融入思想与情感。

(2) 平面设计的应用领域

在现代社会,"设计"显得尤为重要,平面设计即其中之一。平面设计广泛应用于平面出版、广告设计、包装设计、室内装潢设计、工程制图设计、企业形象设计、书籍装帧设计、标志设计、广告招贴设计、海报设计、展板设计以及网页设计等领域。

(3) 平面设计的基本原则

① 思想性与单一性。一个成功的平面设计，必须考虑所要表现的主题思想，用平面设计的各种元素进行有机的配置，力求吸引读者和观众。只有主题思想鲜明，才能真正达到设计的根本目的。同时，要尽可能做到单纯、简洁，不要企图在一件设计作品中体现所有的设计方法、设计手段和设计见解。对平面设计的诉求内容进行提炼与归纳，通过系统地规划和浓缩，自然地贯彻到设计作品中，利用单纯简洁的设计语言，以使观众能够在瞬间领会设计师的设计意图。

② 艺术性与表现性。平面设计在对主题思想的体现中，艺术化的表现语言至关重要。如何布局、填色，如何运用各种设计元素突出主题、创新求变，如何体现设计师的审美情趣、文化涵养是平面设计作品成败的关键。优秀的作品应该是既在"情理之中"，又在"意料之外"；既有很好的艺术表现形式，又有很强的信息传递能力。

③ 趣味性与独创性。优秀的设计作品能够在作品与观众之间产生一种情感的互动，因此，在设计过程中应考虑如何让原本平常无奇的事物，通过巧妙的安排形成看点，使传递信息如虎添翼。具备观赏性、趣味性和亲和性的设计作品才更加具有魅力，才能迅速吸引观众的注意力，激发兴趣，达到以"情"动人的目的。当然，"情"的表达贵在独创，与众不同。创意是设计的灵魂，设计师应敢于突破前人的设计传统，树立大胆想象、勇于开拓的设计理念，利用隐喻、夸张等方法达到出其不意的效果。

④ 对比与调和。对比存在于元素相同与相异的性质之间，是两者间对差异性的强调。平面设计通过明暗、大小、疏密、高低、曲直、轻重、动静等加大对比的手段捕捉观众的视觉。调和是指元素之间的趋同性，强调弱对比的关系。各元素之间协调配合，显示出安定完整的风格。

⑤ 对称与均衡。对称可理解为同等或同量的对称，可分为轴对称、点对称、左右对称和上下对称。对称可以表现出稳定、庄严、秩序、安定、沉静与整齐等效果。均衡是一种有变化的平衡，通过运用等量不等形的方式表现矛盾的统一性，揭示内在的、含蓄的秩序与平衡，达到一种静中有动或动中有静的条理美和动态美。均衡的形式富于变化、趣味，具有灵巧、生动、轻快、完整等特点。

⑥ 变化与统一。变化是富有想象力的表现，强调作品中的差异性，造成视觉上的跳跃和思维上的起伏。变化通常借助于对比的形式法则，避免版面的平庸，增强视觉冲击力，同时又不缺乏调和之美，独具魅力。统一是强调物质和形式中各种因素的一致性。在设计中尽可能保持版面的整洁，即平面设计的构成要素应尽量少用一些，而组合的形式可丰富一些。统一通常借助于均衡、调和、秩序等形式法则来表现。变化与统一是平面设计所遵循的形式美法则中最基本的法则，是对立统一规律在平面设计中的应用。二者完美地结合，是版面构成最根本的要求，同时也是体现艺术表现力的重要因素之一。

(4) 平面设计的构成要素

图形图像、文字、色彩是构成平面设计的三大要素。

① 图形图像。图形图像是平面设计主要的构成要素，能够直观形象地表现平面设计的主题和创意。图形图像要素有插图、商标、画面轮廓线等元素，可以是黑白画、喷绘插画、绘画插画、摄影作品等，表现形式有写实、象征、漫画、卡通、装饰、构成等。

② 文字。文字是平面设计不可缺少的构成要素，配合图形图像要素来实现设计主题，具有引起注意、传播信息、感染对象等作用。文字要素主要有标题、标语(广告语)、正文、附文等元素。

③ 色彩。色彩是平面设计关键的构成要素，是把握人的视觉的关键所在，也是平面设计表现形式的重点所在。色彩具备情感，能够激发人的感情，能够传达一种信息，使观众产生无限的遐想和活力。色彩要素有色相、纯度、明度等元素，它们是构成画面色彩的主要因素。在计算机设计制作中，经常使用如图 0-2-5 所示的配色板。

图 0-2-5　配色板

色相是指色彩的相貌或种类，是某一颜色区别于其他颜色的最基本特征，具有能够比较确切地表示某种颜色色别的名称，如红、橙、黄、绿、青、蓝、紫等，如图 0-2-6 所示。配色板右侧的纵向彩条，代表色相，自下而上按红、橙、黄、绿、青、蓝、紫的顺序排列。

纯度即彩度，亦称饱和度，是指色彩的纯净程度、鲜艳度或浓度。有饱和度的色叫做有彩色，无饱和度的色叫做无彩色。色谱中的红、橙、黄、绿、青、蓝、紫都具有最高的饱和度，也是该色彩的固有色。黑、白、灰为无彩色，即色彩的饱和度为 0，无彩色没有饱和度和色相的性质，只有亮度的区别。配色板左侧色区的横向变化表现为饱和度的变化，如图 0-2-7 所示为红色纯度的变化。

图 0-2-6　不同色相的排列　　　　　　　图 0-2-7　红色的纯度变化

明度即亮度，亦称光度或深浅度，是指色彩的明暗程度。有彩色和无彩色都有明度的区别。明度包含同一色相的明度变化和不同色相的明度变化两种情况，如图 0-2-8 和图 0-2-9 所示。配色板左侧色区的纵向变化表现为明度的变化。

平面设计色彩主要是以企业标准色、形象色、季节的象征色以及流行色等为主色，利用色彩的纯度、明度和色相的对比，突出画面形象和底色的关系，突出设计内容和周围环境的对比，增强平面设计的视觉效果。色彩不是孤立存在的，进行色彩设计时，色彩必须体现平面设计作品中其他元素的质感、特色，美化与装饰版面，同时要与周围的环境、气候、欣赏习惯等相适应，还要考虑远、近、大、小等视觉变化规律。

图 0-2-8　红色的明度变化　　　　　　　　图 0-2-9　黑灰白的明度变化

2．数字图像处理的基本知识

(1)　分辨率

①　图像分辨率

图像分辨率是图像处理中一个非常重要的概念，它与图像尺寸的值一并决定了图像文件的大小与输出质量。图像分辨率就是位图图像每英寸所包含的像素的数量，其单位为 dpi。图像分辨率越高，意味着每英寸所包含的像素越多，图像就有越多的细节，颜色过渡就越平滑，图像质量就越好。

在新建文件时应根据图像不同的用途设置不同的分辨率，既保证图像质量又提高处理速度。如果是用于超大面积喷绘，其分辨率可设置为 20～72dpi；如果是用于大幅喷绘、多媒体界面、网络中，其分辨率可设置为 72dpi；如果是用于丝网印刷，其分辨率可设置为 96dpi；如果是用于报纸印刷，其分辨率可设置为 128dpi；如果是用于转轮印刷，其分辨率可设置为 200dpi；如果是用于彩色印刷品印刷，则其分辨率设置不小于 300dpi 即可。

②　显示分辨率

显示器上单位长度所显示的像素或点的数目，通常用每英寸的点数来衡量。

③　打印分辨率

指由绘图仪或激光打印机产生的每英寸的墨点数。

提示： 平面设计作品的最终效果不仅与图像本身分辨率有关，还与显示器、打印机、扫描仪等设备分辨率有关。

(2)　位图与矢量图

①　位图

位图能够制作出颜色和色调变化丰富的图像，可以逼真地表现自然界景观。位图由像素点组成。如果将图像放大，其相应的像素点也会放大，图像就会变得不清晰或失真。

在数字图像处理中，位图图像是计算机主要处理的另一种图形图像。创建位图图像的常用软件有 Adobe Photoshop、Photo Impact、Cool3D 等。位图图像亦称为点阵图，是由很多小彩色方块点即像素点排列组成的可识别的图像，每个像素点都具有特定的位置和颜色值。

像素是位图图像存储和计算的核心数据，编辑图像实际上编辑修改的是像素点的位置和颜色值。因此，在保存位图图像时，需要记录每个像素点的位置和颜色，所以图像像素越多(分辨率越高)，图像越清晰，而文件所占硬盘空间也越大，计算机在处理图像时运行速度也就越慢。放大或缩小位图图像，像素点也随之放大或缩小，当像素点被放大或缩小到一定程度后，图像就会变得不清晰，边缘会出现锯齿现象。

② 矢量图

矢量图以数学描述的方式来记录图像内容,是由一些以数学方式来定义的直线、曲线、形状和色块等对象组成,其基本组成单元是锚点和路径,最大优点是与分辨率无关,文件所占存储空间较小,进行放大、缩小或旋转等操作时不会失真。

在数字图像处理中,矢量图是计算机主要处理的图形图像之一,是由诸如CorelDRAW、Adobe Illustrator、Macromedia FreeHand等矢量图形软件创建的。矢量图形文件适合于保存色块色、形状感明显的视觉图形。

> **提示:** 矢量图形和位图图像在显示器上都是以像素来显示的。

(3) 颜色模式

颜色模式是所有图形图像处理软件都会涉及的问题。常见的颜色模式包括Bitmap位图模式、Grayscale灰度模式、RGB色彩模式、CMYK色彩模式和Lab色彩模式等。

① Bitmap位图模式

位图模式又称黑白模式,是一种最简单的色彩模式,属于无彩色模式。位图模式图像只有黑白两色,如图0-2-10所示,由1位像素组成,每个像素用1位二进制数来表示。文件占据的存储空间非常小。选择【图像】|【模式】|【位图】命令,可以弹出【位图】对话框,如图0-2-11所示。

图 0-2-10 位图模式图像

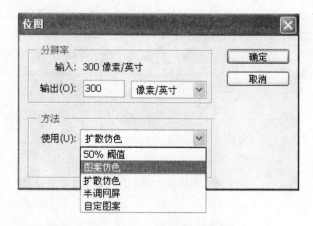

图 0-2-11 【位图】对话框

【位图】对话框中的几个转换方法介绍如下。

- 50%阈值:低于128像素值的像素转换为黑色,高于128像素值的像素转换为白色。
- 图案仿色:利用黑白点的几何图案模拟图像中的灰色调。
- 扩散仿色:根据周围的像素值来决定像素是黑色还是白色。
- 半调网屏:利用模拟的半调网点来表现图像。
- 自定图案:根据用户自己定义的图案来表现图像。

位图模式图像虽然只有黑白两色，但如果使用方法得当，黑白图像也能设计制作出颇具艺术味道的作品，如图 0-2-12 所示。

② Grayscale 灰度模式

灰度模式图像中没有颜色信息，色彩饱和度为 0，属无彩色模式，图像由介于黑白之间的 256 级灰色所组成，如图 0-2-13 所示。由于灰度图像只有一个亮度通道，所以灰度模式图像文件占据的存储空间也非常小。

位图模式图像转换为灰度模式时，灰度图像只有一种灰度，如果大小比例按 1 来转换，黑白图像仍为原样，只是图像缩小了。选取【图像】|【模式】|【灰度】命令，弹出【灰度】对话框，如图 0-2-14 所示。

灰度模式图像的颜色单一，但在设计中如果能够运用好 256 级灰度颜色，也能够设计制作出过渡非常细腻的图像。

灰度模式可以转换为位图模式。如果要将位图模式与其他彩色模式转换，必须先将其转为灰度模式，再由灰度模式转换为其他模式。

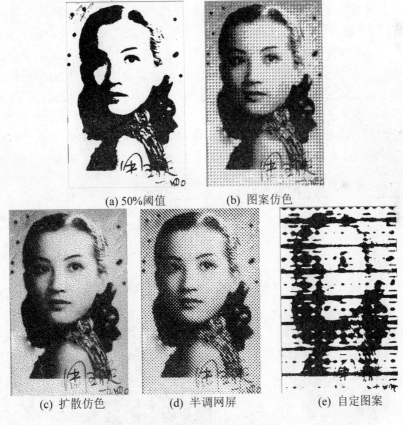

(a) 50%阈值　　　　　　(b) 图案仿色

(c) 扩散仿色　　　　(d) 半调网屏　　　　(e) 自定图案

图 0-2-12　不同效果的位图图像

图 0-2-13　灰度模式图像

图 0-2-14　【灰度】对话框

③　RGB 颜色模式

RGB 颜色模式采用三基色模型，又称为加色模式，是目前图像软件最常用的基本颜色模式，显示器、投影仪、电视、扫描仪、数码相机等许多光源成像设备也都采用 RGB 加色模式工作。它的基本特征来自自然界中的光线，由红(Red)、绿(Green)、蓝(Blue)三基色以不同的比例混合而形成可见光谱的颜色。三基色混合示意图如图 0-2-15 所示。

RGB 颜色模式是由红、绿、蓝三通道叠加产生的彩色模式，形成 24 位深度的颜色信息，所以三种颜色通道的复合生成 1 670 多万(2 563)种颜色，足以显示出完整的彩色图像，如图 0-2-16 所示。如果 RGB 图像为每通道 16 位，形成 48(16×3)位深度的颜色信息，则具有表现更多颜色的能力，图像更加细腻逼真，当然，文件会占据更多的存储空间。

提示：要在位图模式图像上调整颜色，必须先将其转换为 RGB 模式。

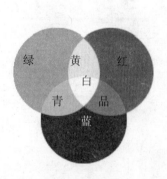

图 0-2-15　RGB 三基色混合示意图

图 0-2-16　RGB 模式图像

④　CMYK 颜色模式

CMYK 颜色模式采用印刷三原色模型，又称减色模式，大多数图形图像软件都支持这种颜色模式，是打印、印刷等油墨成像设备即印刷领域使用的专有模式。当光线照射到一个物体上时，这个物体将吸收一部分光线，并将剩下的光线进行反射，反射的光线就是我们看见的物体颜色，这就是减色色彩模式。印刷时应用的也是这种减色模式。理论上讲，由青(Cyan)、品(洋红，Magenta)、黄(Yellow)3种色素以不同程度的比例能够合成吸收所有颜色并产生黑色，如图0-2-17所示。但实际上由于油墨的纯度问题，等量的青、品、黄三种油墨混合产生的是灰褐色而不是纯黑色，必须与黑色(Black)油墨混合才能产生真正的墨色，所以在CMYK颜色模式中增加了黑色，称之为四色印刷。

青色是红色的互补色，当R、G、B的值都为255时，设置R为0，即从三基色中减去红色得到青色。同样，洋红是绿色的互补色，从三基色中减去绿色得到洋红色；黄色是蓝色的互补色，从三基色中减去蓝色得到黄色。减色概念是CMYK颜色模式的基础。

CMYK颜色模式图像有4个颜色通道，每个通道使用百分比值来指定每种墨量的多少，每种通道可以有8位或16位深度，默认设置为8位，可以再现色彩丰富的图像，如图0-2-18所示，但彩色范围比RGB模式要小。

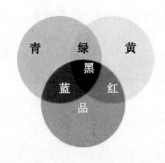

图 0-2-17　CMY 三原色混合示意图　　　　图 0-2-18　CMYK 模式图像

⑤　Lab 颜色模式

Lab颜色模式是在国际照明委员会(CIE)于1976年制定的颜色度量国际标准模型的基础上建立的，是一种色彩范围最广的色彩模式，包含RGB和CMYK中所有的颜色。它不依赖于光线，也不依赖于颜料，是与设备无关的色彩模式，无论使用什么设备(如显示器、打印机、计算机或扫描仪等)创建或输出图像，都能生成一致的颜色。它是各种色彩模式之间相互转换的中间模式。如图0-2-19所示为Lab颜色模式图像。

Lab色彩模式是由一个亮度通道L和a、b两个色相通道来表示颜色的模式，每个通道可以有8位或16位深度，默认设置为8位。在Lab模式中，L表示图像的亮度，取值范围为0～100之间的整数；a表示从深绿色到亮粉红色的光谱变化，取值范围为-128～+127之间的整数；b表示从亮蓝色到黄色的光谱变化，取值范围同样为-128～+127之间的整数。

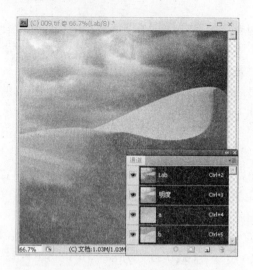

图 0-2-19　Lab 模式图像

此外，图像颜色模式还有 Duotone(双色调)、Index color(索引颜色)和 Multichannel(多通道)等模式。Duotone(双色调)模式由灰度模式发展而来，是与打印、印刷相关的一种模式。通过 1～4 种自定义灰色油墨或彩色油墨可以创建一幅双色调(两种颜色)、三色调(3 种颜色)或者四色调(4 种颜色)的含有色彩的灰度图像。Index color(索引颜色)模式只支持 8 位色彩，是使用系统预先定义的最多含有 256 种典型颜色的颜色表中的颜色来表现彩色图像的。Multichannel(多通道)模式图像包含多个具有 256 级强度值的灰阶通道，每个通道 8 位深度。多通道模式主要应用于打印、印刷等特殊的输出软件和一些专业的、高级的通道操作。

(4)　图像文件格式

根据记录图像信息方式(点阵图或矢量图)与压缩图像数据方式的不同，文件可分为多种格式，每种格式的文件都有相应的扩展名。不同格式的文件用途不同，文件大小也不同，我们可以根据用途不同选择不同的格式存储文件，尽量减少文件所占用的空间。Photoshop 可以处理绝大多数格式的图像文件，并可以在不同格式之间进行转换。

①　PSD 格式

PSD 格式是 Photoshop 专用的默认文件格式，即分层格式，扩展名为".psd"，支持所有可用图像模式(位图、灰度、双色调、索引颜色、RGB、CMYK、Lab 和多通道)、参考线、图层(调整图层、文字图层和图层样式)、Alpha 通道和专色通道。

PSD 格式保存了图像较多的层和通道等信息，如图 0-2-20 所示。当图像以 PSD 格式保存时，比以其他格式打开和保存图像的速度快，系统自动对文件进行压缩，但压缩不会丢失数据，文件容量通常比其他格式的文件大。

②　TIFF 格式

TIFF(Tagged Image File Format)格式是一种有标签的图像文件格式，扩展名为".tif"，支持 Photoshop 中除双色调模式之外的所有颜色模式，如 RGB、CMYK、Lab、索引、位图、灰度色彩模式，同时还支持图层和 Alpha 通道。

TIFF 格式图像文件的包容性十分强大，可以包含多种不同类型的图像，是一种在平面设计领域最常用的图像文件格式，是桌面印刷出版应用的理想格式。几乎所有的图像编辑和排版软件都支持 TIFF 格式，由于 TIFF 格式独立于操作平台和软件，因此在 PC 和 Mac

之间交换图像通常都采用这种格式。

图 0-2-20　PSD 格式存储多种信息

保存图像文件时，在【存储为】对话框中选择 TIFF 格式，单击【保存】按钮，可以弹出【TIFF 选项】对话框，如图 0-2-21 所示。

【TIFF 选项】对话框中的主要参数的含义如下。

● 图像压缩：选择用于压缩复合图像数据的方法，包含无、LZW、ZIP、JPEG 四个选项。其中 LZW 为无损压缩，压缩时不影响图像像素，选择该选项压缩文件后，可以在 Photoshop 以外的应用程序中打开 TIFF 文件。

● 像素顺序：指定像素数据的组织方式，包含隔行、每通道两个选项。

● 字节顺序：在该选项中选择一个选项，以确定与 PC 或 Mac 文件的兼容性。

● 存储图像金字塔：选择该选项后，能够存储复合图像的多分辨率信息。

● 存储透明度：选择该选项后，随复合图像存储透明度。如果当前图像的透明度小于 100 并且已在其他程序中打开，则图像中的透明度将以 Alpha 通道的形式存在。

● 图层压缩：设置图层数据的压缩方法，或放弃图层数据，包含 RLE、ZIP、扔掉图层并存储拷贝三个选项。

③　BMP 格式

BMP(Bit Mapped)格式是 PC 机 Windows 环境下的标准图像文件格式，扩展名为".bmp"，用画图程序可编辑处理此格式图像文件，被多种 Windows 和 OS/2 应用程序所支持。BMP 格式支持 RGB、索引颜色、灰度和位图颜色模式，不支持图层和 Alpha 通道。不能用 CMYK 模式存储 BMP 文件。

保存图像文件时，在【存储为】对话框中选择 BMP 格式，单击【保存】按钮，弹出【BMP 选项】对话框，如图 0-2-22 所示。

图 0-2-21 【TIFF 选项】对话框   图 0-2-22 【BMP 选项】对话框

【BMP 选项】对话框中主要参数的含义如下。

- 文件格式:选择适用的机型即工作环境,如 Windows 或者 OS/2。
- 深度:选择位深度,如选择 24 位深度,最多可使用 $1670(2^{24})$ 万种的色彩,因此 BMP 格式的图像色彩特别丰富。
- 压缩:BMP 格式采用 RLE 无损压缩。压缩数据时,既节省磁盘空间又不丢失图像信息,对图像质量不会产生影响。

④ GIF 格式

GIF(Graphics Interchange Format)是由 CompuServe 机构发展出来的点阵式图像文件格式,扩展名为".gif",它也是一种图像压缩格式,采用 LZW 压缩算法,可以将 24 位(2^{24} 色)图像压缩生成 8 位(2^8 色)图像文件,具有很好的压缩比,既可有效地降低文件大小,又能保持图像的色彩信息,是输出图像到网页常用的格式。GIF 格式的图形图像支持灰度、BMP 和索引颜色模式,可以保留索引颜色图像中的透明度。多种图像处理软件都具备处理 GIF 文件的能力。

保存图像文件时,在【存储为】对话框中选择 GIF 格式,单击【保存】按钮,弹出【GIF 选项】对话框,如图 0-2-23 所示。

【GIF 选项】对话框中主要参数的含义如下。

- 正常:图像下载的方式为下载完再显示图像。
- 交错:图像下载的方式为逐步增加细节显示图像,即边下载边显示图像。

⑤ JPEG 格式

JPEG(Joint Photographic Experts Group,联合图像专家组)格式是最常见、最常用的一种图像格式,扩展名为".jpg",JPEG 格式图像支持灰度、RGB、CMYK 颜色模式,不支持图层、Alpha 通道。JPEG 格式是利用离散余弦转换压缩技术来存储静态图像的最有效、最基本的有损压缩格式,被大多数的图形图像软件所支持。当对图像质量要求不高而又要求存储大量图片时,最好使用 JPEG 格式;而对图像进行输出打印时,最好不采用此格式。

JPEG 格式图像被广泛应用于 Web 页。

　　保存图像文件时，在【存储为】对话框中选择 JPEG 格式，单击【保存】按钮，弹出【JPEG 选项】对话框，如图 0-2-24 所示。

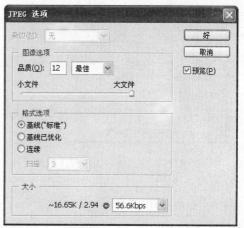

图 0-2-23　【GIF 选项】对话框　　　　图 0-2-24　【JPEG 选项】对话框

【JPEG 选项】对话框中主要参数的含义如下。

- 预览：选中【预览】复选框时，在【大小】框中会显示当前压缩级别下该图像的大小和不同传输速率时其下载的时间。

- 图像选项：对图像的品质和压缩级别进行设置。可以在【品质】之本框中输入 0～12 之间的数值，或者拖动下面的滑块，或者在右边的下拉列表中选择【低】、【中】、【高】、【最佳】4 种压缩方式中的一种。

- 格式选项：包含【基线("标准")】、【基线已优化】、【连续】3 个单选按钮。其中，【基线("标准")】格式是能被大多数 Web 浏览器识别的格式；【基线已优化】格式则能优化图像的色彩品质并产生稍小一些的文件；【连续】格式则使图像在下载时逐渐显示出整个图像，但文件稍大些。

任务进阶

　　【进阶任务】对摄影图片简单处理准备彩印。

　　(1) 启动 Photoshop CS4，打开素材文件"素材\项目○\太行.jpg"。

　　(2) 执行【图像】|【图像大小】命令，弹出【图像大小】对话框，原始参数如图0-2-25所示。

　　(3) 调整分辨率值为300，文档大小宽度为14、高度为9.39，如图0-2-26所示。

　　(4) 单击【确定】按钮，调整图像 33%显示，效果如图 0-2-27 所示。

　　(5) 选择【裁剪工具】，设置工具选项栏，如图 0-2-28 所示为 5 寸照片一般尺寸。

　　(6) 按住鼠标左键在图像区域拖动，拖出裁剪框并调整合适位置，双击鼠标或单击工具选项栏中按钮，裁剪图像，效果如图 0-2-29 所示。

　　(7) 执行【文件】|【存储为】命令，保存文件，以备彩印。

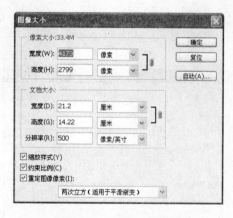

图 0-2-25　太行.ipg 原始参数

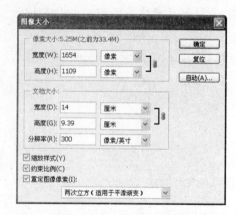

图 0-2-26　太行.ipg 调整参数

图 0-2-27　太行.ipg 调整后的效果

图 0-2-28　【裁剪工具】选项栏

图 0-2-29　裁剪后效果

实践任务 "我的校园风景"图片处理

任务背景

为做好迎接新生入校工作，需要更新迎新生网页的图片，并做好迎新生宣传版面。

任务要求

学生以学习小组为单位，拍摄一组"我的校园风景"图片，为迎接新生工作做好准备。图片要求积极阳光，体现学校精神风貌。

任务分析

图片用途不同，需要进行不同的处理。"我的校园风景"图片主要用于迎接新生网页和宣传版面，因此，请参照任务二对图片进行简单处理。

任务素材及效果图

此任务不提供素材图片和效果图，充分发挥读者的创作设计和审美能力，自由创作。

职业技能知识考核

一、填空题

1. 构成平面设计的三大要素是____、____和____。色彩的三要素是____、____和____。

2. 在颜色模式中，三基色采用____模式混色方法，三原色采用____模式混色方法。

3. Photoshop CS4 的界面由____、____、____、____、____等组成。

4. 要将所有面板复位到系统默认状态，可单击____命令完成。

二、选择题

1. 红色光与绿色光混合呈现( )光。

　　A. 黄色　　　B. 绿色　　　C. 紫色　　　　　D. 品红

2. Photoshop CS4 默认保存文件的标准格式是( )。

　　A. JPG　　　B. PSD　　　C. BMP　　　　　D. GIF

3. 在 Photoshop CS4 中 CMYK 图像默认有( )个颜色通道。

　　A. 1　　　　B. 2　　　　C. 3　　　　　　D. 4

4. 在每通道 8 位的 RGB 图像中，每个像素占( )位存储单元。

　　A. 8　　　　B. 16　　　　C. 24　　　　　D. 32

三、判断题

1. 状态栏位于 Photoshop CS4 工作区的最下方。 （ ）
2. JPG 格式是一种带压缩的文件格式。 （ ）
3. 在 Photoshop CS4 中只能使用【拾色器】设置前景色与背景色。 （ ）
4. 通过【历史记录】面板只能撤销对图像所做的最后一步操作。 （ ）
5. 【编辑】|【变换】(【自由变换】)菜单命令对背景层不起作用。 （ ）

四、简答题

1. 简述平面设计的概念及其基本原则。
2. 位图图像和矢量图形有什么不同？
3. Photoshop CS4 的颜色模式有哪几种？各有什么特点？
4. 查看 Photoshop CS4 工作界面中有几组浮动面板，它们分别由哪几个面板组成？
5. 如何设置前景色和背景色？

五、实训题

1. 启动 Photoshop CS4，熟悉其工作界面，了解工具箱中各工具的名称、各面板的名称及其简单的操作。

2. 打开"素材\项目 0\001.tiff"文件，将其转换为不同颜色模式的图像，观看图像颜色有何变化，保存成不同的文件格式。

3. 将 5 幅不同大小和格式的图像分别加工成同样大小的图像，并以.bmp 格式保存。

项目一　网页页面设计
——图像的基本操作

项目背景

阳光天使国际儿童摄影工作室为扩大公司影响力，要制作公司宣传网站，需要进行网站首页的设计。

项目要求

阳光天使是针对儿童的摄影工作室，孩子是天真无邪的、活泼的、有朝气的，所以网站首页风格要求大方活泼，色彩亮丽。

项目分析

本网页设计规格为 1024×768 像素，包含网站 Logo、网页背景、网页图片编辑和导航条的设计等内容。网页分辨率设置为 72dpi，颜色模式为 RGB。该项目效果图如图 1-1 所示。

图 1-1　项目效果图

能力目标

1. 能够熟练完成图像文件的新建、打开、浏览、获取与输出、保存等基本操作。

2. 能熟练完成重置图像尺寸和分辨率、改变图像画布尺寸、图像变换操作、基本编辑与撤销操作。

3. 能够使用各种套索工具抠图。

4. 能够使用魔棒工具抠选边缘复杂、像素相似的图像。

5. 能综合应用各项选区创建工具进行选区的绘制和图像的选择编辑等操作。

软件知识目标

1. 掌握 Photoshop 的基本操作方法。

2. 掌握选框工具、套索工具、快速选择工具、魔棒工具的使用。

3. 掌握选区修改和羽化等常用命令的设置与应用方法。

4. 掌握选区的描边与填充。

专业知识目标

1. 了解网页设计所需点线面构成的基本理论知识。

2. 理解掌握网页设计中所需的色彩构成的基本理论知识。

3. 理解掌握网页布局的主要元素。

4. 理解掌握网页版面布局格式的类型。

学时分配

12 学时(讲课 6 学时，实践 6 学时)。

课前导读

本项目主要完成阳光天使国际儿童摄影工作室网站首页的设计，可分解为 3 个任务。通过本项目的设计制作，掌握 Photoshop CS4 创建选区的基本方法，使用常用的创建选区工具对图像进行有目的地选择或者创建自己需要的选区，为使用 Photoshop 编辑图像奠定基础。

任务 1　网页页面背景、导航条设计

任务背景

阳光天使国际儿童摄影工作室网站首页页面背景和导航条的设计。

任务要求

阳光天使国际儿童摄影工作室网站首页应体现儿童天真活泼的性格，网站首页应包括"网站首页"、"关于我们"、"作品欣赏"、"门店展示"、"温馨服务"、"最新资讯"、"联系我们"等文字内容，以便进入相应的子页面展示阳光天使国际儿童摄影工作室。

任务分析

网页中的背景设计是相当重要的，一个主页的背景就相当于一个房间里的墙壁地板，好的背景不但能影响访问者对网页内容的接受程度，还能影响访问者对整个网站的印象。阳光天使是针对儿童的摄影工作室，所以我们在设计其网站时选择了蓝、白等靓丽的颜色，用图案填充实现背景的制作，设置文字导航条。

重点难点

❶　图像文件的基本操作。

❷　绘图颜色的设置、图案的填充。

❸　辅助工具的使用。

❹　图像的基本编辑。

任务实施

其设计过程如下。

（1）执行【文件】|【新建】命令，弹出【新建】对话框中，设置名称"首页"，选择"Web"预设，大小 1024×768，如图 1-1-1 所示。

（2）打开素材文件"素材\项目一\图案.jpg"，执行【选择】|【全部】命令，此时在图片上会出现一个矩形的蚂蚁线，蚂蚁线以内的区域即为选区，如图 1-1-2 所示。执行【编辑】|【定义图案】命令，弹出如图 1-1-3 所示【图案名称】对话框，将选区内图像定义为"背景图案"。

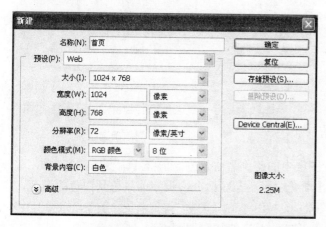

图 1-1-1　【新建】对话框

图 1-1-2　全选图像

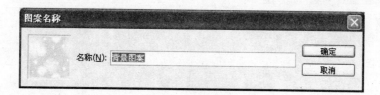

图 1-1-3　【图案名称】对话框

（3）执行【编辑】|【填充】命令，弹出如图 1-1-4 所示【填充】对话框，在【使用】下拉列表框中选择【图案】选项，【自定图案】选择刚才定义的"背景图案"，图像填充图案后背景如图 1-1-5 所示。

图 1-1-4 【填充】对话框

图 1-1-5 网页背景

(4) 为辅助作图，进行网页布局，制作如图 1-1-6 所示参考线(其中 3 条水平参考线，上面一条水平参考线用来设置网页 Logo 和网页主体图片分界线，下面两条参考线用来辅助绘制导航条；7 条垂直参考线，将画布分为 8 等份，作为导航文字的分界线。为了能看得清晰，辅助线可设为红色)。

(5) 单击工具箱中的【矩形选框工具】，在图像中按下鼠标左键不放，拖动鼠标至合适大小，松开鼠标，建立导航条矩形选区，如图 1-1-7 所示。

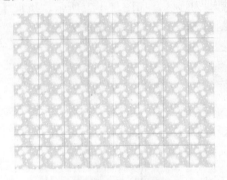

图 1-1-6 参考线

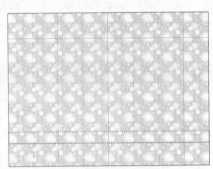

图 1-1-7 导航条选区

(6) 用【吸管工具】吸取背景图层中的蓝色为前景色，选择【渐变工具】，单击【渐变样式】列表框图案处，弹出【渐变编辑器】对话框，设置前景色到白色的渐变，如图 1-1-8 所示。在选区内自上而下拖动鼠标，拉出一条渐变线，得到渐变导航条，如图 1-1-9 所示。执行【选择】|【取消选择】命令或按 Ctrl+D 快捷键取消选区。

图 1-1-8 【渐变编辑器】对话框

图 1-1-9 带有渐变导航条的背景

(7)　选择【矩形选框工具】 ，设置工具选项栏，【样式】为固定大小，【宽度】为
2 像素，【高度】为 58 像素，如图 1-1-10 所示。

图 1-1-10　【矩形选框工具】选项栏

(8)　新建图层 1，在第一条垂直参考线的导航条区域单击创建选区，如图 1-1-11 所示。
使用【缩放工具】 🔍，放大选区区域，如图 1-1-12 所示。

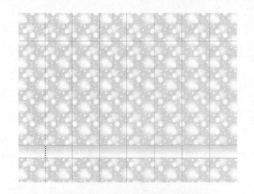

图 1-1-11　导航条分界线选区

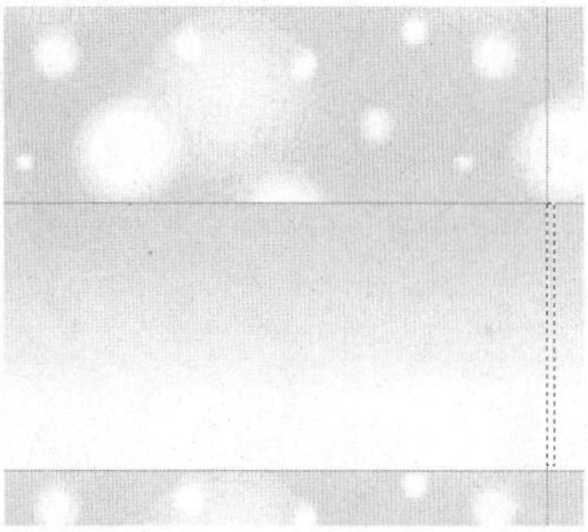

图 1-1-12　放大显示选区

(9)　选择【渐变工具】 ，设置和上一次蓝白渐变相同，在选区内自左向右拖曳应用
渐变，制作网页导航条分界线效果，如图 1-1-13 所示。

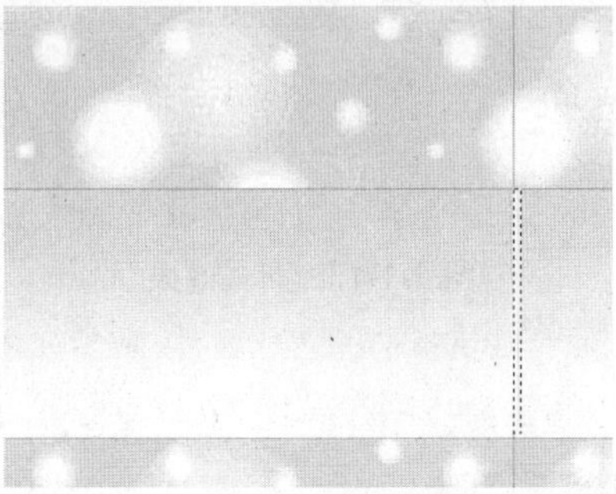

图 1-1-13　第一条导航条分界线

(10) 用同样的方法制作其余 6 个分界线，执行【视图】|【显示】|【参考线】命令，隐
藏参考线，导航条效果如图 1-1-14 所示。

图 1-1-14　导航条分界线效果

(11) 使用【横排文字工具】 Ｔ 为首页添加导航文字。导航条最终效果如图 1-1-15
所示。

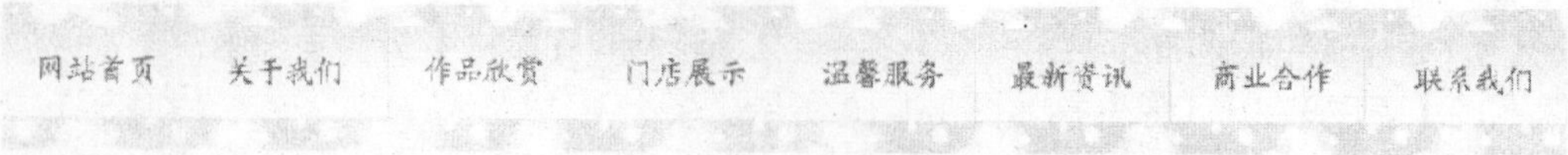
网站首页
关于我们
作品欣赏
门店展示
温馨服务
最新资讯
商业合作
联系我们

图 1-1-15　导航条效果

(12) 使用【横排文字工具】T 在网页底部添加文字。如图 1-1-16 所示。至此背景最终效果制作完毕，如图 1-1-17 所示。

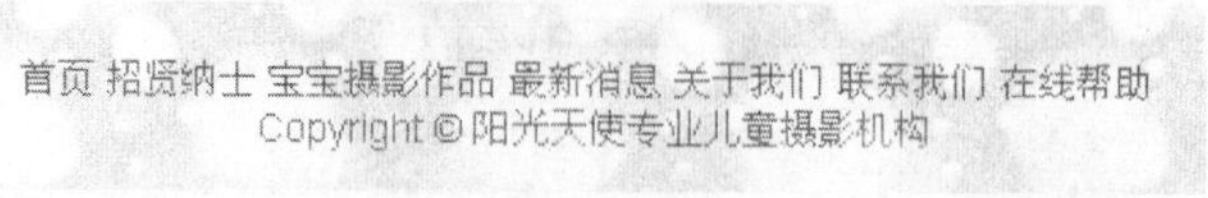
首页 招贤纳士 宝宝摄影作品 最新消息 关于我们 联系我们 在线帮助
Copyright © 阳光天使专业儿童摄影机构

图 1-1-16　添加文字

网站首页
关于我们
作品欣赏
门店展示
温馨服务
最新资讯
商业合作
联系我们

图 1-1-17　背景效果

相关知识

1. 网页美工设计相关知识

(1) 网页配色的原则

① 先定主色，再配辅色

一个网站不可能单一地运用一种颜色，否则让人感觉单调，乏味；但是也不可能将所有的颜色都运用到网站中，让人感觉轻浮、花哨。一个网站必须有一种或两种主题色，既不至于让浏览者迷失方向，也不会感觉单调、乏味，所以确定网站的主题色是设计者必须考虑的问题。一个页面用色尽量不要超过 4 种色彩，用太多的色彩会让人感觉没有方向、没有侧重。当主题色确定好以后，应考虑辅色的搭配，一定要考虑辅色与主题色的关系，要体现什么样的效果。本项目采用蓝白两种主色，以紫色为辅色。

② 黑白灰的运用

黑白灰是万能色，可以与任意一种色彩搭配。当你为某种色彩搭配苦恼的时候，不防试试黑白灰。当你觉得两种色彩的搭配不协调，试试加入黑色或者灰色，或许会有意想不到的效果。对一些明度较高的网站，配以黑色，可以适当地降低其明度。白色是网站最常用的一种颜色。很多网站甚至留出大块的白色空间，作为网站的一个组成部分。这就是留白艺术。很多设计性网站较多运用留白艺术。留白，给人一个遐想的空间，让人感觉心情舒适、畅快。恰当的留白对于协调页面的均衡起到相当大的作用。

③　注意色彩的对比

有对比才会有和谐，要注意色彩中的对比关系并有效控制这些对比关系。如色彩的明度对比、纯度对比、色相对比、冷暖对比、轻重对比、面积对比等。只有有效控制这些对比关系，网页才会达到色彩明快、视觉和谐的效果。

(2)　网页布局的主要元素

一个基本的网页一般包括网站标识 Logo、广告形象区域、导航区域、网页主体内容显示区域、产品服务介绍区域，以及一些附加的消息栏、搜索区域、注册用户区域等，还包括图标和按钮、文字、图像、多媒体等相关信息。

(3)　网页版面布局格式

网页布局大致可分为"同"字型、"匡"字型、"回"字型、"川"字型、左右对称型、上下型、自由型、封面型以及 Flash 型，有些网页还使用几种类型的组合形成新的布局格式。

①　"同"字型：一些大型网站所喜欢的类型，即最上面是网站的标题以及横幅广告条，接下来就是网站的主要内容，左右分列一些竖条内容，中间是主要部分，与左右部分一起罗列到底，最下面是网站的一些基本信息、联系方式、版权声明等，如图 1-1-18 所示。这种结构是网上见到的最多的一种结构类型。

图 1-1-18　"同"字型网页

②　"匡"字型：这种结构与上一种结构其实只是形式上的区别，实际上它们是很相

近的，上面是标题及广告横幅，左侧是一窄列链接等，右侧是很宽的正文，下面也是一些网站的辅助信息，如图 1-1-19 所示。在这种类型中，一种很常见的类型是最上面是标题及广告，左侧是导航链接。

图 1-1-19　"匡"字型网页

③　"回"字型：以"同"或"匡"字型布局为基础，在其页面的底部或右部添加了一个内容区块，如广告或链接等，使之成为一个较封闭的区间。这样设计的目的是能更充分利用有限的页面空间，方便客户的访问。

④　"川"字型：将页面大致分为三列，主要内容分布在 3 列中，可以极大地增加网站内容在首页的显示面积，信息量大，给人畅快的感觉。

⑤　左右对称型：这是一种左右分割页面的结构，一般左面是导航链接，有时最上面会有一个小的标题或标志，右面是正文。单击左面的链接，便会在右边显示相应的内容。这种类型的结构非常清晰，一目了然。

⑥　上下型：与上面类似，区别仅仅在于拥有一种将上下一分为二的框架。

⑦　自由型：一种自由格式型的网页布局结构，它的布局风格较为随意，完成后的页面就如同一张精美的图片或一张极具创意的广告。这种结构多用于一些较为时尚的网站，如时装、动漫网站等，一般大型商务网站不适合此类型。

⑧　封面型：这种类型基本上是出现在一些网站的首页，大部分为一些精美的平面设计结合一些小的动画，放上几个简单的链接或者仅是一个"进入"的链接甚至直接在首页的图片上做链接而没有任何提示。这种类型大部分出现在企业网站和个人主页，如果处理得好，会给人带来赏心悦目的感觉。

⑨　Flash 型：其实这与封面型结构是类似的，只是这种类型采用了目前非常流行的Flash。与封面型不同的是，由于 Flash 强大的功能，页面所表达的信息更丰富，其视觉效果及听觉效果如果处理得当，绝不亚于传统的多媒体。

2．图像文件的基本操作

(1) 新建图像文件

在 Photoshop 中，新建图像文件常用的方法有以下四种。

- 选择【文件】|【新建】命令。
- 按 Ctrl+N 组合键。
- 按 Ctrl+Alt+N 组合键。
- 按 Ctrl 键，在工作界面灰色区域双击。

新建图像文件时弹出【新建】对话框，如图 1-1-20 所示。

【新建】对话框中主要参数的含义如下。

- 名称：在该文本框中输入新建文件名称。默认文件名为"未标题-1"。
- 预设：在该下拉列表框中可以选择系统提供的新建文件的大小尺寸。
- 宽度、高度、分辨率：在右侧的下拉列表框中选择单位后，再在对应的文本框中输入新建文件的宽度、高度值和分辨率值。
- 颜色模式：在左侧下拉列表框中选择新建图像文件的颜色模式，在右侧下拉列表框中选择新建图像文件是每通道 8 位或 16 位。
- 背景内容：在该下拉列表框中选择新建图像文件的背景颜色。
- 存储预设：将当前参数设置保存为一个预设选项，以便以后可以直接从【预设】下拉列表框中选用此设置。
- 删除预设：将当前所选新建图像文件预设选项从【预设】下拉列表框中删除。删除操作时应谨慎，因为此删除操作不能还原。
- 高级：展开【高级】选项，可以设置选择颜色配置文件和像素长宽比。

各项参数设置后，单击【确定】按钮，即可创建一个新的图像文件，如图 1-1-21 所示。

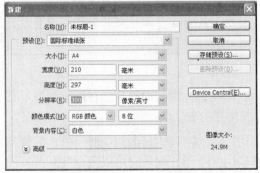

图 1-1-20　【新建】对话框

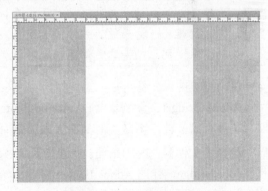

图 1-1-21　新建图像文件窗口

> **提示：** 按 Ctrl+Alt+N 组合键新建图像文件时，Photoshop 显示一个与上次创建图像文件尺寸和分辨率相同的【新建】对话框。

(2) 打开图像文件

在 Photoshop 中，打开图像文件常用的方法有以下三种。

- 选择【文件】|【打开】命令。

- 按 Ctrl+O 组合键。
- 在工作界面灰色区域双击。

打开图像文件时弹出【打开】对话框，如图 1-1-22 所示，在【查找范围】下拉列表框中指定要打开文件存储的路径，选中要打开的图像文件，然后单击【打开】按钮，即可打开所选的图像文件。

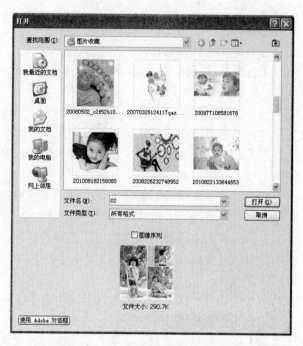

图 1-1-22 【打开】对话框

> 提示：选择【文件】|【最近打开文件】命令，在其级联菜单中单击需要打开的文件，可以直接打开最近打开过的文件；利用【我的电脑】或者【资源管理器】找到需要打开的图像文件，双击其文件图标也可以打开图像文件。

(3) 浏览图像文件

Adobe Bridge(文件浏览器)是 Adobe Photoshop CS4 中一个能够独立运行的小程序，它取代了原有的文件浏览器，但功能大大加强而且使用更方便了。

选择【文件】|【在 Bridge 中浏览】命令，或者单击【启动 Bridge】按钮 **Br**，即可运行 Adobe Bridge，弹出 Adobe Bridge 窗口，如图 1-1-23 所示。利用它可以快速找到所需的图像文件，并可以方便地进行浏览。

(4) 保存图像文件

在新建一个图像文件或者扫描获得一个图像文件或者对已有文件进行了编辑修改之后，需要将文件保存，以便图像文件的输出或再编辑，否则所做的修改将不保存。

在 Photoshop 中，保存图像文件常用的方法有以下三种。

- 选择【文件】|【存储】命令。
- 按 Ctrl+S 组合键。
- 选择【文件】|【存储为】命令。

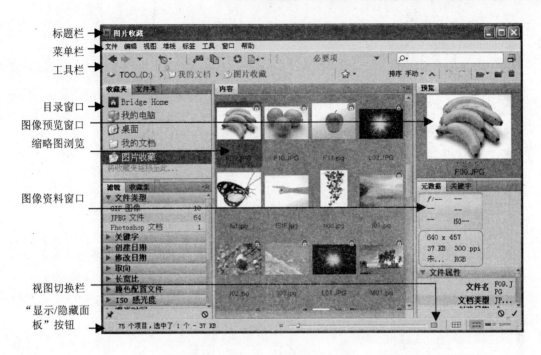

标题栏
菜单栏
工具栏

目录窗口
图像预览窗口
缩略图浏览

图像资料窗口

视图切换栏
"显示/隐藏面
板"按钮

图 1-1-23　Adobe Bridge 窗口

第一次保存文件或者对图像编辑后再保存文件时，选择【文件】|【存储为】命令，弹出【存储为】对话框，如图 1-1-24 所示。

图 1-1-24　【存储为】对话框

【存储为】对话框中存储选项主要参数的含义如下。

- 作为副本：选择此选项，为当前图像文件存储一个副本，而不改变当前图像文件的文件名和存储路径。

- Alpha 通道：选择此选项，将会存储当前图像中的 Alpha 通道信息；否则，存储图像文件时将会删除图像中的 Alpha 通道。

- 图层：选择此选项，对于.psd、.pdd、.tif、.pdf 等格式多层图像会分层存储；否则存储合并后的背景图，这样图像文件必须为副本形式。

● 使用小写扩展名：选择此选项，将以小写字符追加文件扩展名。

提示：保存图像文件时，系统默认.psd 格式。

(5) 关闭图像文件

关闭画布窗口，通常可以采用以下 4 种方法。

● 单击当前文件窗口标题栏右侧的关闭按钮。

● 单击 Photoshop 工作界面标题栏右侧的关闭按钮。

● 按 Ctrl+W 或 Alt+Ctrl+W 或 Shift+Ctrl+W 组合键。

● 选择【文件】|【退出】命令。

(6) 图像的获取与输出

多方面地获取图像素材，能激发灵感，提供创意，对我们学好 Photoshop 以及设计具有创意的作品都是很有帮助的。图像素材的获取方法和主要途径有：位图图像软件创建位图图像；矢量图形软件输出位图图像；手绘图像素材；购买素材光盘；利用扫描仪扫描图像；利用数码相机；从因特网获取。此外，利用专业屏捕软件是获取计算机屏幕图像最直接的方法。

图像作品制作好以后，根据需要用户可以将其以不同的方式输出。选择【文件】|【导出】命令将其输出到其他设备上或程序中，如视频预览设备、程序 Illustrator；选择【文件】|【打印】命令通过打印设备输出到纸张上，便于查看和修改。

3. 绘图颜色设置

利用绘图工具绘制图像或编辑图像，首先必须设置绘图前背景色。单击工具箱中的【设置前/背景色工具】按钮，如图 1-1-25 所示。其中，【设置前景色】按钮显示前景色，即当前绘图工具的颜色；【设置背景色】按钮显示背景色，即图像的底色；【切换前背景色】按钮切换当前前景色与背景色；【默认前景色和背景色】按钮恢复系统默认的前黑后白设置。

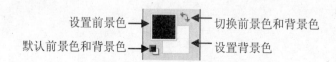

图 1-1-25　设置前景色和背景色工具

提示：在非文字输入状态下，按 D 键快速恢复系统默认的前背景色，按 X 键快速切换当前前景色与背景色。

在 Photoshop 中设置前景色与背景色，通常使用【拾色器】、【颜色】面板、【色板】面板和吸管工具等几种方法。

(1) 使用【拾色器】

单击【设置前景色】按钮，弹出【拾色器】对话框，如图 1-1-26 所示。单击【设置背景色】按钮，【拾色器】对话框类似图 1-1-26。

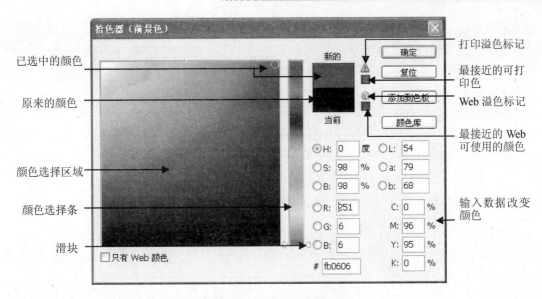

图 1-1-26　【拾色器】对话框

在对话框中，可以直接输入 R、G、B 或 H、S、B 或 L、a、b 或 C、M、Y、K 的值确定想要的颜色，也可以先拖动对话框中部色条上的颜色滑块到想要颜色的相近区域，再移动鼠标指针到左侧的配色板中，鼠标指针变成小圆圈形状，在确定所要颜色处单击，即可完成前景色或背景色的设置。

(2)　使用【颜色】面板

在【颜色】面板中，先单击左上角【设置前景色】或【设置背景色】颜色方框，然后再在右侧的文本框中输入数值，或者用鼠标拖动各颜色模式相应滑竿上的滑块，即可完成前景色或背景色的设置。

(3)　使用【色板】面板

在【色板】面板中，将鼠标指针移到【色板】面板色样方块区域，鼠标指针变成吸管工具形状，单击想要的色样方块，即可完成前景色的设置。设置背景色时，先按下 Ctrl 键，再单击想要色样方块，即可完成背景色的设置。

(4)　使用吸管工具

使用吸管工具，可以选取屏幕图像中的颜色来设置前景色和背景色。在工具箱中选取吸管工具，鼠标指针变成吸管工具形状，在工具选项栏中设置取样大小。【取样大小】列表框选项有 3 种，含义分别如下。

● 取样点：系统默认的取样大小，表示取样颜色点精确为一个像素。

● 3×3 平均：表示按 3×3 个像素平均值取样颜色。

● 5×5 平均：表示按 5×5 个像素平均值取样颜色。

选取一种取样选项后，移动鼠标指针到图像中想要取颜色处，单击即可设置取样颜色为前景色。按 Alt 键，再单击即可设置取样颜色为背景色。

4．改变图像视图

编辑图像文件时，如果当前图像超过文件视图区域，用户可以改变当前文件窗口图像视图来查看图像的其他部分。可以使用滚动条、视图菜单命令、缩放工具、【导航器】面板、抓手工具、视图控制工具等多种方式改变图像视图。状态栏显示缩放比例，标题栏显示缩放百分比。

(1) 使用【视图】菜单命令

选择【视图】菜单中如图 1-1-27 所示的某一项命令，可以调整整幅图像视图。

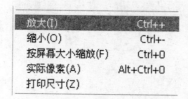

图 1-1-27　调整图像显示比例命令

其中各菜单命令功能如下。

- 放大：执行一次，使图像放大到下一个预设百分比，并且当图像放大到最大级别时，此命令将变暗。
- 缩小：执行一次，使图像缩小到上一个预设百分比，并且当图像缩小到最小级别只能看到 1 个像素时，此命令将变暗。
- 按屏幕大小缩放：使图像以最佳比例显示。
- 实际像素：以 100%比例显示图像。
- 打印尺寸：以实际打印尺寸显示图像。

提示：图像显示比例超出预定显示框时，文件窗口便自动出现水平和垂直滚动条。

(2) 使用【缩放工具】

单击【缩放工具】按钮，其工具选项栏如图 1-1-28 所示。单击【实际像素】、【适合屏幕】、【填充屏幕】、【打印尺寸】按钮，图像将以相应视图比例显示。

图 1-1-28　【缩放工具】选项栏

单击【缩放工具】，鼠标指针默认为，在图像上每单击一次，图像放大到下一个预设百分比并以单击点为中心显示。如果在图像上按下鼠标左键并拖选一个范围，将以所选区域为中心显示放大后的图像。当图像放大到最大级别时，放大镜中的"+"自动消失，同样当图像缩小到最小级别时，放大镜中的"-"也自动消失。

提示：选取缩放工具，按 Alt 键，鼠标指针将在、之间切换。

(3) 使用【导航器】面板

在【导航器】面板中，拖动图像缩览图内视图框可以快速移动图像新视图，或者在左下方 100% 框输入放大或缩小级别，或者向右或向左拖移滑块，或者单击、都可以快速放大或缩小图像视图比例。

(4) 使用抓手工具

当前图像超过文件视图区域时，使用【抓手工具】在图像内拖移即可移动图像，从而改变图像视图。在已选用其他工具时，当鼠标指针在图像区域内按下空格键，鼠标指针将变成【抓手工具】🖐。

(5) 使用屏幕模式按钮

选取【屏幕模式】按钮🖵▾，展开如图 1-1-29 所示的级联菜单，切换菜单项即可以改变图像视图。屏幕将以 Photoshop 默认的标准模式显示、以带有菜单栏的全屏模式显示，或隐藏菜单栏，屏幕以全屏模式显示。

5．使用辅助工具

选择【视图】|【显示额外内容】命令，【显示】级联菜单命令中所有已显示的额外内容左边都有复选标记；选择【视图】|【显示】|【显示额外选项】菜单命令，弹出【显示额外选项】对话框，如图 1-1-30 所示。

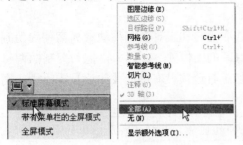

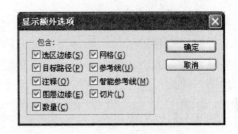

图 1-1-29   【屏幕模式】按钮   图 1-1-30   【显示额外选项】对话框

选区边缘、注释、切片、参考线和网格等选项是非打印的额外的部分，帮助用户选择、移动或编辑图像和对象。标尺、度量工具、参考线和网格等辅助选项，帮助用户沿图像的宽度或高度准确地定位图像、选区或像素。

(1) 注释工具

使用【注释工具】📝，可以在图像的任意位置添加文字注释。

(2) 颜色取样器工具

使用【颜色取样器工具】🖋产生的颜色取样器✛不是【视图】|【显示】级联菜单命令中的选项，但选择【视图】|【显示额外内容】命令仍可显示或隐藏它。使用【颜色取样器】工具🖋在图像上最多可设置 4 个样点，并且样点颜色信息分别显示在【信息】面板中。

(3) 标尺

选择【视图】|【标尺】命令，可显示或隐藏标尺。在可视状态下，标尺显示在当前图像窗口的顶部和左侧。

选择【编辑】|【首选项】|【单位与标尺】命令，在弹出的对话框中可更改标尺设置。

(4) 度量工具

选取【度量工具】📏，在工作区从起点按下鼠标左键并拖移到终点松开，即可测量工作区内任意两点之间的位置关系，并在工具选项栏内显示详细信息。如果从现有测量线创建量角器，则按 Alt 键从测量线的一端拖动鼠标，或者双击测量线的起点并拖动鼠标即可。

提示： 按下 Shift 键可按 45° 倍角拖移。

(5) 参考线和网格

选择【视图】|【新建参考线】命令可创建参考线，也可直接使用鼠标从水平标尺或垂

直标尺处拖移创建参考线。

选择【编辑】|【首选项】|【参考线、网格和切片】命令，在弹出的对话框中可对参考线、网格和切片选项参数进行设置。

6. 图像的基本编辑

(1) 重置图像尺寸和分辨率

选择【图像】|【图像大小】命令，弹出【图像大小】对话框，如图 1-1-31 所示。单击【自动】按钮，或直接在【像素大小】、【文档大小】选项对应的文本框中输入数值，之后单击【确定】按钮，即可完成图像尺寸和分辨率的重置操作。

(2) 改变图像画布尺寸

① 裁切工具

裁切工具是改变图像画布尺寸常用的工具。选取【裁切工具】，移动鼠标指针到当前图像文件窗口拖移出一个矩形裁切区域，将需要保留的图像部分圈起来，拖动控制柄调整裁切区域到所需大小和位置，按 Enter 键或按裁切工具选项栏右侧的【确认】按钮 ✔，完成图像画布的裁切操作，改变图像画布尺寸的大小。

> **提示：** 使用【裁切工具】 ☐，拖动控制柄到画布以外的区域，可以扩展原图像的画布大小。

② 【图像】|【画布大小】命令

选择【图像】|【画布大小】命令，主要是针对图像上的透明像素进行的精确裁切，不同于工具箱中的裁切工具。

选择【图像】|【画布大小】命令，弹出【画布大小】对话框，如图 1-1-32 所示。在【宽度】和【高度】数值框中输入数值，可以精确地改变图像画布的大小。

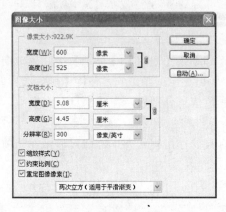

图 1-1-31　【图像大小】对话框

图 1-1-32　【画布大小】对话框

【画布大小】对话框中主要参数的含义如下。

- 当前大小：显示当前图像文件的大小、画布的宽度和高度值以及单位。
- 新建大小：显示新文件的大小，在【宽度】和【高度】数值框中输入值设置图像画布大小。
- 相对：选择此选项，则【宽度】和【高度】值表示图像新尺寸与原尺寸的差值，即相对于原图像的宽度和高度值。在【宽度】和【高度】数值框中输入正值则扩大图像画布，如输入负值则裁切图像画布。

- 定位：单击【定位】框中的箭头，设置新画布与原图像画布的相对位置，选择图像裁切的部位。
- 画布扩展颜色：用来设置扩展画布后扩展部分的颜色。

(3) 图像变换操作

① 旋转整幅画布

选择【图像】|【图像旋转】命令，展开级联菜单，如图 1-1-33 所示，选择【任意角度】命令时，弹出【旋转画布】对话框，如图 1-1-34 所示，在对话框中设置好旋转角度和旋转方向后，单击【确定】按钮即可完成旋转操作。

② 变换选区内的图像

选择【编辑】|【变换】命令，展开级联菜单，如图 1-1-35 所示。选取其中任一菜单命令，即可按指定的方式变换选区内的图像。

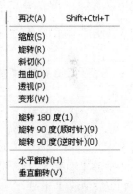

图 1-1-33　【图像旋转】　　　图 1-1-34　【旋转画布】对话框　　　图 1-1-35　【编辑】|【变换】
　　　级联菜单　　　　　　　　　　　　　　　　　　　　　　　　　　　　级联菜单

选择【编辑】|【自由变换】命令，选区周围出现 1 个矩形控制框，上面有 8 个控制柄和 1 个中心标记，选项栏如图 1-1-36 所示。可以在选项栏中输入相应数值变换选区内的图像，也可以直接拖动控制柄来实现变换选区内的图像。

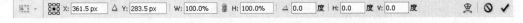

图 1-1-36　【自由变换】选项栏

(4) 基本编辑操作

对图像进行剪切、拷贝、粘贴、删除、移动等基本操作，首先必须用选取工具选取图像。

① 剪切

选择【编辑】|【剪切】命令，或按 Ctrl+X 组合键，可将所选取的部分从图像中剪切掉，存入粘贴板中。

② 拷贝

选择【编辑】|【拷贝】命令，或按 Ctrl+C 组合键，可将所选取的部分存入粘贴板中。

③ 粘贴与贴入

选择【编辑】|【粘贴】命令，或按 Ctrl+V 组合键，在没有选区时，可将最近一次存入

粘贴板中的图像粘贴到当前图像窗口中心，并建立新图层；如果有选区，则将最近一次存入粘贴板中的图像粘贴到选区内，同时建立新图层。

在有选区时，选择【编辑】|【贴入】命令，或按 Shift+Ctrl+V 组合键，可将最近一次存入粘贴板中的图像粘贴到选区内，同时建立图层蒙版。

④　复制

选择【图像】|【复制】命令，可以对当前图像进行复制，生成一个新的图像副本。

⑤　映射

所谓映射，就是复制对称的物体。按 Ctrl+Alt+T 组合键，可实现映射功能。使用这一功能，可以制作出对称物品、水中倒影之类的特殊效果。

⑥　变换复制

所谓变换复制，就是对图像进行复制的同时实施了一定的变换。选取图像，按 Ctrl+Alt+T 组合键，在选项栏上修改原点位置和变换角度，这时图像的复制副本就呈现了一定的角度。再按 Ctrl+Alt+Shift+T 组合键，可对图像进行再次变换复制。使用这一功能，可以制作非常漂亮的花朵。

⑦　清除

选择【编辑】|【清除】命令，可将所选取的部分从图像中清除掉，而且并不存入粘贴板。

⑧　移动图像

选择【移动工具】，移动鼠标指针到选区内部，按下鼠标左键并拖移到目标位置，然后松开左键即可移动所选图像部分。如果没有选取【移动工具】，而移动鼠标指针到选区内部按下鼠标左键并拖移，则移动的是空选区而不是图像。

(5) 撤销操作

①　【编辑】命令

选择【编辑】|【还原××】命令，或按 Ctrl+Z 组合键，可撤销刚刚进行的一次操作。选择【编辑】|【重做××】命令，或再次按 Ctrl+Z 组合键，可重做刚刚撤销的一次操作。选择【编辑】|【前进一步】命令，或按 Shift+Ctrl+Z 组合键，每单击一次，可向前执行一条历史记录的操作。选择【编辑】|【后退一步】命令，或按 Alt+Ctrl+Z 组合键，每单击一次，可返回一条历史记录的操作。

②　【历史记录】面板

在关闭文件之前，利用【历史记录】面板，用户可以方便地撤销对图像所做的任意步(默认最近 20 步)操作，使图像快速恢复到打开图像文件后历史上的某一状态。

③　【文件】|【恢复】命令

执行【文件】|【恢复】命令，可将图像恢复到上一次存盘的状态。

④　【编辑】|【渐隐】命令

选择【编辑】|【渐隐】命令，可以减弱上次操作对图像的作用。比如对图像执行了高斯模糊的操作，后来又觉得这个模糊太厉害了，想减轻一点效果。选择【编辑】|【渐隐】命令，调节不透明度，就可以对高斯模糊进行一定程度的减弱。

任务进阶

【进阶任务 1】制作图像变换效果，如图 1-1-37 所示。

其设计过程如下。

(1) 打开图像文件。启动 Photoshop，打开图像文件"素材\项目一\005.jpg"，如图 1-1-38 所示，使其成为当前文件窗口。

图 1-1-37　图像变换效果　　　　　　　　　图 1-1-38　素材图像

(2) 变换图像

① 选择图像，执行【编辑】|【变换】|【扭曲】命令，变换图像，如图 1-1-39(a)所示。

② 分别选择【编辑】|【变换】|【缩放】和【图像】|【图像旋转】命令，变换图像，如图 1-1-39(b)所示。

③ 选择【图像】|【画布大小】命令，改变图像画布至合适大小。

④ 按 Ctrl+Alt+T 组合键，图像上有一个变换框，如图 1-1-39(c)所示，变换框与按 Ctrl+T 组合键相同，但实际上这时已经复制了图像，只是和原来的图像重叠，所以还看不出来。在属性栏中，将原点改在右下角，这样我们进行对称复制就是以右下角的点为原点。

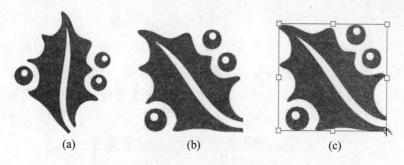

(a)　　　　　　　　　(b)　　　　　　　　　(c)

图 1-1-39　变换图像效果

⑤ 选择【编辑】|【变换】|【水平翻转】命令，对复制的图像以右下角为原点，进行水平翻转，这样我们就得到了一个对称图像。图像变换和变形效果如图 1-1-37 所示。

【进阶任务 2】改变图像的大小，效果如图 1-1-40 所示。

其设计过程如下。

(1) 打开图像文件。启动 Photoshop，选取【文件】|【打开】菜单命令，打开图像文件"素材\项目一\003.jpg"，如图 1-1-41 所示，使其成为当前文件窗口。

图 1-1-40　改变图像的大小效果图　　　　　　　　图 1-1-41　　图像

(2)　裁切图像

①　选取【裁切工具】□，在图像上拖出一个矩形，将要保留的图像圈起来，然后松开鼠标左键，创建一个矩形裁切区域，如图 1-1-42 所示。

②　利用裁切区域的矩形边线上的控制柄和区域内的中心标记，调整矩形裁切区域的大小、位置和旋转角度，使得矩形裁切区域为所选合适区域，如图 1-1-43 所示。

③　单击选项栏中的确认按钮 ✔ 或者直接按 Enter 键，完成裁切操作，效果如图 1-1-44 所示。

图 1-1-42　创建矩形裁切区域　　　图 1-1-43　调整矩形裁切区域　　　图 1-1-44　裁切后的图像

(3)　改变图像大小。选择【图像】|【图像大小】命令，弹出【图像大小】对话框，按如图 1-1-45 所示设置参数。参数设置完后，单击【确定】按钮，即可按设置好的尺寸调整图像的大小，效果如图 1-1-40 所示。

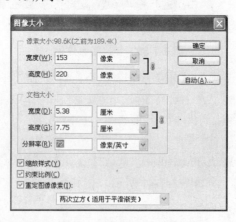

图 1-1-45　【图像大小】对话框

(4) 保存图像文件，关闭画布窗口。选择【文件】|【存储为】命令保存图像文件。然后，单击文件窗口中的【关闭】按钮即可关闭画布窗口。

任务 2 网站 Logo 编辑

任务背景

阳光天使国际儿童摄影工作室网站首页 Logo 的编辑。

任务要求

阳光天使国际儿童摄影工作室网站首页 Logo 已经设计好，要求把该 Logo 合理地放置到网页上，使其与网页风格统一。

任务分析

使用 Logo 素材编辑制作网站 Logo，抠选素材文件，羽化渐变填充，使 Logo 与首页背景完美融合。

重点难点

❶ 选框工具、套索工具、磨棒工具的使用。
❷ 选区的编辑、修改。
❸ 选区的填充。

任务实施

其设计过程如下。

(1) 打开素材文件"素材\项目一\标志.jpg"，使用【魔棒工具】 在背景区域单击形成如图 1-2-1 所示选区。

(2) 使用【魔棒工具】 ，其工具选项栏设置为【添加到选区】选项 ，依次在三个星星位置、英文网址左侧、右侧区域单击添加选区，执行【选择】|【反向选择】命令选取网站 Logo，如图 1-2-2 所示。

图 1-2-1 背景选区

图 1-2-2 网站 Logo 选区

提示：也可使用磁性套索工具创建 Logo 选区。

（3） 选择【移动工具】 ，在 Logo 选区内按下鼠标左键不放，拖曳鼠标移动图像至首页.psd 文档中，调整 Logo 到网页的左上角，在第一条水平参考线的上方，如图 1-2-3 所示。

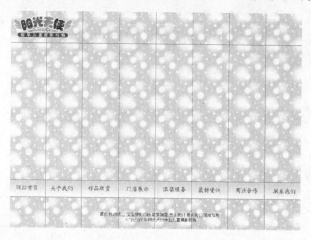

图 1-2-3　Logo 图像

（4） 执行【选择】|【修改】|【羽化】命令，羽化 Logo 选区。羽化选区设置如图 1-2-4 所示，羽化后选区如图 1-2-5 所示。

图 1-2-4　【羽化选区】对话框

图 1-2-5　羽化的选区

（5） 在 Logo 图层下方新建图层 3，使用【渐变工具】 ，渐变样式中选择如图 1-2-6 所示的色谱渐变。在选区中从上到下拖曳应用渐变，执行【选择】|【取消选择】命令，最终 Logo 效果如图 1-2-7 所示。

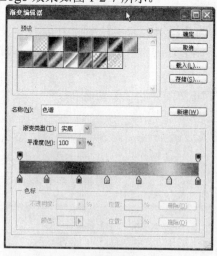

图 1-2-6　【渐变编辑器】对话框

图 1-2-7　Logo 效果

相关知识

1．选框工具组

(1)　矩形选框工具

①　认识矩形选框工具

选择工具箱中的【矩形选框工具】，工具选项栏如图 1-2-8 所示。

图 1-2-8　【矩形选框工具】选项栏

【矩形选框工具】选项栏中主要选项的含义如下。

- 【设置选区形式】：它由四个功能按钮组成，它们的作用如下。

    - 【新选区】按钮：系统默认选中此按钮，只能创建一个选区。如果已经有一个选区，再创建一个选区时，则原选区被取消。

    - 【添加到选区】按钮：选取此按钮，或者按住 Shift 键，如果已经有一个选区，再创建一个选区时，则新建选区与原选区相加得到一个新选区。

    - 【从选区减去】按钮：选取此按钮，或者按住 Alt 键，如果已经有一个选区，再创建一个选区时，则从原选区上减去与新建选区重合的部分得到一个新选区。

    - 【与选区交叉】按钮：选取此按钮，或者按住 Shift+Alt 组合键，如果已经有一个选区，再创建一个选区时，则只保留新建选区与原选区重合的部分得到一个新选区。

- 羽化：在文本框中输入数值，来设置选区边界线的羽化程度。输入值为 0 时表示不进行羽化。创建羽化的选区时，应先设置羽化数值，再拖曳鼠标创建选区。

- 样式：设置创建选区的样式。有正常、固定长宽比、固定大小三种选项。

    - 正常：系统默认正常方式，可以创建任意大小的选区。选区范围只由鼠标的起点与终止点决定，与其他因素无关。

    - 固定长宽比：选择此项，【样式】列表框右边的【宽度】和【高度】文本框有效，可分别输入数值，以确定选区宽高比，使得以后所创建选区符合该宽高比。

    - 固定大小：选择此项，【样式】列表框右边的【宽度】和【高度】文本框有效，可分别输入数值，以确定选区的尺寸，使得以后所创建选区符合该尺寸。

- 调整边缘按钮：在任何一个基本选区工具的选项栏中都有。调整边缘可以提高选区边缘的品质并允许用户对照不同的背景查看选区以便轻松编辑。单击【调整边缘】按钮，弹出【调整边缘】对话框，如图 1-2-9 所示。【调整边缘】对话框中各项参数功能如下。

    - 半径：决定选区边界周围的区域大小，将在此区域中进行边缘调整。增加半径可以在包含柔化过渡或细节的区域中创建更加精确的选区边界。

    - 对比度：锐化选区边缘并去除模糊的不自然感。增加该选项参数，可使柔化的选区边缘变得犀利，并可去除选区边缘模糊的不自然感。

◆ 平滑：增加该选项参数，可以去除选区边缘的锯齿状，同时选区的尖角部分

将会变得越来越平滑，且会出现模式
状态。按 Alt 键，使【取消】按钮转
换为【复位】按钮。单击该按钮，使
对话框恢复为默认设置，拖动【平滑】
滑块，不断增大该值，可明显地观察
到平滑选区边缘后的效果。

◆ 羽化：增加该选项参数，可使用平均
模糊的方式柔化选区的边缘。

◆ 收缩/扩展：在为图像设置【半径】和
【羽化】参数后，当【收缩/扩展】参
数为负值时，可收缩选区的边缘。当
参数为正值时，可扩展选区的边缘。

◆ 选区视图模式 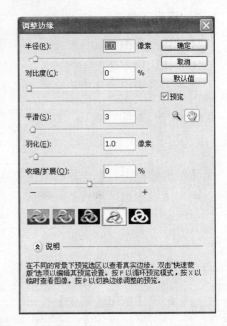：
选区视图模式有标准、快速蒙版、黑
底、白底和蒙版 5 种模式。选择标准
模式，可预览具有标准选区边界的选
区。选择快速蒙版模式，以快速蒙版

图 1-2-9 【调整边缘】对话框

的方式预览选区，在其中可指定蒙版覆盖的区域、蒙版显示的颜色和蒙版的
不透明度。选择黑底模式，在黑色背景下预览选区。选择白底模式，在白色
背景下预览选区。选择蒙版模式，可预览用于定义选区的蒙版。

◆ ☑预览：选中或取消选中【预览】复选框可打开或关闭边缘调整预览。

◆ 🔍：单击缩放工具可在调整选区时将其放大或缩小。

◆ 🖐：使用抓手工具可调整图像的位置。

② 创建矩形选区

使用矩形选框工具可以创建任意矩形和正方形的选区，操作简便快捷。

选择工具箱中的【矩形选框工具】，鼠标指针变为十字线状，在画布窗口按住鼠标左
键并拖动，创建一个矩形的虚线框，然后释放鼠标即可创建一个矩形的选区，如图 1-2-10
所示。

图 1-2-10 矩形选区

提示：在创建选区后，如在创建选区范围外单击，则会取消创建的选区。

(2) 椭圆选框工具

① 认识椭圆选框工具

选择工具箱中的【椭圆选框工具】，工具选项栏如图 1-2-11 所示。

图 1-2-11 【椭圆选框工具】选项栏

椭圆选框工具选项栏中主要选项含义与矩形选框工具选项栏中主要选项含义相似，不同之处在于：选择【椭圆选框工具】后，【消除锯齿】复选框有效。选中此复选框，平滑选区边缘。

提示：该选项在椭圆选框工具、套索工具和魔棒工具中可用，使用方法和作用均相同。

② 使用椭圆选框工具

使用椭圆选框工具可以创建任意椭圆形和正圆形选区，操作方法同使用矩形选框工具。

选择工具箱中的【椭圆选框工具】，鼠标指针变为十字线状，在画布窗口按住鼠标左键并拖动鼠标，创建一个椭圆的虚线框，然后释放鼠标即可创建一个椭圆的选区，如图 1-2-12 所示。

提示：使用矩形或椭圆选框工具，按住 Shift 键，拖拽鼠标可创建一个正方形或圆形选区；按住 Alt 键，拖曳鼠标可创建一个以鼠标单击点为中心的矩形或椭圆形选区；按住 Shift+Alt 组合键，拖曳鼠标可创建一个以鼠标单击点为中心的正方形或圆形选区。

图 1-2-12 椭圆选区

(3) 单行选框工具和单列选框工具

① 认识单行和单列选框工具

选择工具箱中单行、单列选框工具，工具选项栏分别如图 1-2-13 和图 1-2-14 所示。

图 1-2-13 【单行选框工具】选项栏

图 1-2-14 【单列选框工具】选项栏

在单行或单列工具选项栏中，【消除锯齿】和【样式】选项呈灰色不可用。

② 使用单行和单列选框工具

选择工具箱中的【单行或单列选框工具】，鼠标指针变为十字线状，在画布窗口单击，即可以鼠标单击点为基点创建一个宽度为 1 像素(px)的横向或纵向选区,如图 1-2-15 所示。

由于宽度为 1 像素的选区较小,所以会出现选框看不清楚的现象,这时可以使用放大镜工具,对画布进行放大,则会看见明显的单行(单列)选区。

> **提示**:使用光标键可以上下连续移动水平选择线,或者左右移动垂直选择线,每次移动固定距离为 1 像素;使用 Shift 键再使用光标键,可以上下或者左右移动选择线,每次移动的距离为 10 像素。

图 1-2-15　使用单行/单列选框工具制作水平线和垂直线

2. 套索工具组

Photoshop 工具箱中套索工具组包含套索工具、多边形套索工具和磁性套索工具三个有关套索工具,如图 1-2-16 所示,使用它们可创建不规则的选区。

(1) 套索工具

① 认识套索工具

选择工具箱中的【套索工具】,工具选项栏如图 1-2-17 所示。工具选项栏中选项参数含义与选框工具选项栏中选项参数含义相同。

图 1-2-16　套索工具组

② 使用套索工具

使用套索工具可以创建以鼠标移动的路线为基准的任意形状的选区。

选择【套索工具】,鼠标指针变为套索状 ,在画布窗口按住鼠标左键并拖动鼠标,可以创建一个不规则的选区,释放鼠标时,系统会自动连接鼠标的起点与终点,形成一个闭合的选区。

使用套索工具,在需要选择的图像的边缘拖动鼠标,可以粗略地选取图像,如图 1-2-18 所示。

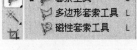

图 1-2-17　【套索工具】选项栏

图 1-2-18　使用套索工具选取图像

提示： 在释放鼠标前按 Esc 键，则可以取消此时选区的操作，释放鼠标后可以恢复前面的选区设置。

(2) 多边形套索工具

① 认识多边形套索工具

选择工具箱中的【多边形套索工具】，工具选项栏如图 1-2-19 所示，与套索工具选项栏基本一样。

图 1-2-19　【多边形工具】选项栏

② 使用多边形套索工具

使用多边形套索工具可以创建任意形状的多边形选区。

选择【多边形套索工具】，鼠标指针变为多边形套索状 ，在画布窗口单击，确定多边形选区的起点，然后移动鼠标，再依次在所需多边形选区的拐点处单击，最后移动鼠标至起点处(此时出现一个小圆圈)单击或者双击，系统将自动连接起点和终点，形成一个闭合的多边形选区，完成多边形选区的创建。

使用多边形套索工具，在需要选择的图像的边缘拐点处依次单击，可以选取多边形图像，如图 1-2-20 所示。

(a) 粗略选取

(b) 精确选取

图 1-2-20　选取多边形图像

提示： 在使用套索工具创建选区过程中，按住 Alt 键，可以切换为多边形套索工具。在使用多边形套索工具创建选区时，按住 Shift 键，可以创建出水平、垂直或 45° 角方向的边线。

(3) 磁性套索工具

虽然使用套索工具和多边形套索工具可以创建任意形状的选区，但是很难精确地定位选区边界。对于选择细节丰富的图像，可以选用磁性套索工具，并且操作方便。

① 认识磁性套索工具

选择工具箱中的【磁性套索工具】，工具选项栏如图 1-2-21 所示。

图 1-2-21　【磁性套索工具】选项栏

【磁性套索工具】选项栏中主要选项的含义如下。

- 宽度：用来设置系统检测的范围，单位为像素。利用磁性套索工具进行选区创建时，系统将在鼠标指针周围指定的宽度范围内选定反差最大的边缘作为选取的边界，也就是自动检测边缘的宽度，查找分析色彩的区域。该数值取值范围为1～40像素。数值越小，检测范围就越小。

- 边对比度：用来设置系统检测选区边缘的精度。该数值取值范围为1%～100%。数值越大，对比度越大，系统能识别的选区边缘的对比度也就越高，边界定位就越准确。

- 频率：用来设置选区边缘关键点出现的频率。取值范围为1～100。数值越大，系统创建关键点的速度越快，关键点出现的次数就越多。

- 使用绘图压力板以更改钢笔宽度 ✎：单击该按钮，可以使用绘图压力板以更改钢笔笔触的宽度。此选项只有使用绘图板绘图时才有效。

② 使用磁性套索工具

使用磁性套索工具，设置选项栏中参数，可以精确创建选区，同时对边缘对比度比较大的图像进行选择。

选择【磁性套索工具】，鼠标指针变为磁性套索状 ⚲，在图像窗口所要选择图像的边缘单击，确定选区起点，然后沿所选图像的边缘移动鼠标指针，系统会自动在预先设定的像素宽度内分析图像，自动将选区边界吸附到交界上，当移动鼠标回到起点时，磁性套索工具的小图标的右下角会出现一个小圆圈，单击即可形成一个封闭的选区，选取所要的图像部分。

3. 魔棒工具、快速选择工具及【色彩范围】命令

Photoshop还提供了魔棒、快速选择工具和【色彩范围】命令，可以通过对图像颜色的色彩信息进行分析来创建选区。

(1) 魔棒工具

① 认识魔棒工具

魔棒工具是根据颜色的色彩范围来确定选区的工具，能够快速选择色彩差异大的图像区域，它是众多创建选区工具中最为得力的一款。【魔棒工具】选项栏如图1-2-22所示。

图1-2-22 【魔棒工具】选项栏

魔棒工具选项栏中主要选项的含义如下。

- 容差：设置选取颜色的范围。容差值的选择范围在0～255之间，默认值为32。输入的容差值越小，选取的颜色就越接近，即选区的范围越小。如图1-2-23所示为单击同样的选取点，容差值分别为32和80时所创建的选区效果。

- 连续：默认状态下，该选项处于选中状态，表示系统将选取与单击选取点相近的连续区域；如果取消选中该复选框，系统将对整个图像进行分析，选取图像中所有和单击选取点相近的图像区域。选中和取消选中【连续】复选框两种状态创建选区的效果如图1-2-24所示。

(a) 容差值为 32 时创建的选区　　　　　　　　(b) 容差值为 80 时创建的选区

图 1-2-23　不同容差值创建的选区

(a) 取消选中【连续】复选框　　　　　　　　(b) 选中【连续】复选框

图 1-2-24　【连续】复选框的作用

● 对所有图层取样：默认状态下，该选项处于非选中状态，表示系统仅对图像当前图层进行分析；如果选中此复选框，系统将图像所有图层作为一个图层统一进行分析。选中和取消选中【对所有图层取样】复选框两种状态创建选区效果如图 1-2-25 所示，图像由背景图层和文字图层构成，且文字图层为当前图层。取消选中【对所有图层取样】复选框，使用魔棒工具单击文字周围的图像区域时，系统仅仅分析文字图层，选中文字以外的全部区域，如图 1-2-25(a)所示；选中【对所有图层取样】复选框，使用魔棒工具单击文字周围的图像区域时，则选中与鼠标单击处色彩近似的容差值范围内的图像区域，如图 1-2-25(b)所示。

(a) 取消选中【对所有图层取样】复选框　　　　(b) 选中【对所有图层取样】复选框

图 1-2-25　【对所有图层取样】复选框的作用

② 使用魔棒工具

使用魔棒工具时，先设置好选项栏中选项参数，然后在图像编辑窗口中单击，即可选中与单击点彩色相近的图像区域。同样的参数，单击点不同，所选择的图像区域不同，如图 1-2-26 所示。

图 1-2-26　单击点不同选区不同效果图

(2) 快速选择工具

① 认识快速选择工具

利用【快速选择工具】可以调整圆形画笔笔尖快速绘制选区。拖动时，选区会向外扩展并自动查找和跟随图像中定义的边缘。【快速选择工具】选项栏如图 1-2-27 所示。

图 1-2-27　【快速选择工具】选项栏

【快速选择工具】选项栏中主要选项含义如下。

- 修改选择方式有三种：新选区、添加到选区和从选区减去，用于控制选区的增减。
- 画笔笔尖大小：要更改快速选择工具的画笔笔尖大小，则单击选项栏中的画笔菜单并输入像素大小或移动直径滑块。
- 对所有图层取样：该复选框是基于所有图层创建一个选区，作用同魔棒工具的"作用于所有图层"属性。
- 自动增强：减少选区边界的粗糙度和块效应。【自动增强】自动将选区向图像边缘进一步移动并应用一些边缘调整，也可以通过在【调整边缘】对话框中使用平滑、对比度和半径选项手动应用这些边缘调整。

② 使用快速选择工具

利用快速选择工具在要选择的图像中绘画，选区将随着用户绘画而增大，如图 1-2-28 所示。如果更新速度较慢，应继续拖动以留出时间来完成选区上的工作。在形状边缘的附近绘画时，选区会扩展以跟随形状边缘的等高线。

图 1-2-28 拖曳快速选择工具选择图像

(3) 【色彩范围】命令

【色彩范围】命令也是利用颜色的色彩范围来创建图像选区的，该命令的特点在于它允许在整张图像或者已经选取过的范围内多次选取。使用【色彩范围】命令选取图像，是通过设置【色彩范围】对话框中选项参数来实现的。打开图像，选择【选择】|【色彩范围】命令，弹出【色彩范围】对话框，如图 1-2-29 所示。

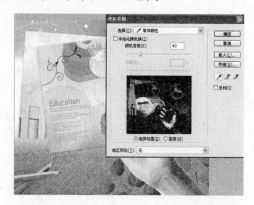

图 1-2-29 图像与【色彩范围】对话框

【色彩范围】对话框中各选项参数的含义以及作用如下。

● 选择：用来选择取样颜色。可以在下拉列表中选择要选取的颜色和色调，也可以查看图像的溢色信息，还可以移动鼠标指针到图像中直接选取取样颜色。

● 颜色容差：用来控制取样颜色的容差度。可以在右边的文本框中直接输入数值设定容差，也可以拖动下方的滑块设定容差。容差值越大，可选择的颜色范围越广。如图 1-2-30 所示为选取点相同、容差值不同的选取效果。

● 吸管工具：在【色彩范围】对话框中有三个和吸管工具相关的按钮，即【吸管工具】按钮、【添加到取样】按钮和【从取样中减去】按钮三个吸管工具。其中，【添加到取样】按钮，用来增加选取的颜色范围；【从取样中减去】按钮，用来减少选取的颜色范围。

● 预览区：选中【选择范围】单选按钮时，预览区将用白黑两色来表明选择和非选择区域；选中【图像】单选按钮时，预览区将出现当前编辑窗口中的图像，如图 1-2-31 所示。

(a) 容差值为 40   (b) 容差值为 100

图 1-2-30 容差值不同的选取效果

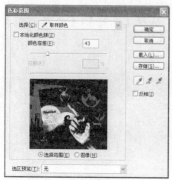

(a) 预览选区   (b) 预览图像   (c) 图像窗口中创建的选区

图 1-2-31 预览区效果

- 选区预览：用来指定预览区图像的预览方式。默认状态下该选项为【无】，图像
  以正常方式显示；若选择【灰色】、【黑色杂边】或【白色杂边】选项，则分别
  表示以灰色调、黑色或白色显示未选区域；若选择【快速蒙版】选项，则表示以
  默认的蒙版颜色显示未选区域。如图 1-2-32 所示为使用吸管工具在当前编辑窗口
  中单击天空部分，并在【选区预览】下拉列表框中选择不同选项时得到的效果。

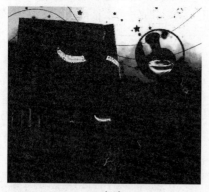

(a) 灰度   (b) 黑色杂边

图 1-2-32 选区预览不同选项效果

　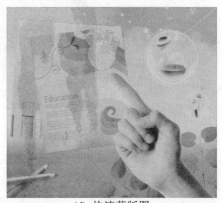

(c) 白色杂边　　　　　　　　　　　(d) 快速蒙版图

图 1-2-32　选区预览不同选项效果(续)

4．编辑选区

选区创建后，往往需要编辑和修改，使得创建的选区更加精确，图像处理得更加完美。

(1)　选择选区

在图像处理过程中，借助选择选区命令可以快速选取图像，创建更为复杂的选区。【选择】命令中有以下四个命令。

①　全选

选择【选择】|【全部】命令，或使用快捷键 Ctrl+A，将全部图像设定为选择区域，创建与图像大小一致的选区。

②　反向

选择【选择】|【反向】命令，选择当前选区之外的图像部分。使原来的选择区域转变为非选择区域，原来的非选择区域转变为选择区域。此命令常与魔棒工具结合使用。

③　取消选择

选择【选择】|【取消选择】命令，或在选区外单击，或按快捷键 Ctrl+D，取消当前选区。

④　重新选择

选择【选择】|【重新选择】命令，恢复最近一次被取消的选区，重新选定并与上一次选取的状态相同。

(2)　移动选区

①　移动选区

创建选区后，根据需要可以移动选区的位置。具体操作如下：创建选区，移动鼠标指针至选区内，指针呈现 ⬚ 状态，按住鼠标左键并拖动鼠标即可移动选区。如图 1-2-33 所示效果为选区的位置从图像的左侧移到图像的右侧。

> 提示：在移动选区时，按住 Shift 键，选区将在水平、垂直或 45° 方向移动；按住 Ctrl 键，则可移动选区内的图像；使用 →、←、↑、↓ 四个方向键，每按一次移动一个像素，可以精确移动选区的位置，同时也可以配合 Shift 和 Ctrl 键进行相关操作。

图 1-2-33　选区的移动

② 移动和复制选区内图像

要移动和复制选区内图像，首先要选取需要移动和复制的图像部分。

a. 移动选区内图像

选取图像，选择工具箱中的【移动工具】，或按住 Ctrl 键切换选区工具为【移动工具】，移动鼠标指针到选区图像中，鼠标指针变成移动剪切状 ⮂，此时，按住鼠标左键并拖曳鼠标即可移动选区内的图像。

选区内图像移动后，背景层露出的空白区域将自动填充当前背景色，而普通图层则出现透明镂空状态，如图 1-2-34 所示。

(a) 移动背景层中选区内图像　　　　　　　　　(b) 移动普通图层中选区内图像

图 1-2-34　移动选区内图像

b. 移动复制选区内图像

选取图像，选择工具箱中的【移动工具】，按住 Alt 键，同时按住鼠标左键并拖曳鼠标，即可移动复制选区内图像，此时鼠标指针将变成 ▸；在选择选区工具状态下，按住 Alt+Ctrl 组合键的同时，按住鼠标左键并拖曳鼠标，也可移动复制选区内的图像。

(3) 羽化选区

羽化选区操作，有以下两种方法。

① 设置工具选项栏羽化值：选择矩形、椭圆形等选框工具，在创建选区前，先设置工具选项栏【羽化】选项，羽化值取值为 0~250，不同羽化值产生不同的羽化效果。填充设置羽化值的选区，边缘产生柔和的渐变效果，如图 1-2-35 所示。

② 选择【选择】|【修改】|【羽化】命令：对已有选区设置羽化效果，可以使用【选择】|【修改】|【羽化】命令。创建选区，选择【选择】|【修改】|【羽化】命令，弹出【羽化选区】对话框，如图 1-2-36 所示。在【羽化半径】文本框中输入值，修改选区的羽化效果。

高职高专立体化教材　计算机系列

(a) 羽化值为 0 的填充效果   (b) 羽化值为 15 的填充效果

图 1-2-35　不同羽化值选区的填充效果

图 1-2-36　【羽化选区】对话框

(4)　修改选区

①　扩展选区

使原有选区向外均匀扩展，可选择【选择】|【修改】|【扩展】命令，弹出【扩展选区】对话框，如图 1-2-37 所示。从中设定扩展量扩展选区，数值越大扩展的面积越大。如图 1-2-38 所示为原有选区，设定扩展量 15 像素扩大选区，效果如图 1-2-39 所示。

图 1-2-37　【扩展选区】对话框　　图 1-2-38　原有选区　　图 1-2-39　扩展后选区

②　收缩选区

收缩选区的作用和扩大选区相反，在原有选区上向内均匀地收缩。选择【选择】|【修改】|【收缩】命令，弹出【收缩选区】对话框，如图 1-2-40 所示。从中设定收缩量收缩选区，数值越大收缩的面积越大。对原有选区设定收缩量 15 像素收缩选区，效果如图 1-2-41 所示。

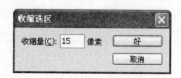

图 1-2-40　【收缩选区】对话框　　　　图 1-2-41　收缩后选区

③　边界选区

选择【选择】|【修改】|【边界】命令，弹出【边界选区】对话框，如图 1-2-42 所示。设置边界宽度，产生一个以原有选区边界为基础的特定宽度的选区。对原有选区设定边界宽度为 25 像素，创建边界选区，效果如图 1-2-43 所示。

图 1-2-42　【边界选区】对话框　　　　　　　图 1-2-43　扩边选区

边界选区不同于扩展选区和收缩选区，选区不再是在原有选区基础上放大或收缩，而是以原有选区边界为基础创建了一个新的特定宽度的选区。边界选区的宽度由设置的宽度值决定，数值越大边界宽度越大。

④　平滑选区

使用魔棒工具或【色彩范围】命令创建选区时，通常选区内会有一些不必要的细碎、零星区域存在，执行【选择】|【修改】|【平滑】命令可以消除这些细碎零星的选区。选择【选择】|【修改】|【平滑】命令，弹出【平滑选区】对话框，如图 1-2-44 所示。从中设定取样半径，对选区边界进行平滑处理。如图 1-2-45 所示为未平滑的原选区，设定取样半径值 15 像素，平滑选区，效果如图 1-2-46 所示。

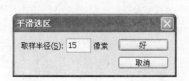

图 1-2-44　【平滑选区】对话框　　　图 1-2-45　未平滑选区效果　　　图 1-2-46　平滑选区效果

⑤　变换选区

在图像处理过程中，往往需要对创建的选区进行变换操作。选择【选择】|【变换选区】命令，可以对选区进行旋转、缩放、斜切等操作。执行命令后，选区周围出现调整框，如图 1-2-47 所示。通过调整控制调整框的八个控制点以变换选区，如图 1-2-48 所示为斜切变换选区。在调整控制点时，按住 Alt 键可以对选区进行透视斜切变换；按住 Shift 键可以对选区进行等比例缩放。

提示：执行【选择】|【变换选区】命令，仅变换选区的外形；而执行【编辑】|【自由变换】命令，在变化选区外形的同时也变换选区内部的图像，如图 1-2-49 所示。

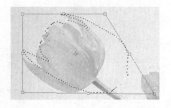
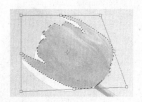

图 1-2-47　变化选区调整框　　　图 1-2-48　斜切变换选区　　　图 1-2-49　【自由变换】命令操作效果

　　⑥　扩大选取与选取相似

　　【扩大选区】命令用于将选区在图像上延伸，要扩大与选区内颜色和对比度相同或相近的连续的区域为选区，颜色相近的程度取决于容差值的设置。

　　【选区相似】命令与【扩大选区】命令的作用相似，将与选区内颜色和对比度相同或相近的像素选择为选区。

　　【选区相似】命令可以在整个图像内选取与原选区内颜色和对比度相同或相近的像素，它所扩大的范围不局限于相邻的区域，可创建多个选区；【扩大选区】是在原有选区的基础上扩大选区的选取范围。

　　⑦　存储选区与载入选区

　　选择【选择】|【存储选区】命令，弹出【存储选区】对话框 ，如图 1-2-50 所示。设置选项参数，将当前的选区存放到一个 Alpha 通道中，以备以后使用。

　　选择【选择】|【载入选区】命令，弹出【载入选区】对话框 ，如图 1-2-51 所示。设置选项参数，载入以前保存的选区。

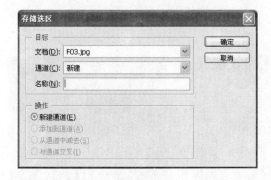
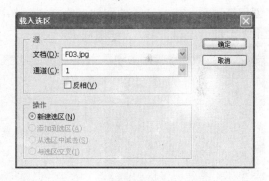

图 1-2-50　【存储选区】对话框　　　　　图 1-2-51　【载入选区】对话框

任务进阶

　　【进阶任务 1】选择图像中的人物部分。

　　其设计过程如下。

　　(1)　打开图像文件"素材\项目一\003.jpg"，使其成为当前文件窗口。

　　(2)　选择【魔棒工具】，设定选项栏容差值，配合使用【添加到选区】按钮，选择图像中背景区域，如图 1-2-52 所示。

　　(3)　选择【选择】|【反向】命令，反向选取，即可选择图像中人物部分，如图 1-2-53所示。

图 1-2-52　选择背景色

图 1-2-53　选择人物部分图

【进阶任务 2】两张图像的合成。

其设计过程如下。

(1) 打开图像文件"素材\项目一\004.jpg"和"素材\项目一\005.jpg"，使热气球图像成为当前文件窗口，如图 1-2-54 所示。选择【椭圆选框工具】创建选区，光标移至选区内呈 ⇱ 状，调整选区位置，选取图像中单个热气球，如图 1-2-54 所示。

　(2) 选择【选择】|【羽化】命令，弹出【羽化选区】对话框，设置羽化值为 15，对选区进行羽化修改。

　(3) 选择工具箱中的【移动工具】，将鼠标指针移动到选区内，单击并拖动，移动选区内的热气球图像至滑雪图像中适当的位置，放开鼠标。选择【选择】|【取消选择】命令，取消选区。至此，热气球图像完美地合成到了滑雪图像中，效果如图 1-2-55 所示。如果在创建选区后不进行选区的羽化，直接进行图像的合成，则图像结合处由于存在色差，边缘很明显结合不是很好，如图 1-2-56 所示。

图 1-2-54　选取图像

图 1-2-55　羽化选区合成效果

图 1-2-56　未羽化选区合成效果

任务 3　网页主体图片编辑

任务背景

　　网站的一个重要要求就是图文并茂。如果单单有文字，浏览者看了不免觉得枯燥无味。在文字信息的基础上辅助一些相关的图片，让浏览者能够了解更多的信息，更能增强浏览者的印象。本任务就是为阳光天使国际儿童摄影工作室网站首页添加图片，吸引顾客来阳光天使国际儿童摄影工作室拍照。

任务要求

　　阳光天使国际儿童摄影工作室主要是拍摄百天、周岁、生日纪念照，所以网站的主体图片就是不同阶段宝宝的照片，将这些照片进行处理后合理地分布在网站首页中，并能和网站首页背景有机结合。

任务分析

　　通过选择图像、编辑图像等方法对多张宝宝照片进行加工，合成为网页主体图片，并使其融入背景中。

重点难点

❶　选区描边。

❷　图像的填充。

❸　图像的变换。

任务实施

　　(1)　打开素材文件"素材\项目一\宝宝 1.jpg"，使用【矩形选框工具】，在图片上拖曳创建矩形选区，如图 1-3-1 所示。

图 1-3-1　创建矩形选区

　　(2)　使用【移动工具】在选区内按下鼠标左键不放，拖曳鼠标移动图像至首页.psd文档中，执行【编辑】|【自由变换】命令，调整图片大小，移动图片位置，效果如图 1-3-2所示，图层命名为"宝宝 1"。

图 1-3-2　移入矩形选区图像

(3) 打开素材文件"素材\项目一\宝宝2.jpg",使用【椭圆选框工具】 ⬭ ,设置容差为10,在图片上拖曳鼠标创建如图1-3-3所示椭圆选区。

(4) 使用【移动工具】 ➕ 在选区内按下鼠标左键不放,拖曳鼠标移动图像至首页.psd文档中,移动图片位置,效果如图1-3-4所示,图层命名为"宝宝2"。

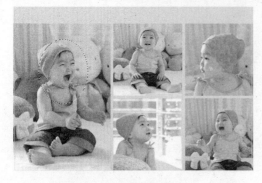

图1-3-3　创建椭圆选区

图1-3-4　移入椭圆选区图像

(5) 按下Ctrl键的同时单击【宝宝2】图层缩略图,得到椭圆选区,如图1-3-5所示,设置前景色为白色。执行【编辑】|【描边】命令,在弹出的【描边】对话框中设置参数,描边10像素,居外,如图1-3-6所示,单击【确定】按钮。

图1-3-5　【宝宝2】图层选区

图1-3-6　【描边】对话框

(6) 执行【选择】|【取消选择】命令或按Ctrl+D快捷键取消选区,得到光环效果,如图1-3-7所示。

(7) 打开素材文件"素材\项目一\宝宝3.psd"、"素材\项目一\宝宝4.jpg",选择【移动工具】 ➕ ,拖曳鼠标移动"宝宝4.jpg"图像至"宝宝3.psd"文档中,调至图像最底层,移动图片位置。执行【编辑】|【自由变换】命令,调整图片大小,效果如图1-3-8所示。

(8) 在宝宝3.psd文档中选择"宝宝3"所在的图层0,选择魔棒工具 ✺ ,在第一个框架内单击,形成如图1-3-9所示的选区。

图 1-3-7　光环效果

图 1-3-8　"宝宝 4.jpg" 和 "宝宝 3.psd" 图像　　　　图 1-3-9　第一个框架的选区

　　(9)　选择 "宝宝 4.jpg" 图像所在的图层 1，执行【选择】|【反向】命令，按 Del 键清除选区内图像，效果如图 1-3-10 所示。

　　(10) 用同样的办法载入 "宝宝 5"、"宝宝 6"，进行处理，得到网页主体图片右半部分图像，效果如图 1-3-11 所示。

图 1-3-10　删除选区内图像后的效果　　　　图 1-3-11　网页主体图片右半部分图像

(11) 按快捷键 Shift+Ctrl+E 执行【合并可见图层】命令，使用【移动工具】 ⊕，拖曳鼠标移动图像至首页.psd 文档中，移动图片位置。执行【编辑】|【自由变换】命令，调整图片大小，网页最终效果如图 1-1 所示。

相关知识

1. 选区描边

创建选区，选择【编辑】|【描边】命令，弹出【描边】对话框，如图 1-3-12 所示。设置描边选项参数，单击【确定】按钮，即可对选区的边缘进行描边着色。

图 1-3-12　【描边】对话框

【描边】对话框中主要选项参数的含义如下。

* 宽度：用来设置描边的宽度，单位是像素，取值范围为 1～250。数值越大，描边的宽度越宽，如图 1-3-13 所示。

(a) 选区范围　　　　　(b) 描边宽度为 8　　　　　(c) 描边宽度为 18

图 1-3-13　不同宽度的描边效果

* 颜色：用来设置选区描边的颜色。单击颜色框，弹出【拾色器】对话框，利用它设置描边的颜色。默认描边的颜色为当前前景色。
* 位置：选择描边相对于选区边缘线中的位置，居内、居中或居外，如图 1-3-14 所示。

(a) 选取范围　　　(b) 居内效果　　　(c) 居中效果　　　(d) 居外效果

图 1-3-14　不同位置的描边效果

- 混合：设置描边颜色的混合模式。
- 不透明度：设置描边颜色的不透明度。如果选区是透明的，则【保留透明区域】
  复选框变为有效，选中它后，则不能给透明选区描边。

2．图像的填充

Photoshop 提供了快捷键、填充命令和油漆桶、渐变等多种工具进行填充操作。

(1) 使用快捷键

使用快捷键可以为选区填充前景色或背景色。

填充前景色快捷键：Alt+Delete 或 Alt+Backspace；填充背景色快捷键：Ctrl+Delete 或者 Ctrl+ Backspace；填充命令快捷键：Shift+F5。

(2) 使用填充命令

使用填充命令可以为选区和当前图层图像填充颜色或图案。选择【编辑】|【填充】命令，弹出【填充】对话框，如图 1-3-15 所示。在【使用】下拉列表框中选择填充类型，如图 1-3-16 所示，不仅能够填充单色，还能填充图案。然后设置模式和不透明度选项，单击【确定】按钮，即可在选区内填充指定的内容。

图 1-3-15 【填充】对话框

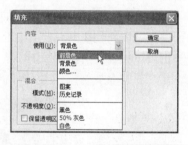

图 1-3-16 选择填充类型

(3) 使用油漆桶工具

选择工具箱中的【油漆桶工具】，工具选项栏如图 1-3-17 所示。

图 1-3-17 【油漆桶工具】选项栏

【油漆桶工具】选项栏中主要选项参数的含义如下。

- 填充：用于设置油漆桶的填充类型，有【前景】和【图案】两个选项。
- 图案：只有填充类型选择【图案】时此选项才可用，选择要填充的图案类型。
- 模式：有 25 种模式可选择，不同的模式决定了填充效果对像素不同的影响。参考
  【画笔工具】选项栏有关模式的介绍。
- 不透明度：设置填充效果的不透明性。
- 容差：设置填充色的范围，容差值越小，填充范围越小。
- 消除锯齿：设置是否消除填充后边缘的锯齿。
- 连续的：设置填充和区域是否连续。
- 所有图层：设置填充时是只分析当前层还是分析所有图层。

使用【油漆桶工具】可以给选区内的颜色容差在设置范围内的区域填充前景色或图案。

没有选区时，则是针对当前图层的整个图像填充颜色或图案，单击图像也可以给图像填充颜色或图案。

> 提示：填充命令和油漆桶工具填充结果不尽相同。如填充图像某区域时，使用油漆桶工具填充颜色时，系统先分析单击处的颜色，并将与此处颜色相近的范围也进行填充，这个颜色范围取决于【容差】值的设置。而填充命令则不进行颜色分析，直接将选择区域全部填充。

(4) 使用渐变工具

使用渐变工具 ，拖动鼠标，可以给选区或当前图层图像填充渐变颜色。选择工具箱中的【渐变工具】，选项栏如图 1-3-18 所示。

图 1-3-18　【渐变工具】选项栏

【渐变工具】选项栏中主要选项参数的含义如下。

- 渐变样式 ：设置新的渐变样式，单击【渐变样式】列表框图案处，弹出【渐变编辑器】对话框，如图 1-3-19 所示。可以选择系统预设的 15 种渐变样式；也可以编辑已有的渐变样式，更改其渐变类型、透明度、平滑度和颜色；还可以建立新的渐变样式，并且可将建立好的新样式进行保存。

图 1-3-19　【渐变编辑器】对话框

- 渐变方式按钮 ：有 5 个按钮，用来选择渐变色的填充方式，从左到右分别是线性渐变、径向渐变、角度渐变、对称渐变和菱形渐变。填充效果如图 1-3-20 所示。
- 反向：选中此复选框，可以产生反向渐变的效果，即将设置好的颜色顺序反过来进行填充。
- 仿色：选中此复选框，可使填充的渐变色色彩过渡得平滑柔和，以减少带宽。
- 透明区域：选中此复选框，允许渐变层的透明设置。

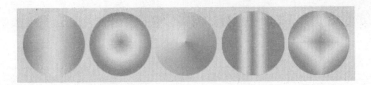

图 1-3-20　5 种渐变方式填充效果

任务进阶

【进阶任务 1】利用填充命令填充颜色和图案。

其设计过程如下。

(1) 新建"填充效果"图像文件,利用套索工具创建任意形状选区。

(2) 选区填充。选择【编辑】|【填充】命令,弹出【填充】对话框。在【使用】下拉列表框中分别选择颜色、图案和灰色选项,然后分别在【拾色器】对话框中选择红色(R: 242,G: 29,B: 12);在【自定图案】中选择 Nebula 图案,在【模式】中选择【线性光】; 【使用】中选择【50%灰色】,在【模式】中选择【正常】;单击【确定】按钮,即可填充选区,如图 1-3-21 所示。

(a) 填充红色　　　　　　(b) 填充图案　　　　　　(c) 填充 50%灰色

图 1-3-21　选区填充

【进阶任务 2】制作一个球体、圆柱和圆锥体。

其设计过程如下。

(1) 新建文件。选择【文件】|【新建】命令,设置宽度和高度分别为 500 像素和 400 像素,建立一个新的图像文件。

(2) 建立空间背景。

① 设置前景色为蓝色(R:84,G:33,B:249),背景色设置为黑色(R:0,G:0,B:0)。

② 选择【渐变工具】,选择【前景色到背景色】渐变样式。在画布窗口自上而下拖动鼠标,拉出一条渐变线,得到空间背景,如图 1-3-22 所示。

(3) 制作球体。

① 新建一个图层,命名为"球体"层。选择【椭圆选框工具】,按住 Shift 键,在窗口中绘制一个正圆选区。

② 设置渐变色。选择【渐变工具】,在【渐变编辑器】对话框中,选择【黑白渐变】渐变样式,将白色色标拖到色带下方的最左边,将黑色色标定位在 75%的位置(具体方法是单击黑色色标,在下方的【色标】属性框中【位置】属性即被激活,在其中输入 75%即可),

在色带下方的最右边单击添加新的色标,将其颜色设置为灰色(R:129,G:126,B:127),如图 1-3-23 所示。

③ 选择【径向渐变】模式,在正圆选区中从左上角向右下角拖出渐变线,得到球体效果,如图 1-3-24 所示。

图 1-3-22　空间背景

图 1-3-23　编辑渐变样式

图 1-3-24　球体

④ 制作球体阴影。新建一个图层,命名为"球体阴影"层。选择【椭圆选框工具】,设置羽化值为 10 像素。在球体下方绘制椭圆选区。选择前景色为(R:77,G:76,B:81),按 Alt+Delete 组合键填充阴影。将【球体阴影】层放置到【球体】层下方,如图 1-3-25 所示。

(4) 制作圆柱体。

① 新建一个图层,命名为【圆柱体】层。选择【矩形选框工具】,在窗口中绘制一个矩形选区。再选择【椭圆选框工具】,在工具选项栏中选中【添加到选区】。在矩形选区的下方添加椭圆选区,如图 1-3-26 所示。

② 选择【渐变工具】,如图 1-3-19 所示渐变样式,【对称渐变】模式,在选区中从左到右拉出渐变线,得到初步效果图,如图 1-3-27 所示。

图 1-3-25　制作球体阴影

图 1-3-26　创建圆柱体的底部选区

图 1-3-27　圆柱体初步图

③ 制作圆柱体顶部。新建一个图层,命名为"圆柱体顶部"层。选择【椭圆选框工具】,在圆柱体的上方添加椭圆选区。

④ 选择【渐变工具】,【从黑到白】渐变样式,【线性渐变】模式,在椭圆选区中从左到右拖出渐变线,如图 1-3-28 所示。

⑤ 制作圆柱体阴影。新建一个图层,命名为"圆柱体阴影"层。选择【矩形选框工具】,在圆柱体的下方绘制出一个矩形选区,为了阴影效果更加逼真,将阴影进行变形处

理，选择【选择】|【变换选区】命令，在【变换工具】选项栏中将 H(设置水平斜切)的值设为-30°。选择前景色为(R:77，G:76，B:81)，按 Alt+Delete 组合键填充阴影。将"圆柱体阴影"层放置到"圆柱体"层下方，如图 1-3-29 所示。

(5) 制作圆锥体。

① 新建一个图层，命名为"圆锥体"层。选择【矩形选框工具】，在窗口中绘制出一个矩形选区。

② 将矩形选区变形成三角形。选择【渐变工具】，如图 1-3-19 所示渐变样式，【对称渐变】模式，在选区中从左到右拖出渐变线，选择【编辑】|【变换】|【透视】命令，将矩形选区变形成一个三角形，得到初步效果图，如图 1-3-30 所示。

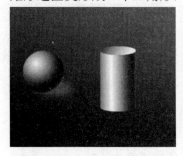 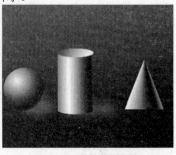

图 1-3-28 制作圆柱体顶部　　　图 1-3-29 制作圆柱体阴影　　　图 1-3-30 圆锥体初步图

③ 制作圆锥体底部。新建一个图层，命名为"圆锥体底部"层。选择【椭圆选框工具】，在圆锥的底部绘制一个椭圆形选区，如图 1-3-31 所示。选择【矩形选框工具】，将矩形选区添加到已绘制的椭圆选区中，如图 1-3-32 所示。按 Shift+Ctrl+I 组合键进行反选，按 Delete 键删除底部多余部分，得到圆锥体底部效果图，如图 1-3-33 所示。

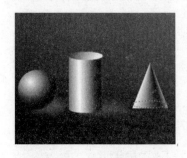 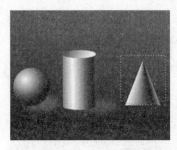 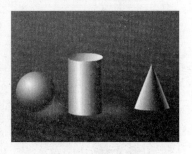

图 1-3-31 制作椭圆选区　　　图 1-3-32 添加矩形选区　　　图 1-3-33 删除底部多余部分

④ 制作圆锥体的阴影。新建一个图层，命名为"圆锥体阴影"层。采取与上面类似的方法，利用矩形选框工具绘制阴影选区，利用羽化命令羽化选区，按 Alt+Delete 组合键填充阴影，选择【编辑】|【变换】|【透视】命令变形得到阴影效果，如图 1-3-34 所示。

(6) 调整位置。将"球体"层和"球体阴影"层进行链接。"圆柱体"层和"圆柱体顶部"层以及"圆柱体阴影"层进行链接。"圆锥体"层和"圆锥体阴影"层进行链接。将三者调整位置，如图 1-3-35 所示。

图 1-3-34　制作圆锥体阴影

图 1-3-35　调整位置

实践任务　设计制作网站子页面——作品展示

任务背景

为"阳光天使国际儿童摄影工作室"网站设计制作"作品展示"子页面。

任务要求

作为网站的子网页,在设计时要求与网站首页相呼应,必须体现出与首页相同的内容,如网站 Logo、联系方式、设计者等信息,必须提供与主页的链接文字。网页主题:作品展示,作品分四类展示,分别是"百天周岁"、"1～3 岁"、"3～6 岁"、"6 岁以上"。网页设计要求美观大方又不失活泼俏皮,能给摄影作品以充分的展示空间。

任务分析

使用多边形套索工具结合其他选择工具、选区命令、填充命令创建作品展示框架;对"SHOW"文字进行黄色居外描边;创建合适的选区选取网页按钮;网站 Logo 的处理同项目一中的任务 2,使用红色到透明的渐变填充网页底部,对素材图像进行自由变换最终得到网页底部图像效果。

任务素材及参考图

任务素材如图 1-4-1～图 1-4-6 所示,作品参考效果图如图 1-4-7 所示。

图 1-4-1　实践素材 1

图 1-4-2　实践素材 2

图 1-4-3　实践素材 3

图 1-4-4　实践素材 4

图 1-4-5　实践素材 5

图 1-4-6　实践素材 6

图 1-4-7　作品展示参考效果图

职业技能知识考核

一、填空题

1. 在使用选区工具进行选区创建时，按住_____键，则可以定义正方形选区；若同时按住_____键，则可以定义一个以起点为中心的矩形选区；若同时按住_____组合键，则可以定义一个以起点为中心的正方形选区，若想取消当前创建的选区，则可以在图像编辑窗口选区外的任意位置单击，也可以通过_____组合键进行选区的取消。

2. 对创建好的选区进行移动，可以在选框工具的选择状态下，将鼠标移动到选区内，使用鼠标进行移动选区，或者使用键盘上的_____键。

3．使用选区工具时，通过按住_____键，可以添加选区；按住_____键，可以减去选区；按住_____组合键，可以保留两个选区重叠的选区。

二、选择题

1．如果对选区进行缩放和旋转变换操作，需要执行以下何种命令？（　　）

    A.【编辑】|【自由变换】   B.【编辑】|【变换】

    C.【选择】|【变换选区】   D.【选择】|【修改】

2．在现有选区的基础上，使选区向外扩张特定像素大小，可以执行(　　)命令；如果在现有选区基础上产生一个特定宽度的边框，可以执行(　　)命令。

    A.【修改】|【扩边】   B.【修改】|【收缩】

    C.【修改】|【平滑】   D.【修改】|【扩展】

3．在创建了一个矩形选区的基础上，想得到一个四角倒角的选区，可以执行(　　)命令。

    A.【修改】|【扩边】   B.【修改】|【收缩】

    C.【修改】|【平滑】   D.【修改】|【扩展】

三、判断题

1．在 Photoshop 中只能使用【拾色器】设置前景色与背景色。   (　　)

2．通过【历史记录】面板只能撤销对图像所做一步操作。   (　　)

3．【编辑】|【变换】(【自由变换】)命令对背景层不起作用。   (　　)

4．在移动选区时，如果按住 Ctrl 键，可以将选区进行垂直、水平或 45° 方向移动。

                                                        (　　)

5．在进行选区移动时，可以通过工具箱中的移动工具进行选区移动。   (　　)

6．选区的取消可以通过【选择】菜单中的【取消选择】命令来完成。   (　　)

7．选区的羽化最大可设定数值为 255。   (　　)

四、实训题

1．利用变换功能制作一朵花，如图 1-5-1 所示。

2．创建新文件，制作如图 1-5-2 所示 CMY 三原色混合效果的图像。

图 1-5-1　花朵图样   图 1-5-2　CMY 三原色混合示意图

3．为素材图像中的花朵描上黄色的边框，如图 1-5-3 所示。

4．使用选框工具和填充工具完成太极图的制作，如图 1-5-4 所示。

5. 完成卡通小老鼠图像的制作，如图 1-5-5 所示。

图 1-5-3　描边图像

图 1-5-4　太极图

图 1-5-5　卡通小老鼠

项目二 广告和形象设计
——绘制与修饰工具的使用

项目背景

北京品鉴居饭店为了吸引消费群体，扩大销售额，准备做一组广告。

1. 网络广告：主题是"小吃类低至 8 折"。
2. 店门口摆放的 X 展架：主题是"办卡送海南双人游"。

项目要求

根据两个广告主题，分别设计两个广告，需要创意新颖，对消费者有吸引力。

项目分析

本项目涉及的两个广告主题，分别有不同的表现形式，对每个主题的分析如下。

网络广告拟采用大小为 450 像素 × 130 像素的一幅图片，分辨率为 72dpi，作为网络广告投放于网上。使用的工具有文字工具、画笔工具、魔棒工具、形状工具、选框工具、图层样式等。效果如图 2-1 所示。

图 2-1 网络广告

第二个用 X 展架支撑广告画面，画面采用 PVC 写真技术制作。如果是大画面还采用印刷的分辨率，电脑配置低时则运行速度会很慢。我们这幅广告是放在店门口招揽顾客用的，所以大小设置为 60cm × 160cm，分辨率为 30.48dpi 即可。写真图像最好存储为.tif 格式，色彩模式应使用 CMYK 模式，禁止使用 RGB 模式。使用的工具有选框工具、文字工具、图章工具、修复工具组、画笔工具等。

效果如图 2-2 所示。

图 2-2 X 展架

能力目标

1. 能使用绘制与修饰工具修饰图片。
2. 能根据不同的广告载体形式，应用素材设计制作广告图片。
3. 广告设计能具备一定的创新思想。

软件知识目标

1. 学会使用图章工具组。
2. 学会使用修复工具组。
3. 学会使用画笔工具组。

4. 学会使用橡皮擦工具组。

5. 学会使用修补工具组。

6. 学会绘制图像。

专业知识目标

1. 学会根据不同的广告主题选择不同的网络广告类型。

2. 学会在有限的广告空间里展现出最主要的主题。

3. 有独特的广告创意。

学时分配

10 学时(讲课 4 学时，实践 6 学时)。

课前导读

本项目主要完成北京品鉴居饭店的一组广告设计，根据主题不同可分解为两个任务。通过本项目的设计制作，掌握图章工具组、修复工具组、画笔工具组、橡皮擦工具组、修补工具组的使用方法，学会绘制图像，了解制作广告的基本知识，依据广告的不同目的，选择不同的广告形式，了解常用广告类型的大小。

任务 1　制作网络广告图片

任务背景

为品鉴居饭店设计一则网络广告。

任务要求

网络广告应体现如下内容：小吃类低至 8 折。图像大小为 450 像素 × 130 像素，因为是小吃类的广告，所以挑选出本店有特色的两款小吃放在广告画面中，在明显的位置体现出"小吃类低至 8 折"的文字，并放置饭店的 Logo，让人一目了然。

任务分析

因为此网络广告内容较为简单，因此选用旗帜广告的形式。背景以橙色为主调，在网页中能够醒目突出，并且与其中一种小吃南瓜饼的颜色相呼应。突出显示"打折啦！"和"小吃类低至 8 折"的文字，广告上放置着两款制作精美的特色小吃，并体现"品鉴居"的店铺 Logo。

重点难点

❶ 图层样式的应用。

❷ 选择工具的使用。

任务实施

其设计过程如下。

(1) 选择【文件】|【新建】命令，在打开的【新建】对话框中，输入宽度为 450 像素，高度为 130 像素，分辨率为 72dpi，最后单击【确定】按钮。

(2) 选择【渐变工具】，选择"线性渐变"，单击工具栏上的渐变色带，如图 2-1-1 所示。打开渐变编辑器，将右侧颜色设置为橙色(R:248,G:121,B:36)，如图 2-1-2 所示。

图 2-1-1 单击渐变色带

图 2-1-2 设置渐变颜色

(3) 在画布中，从左向右拉出渐变，得到白色到橙色的渐变背景，效果如图 2-1-3 所示，选择【文件】|【存储】命令，命名为"品鉴居广告图片.psd"。

图 2-1-3 白色到橙色的渐变背景

(4) 打开素材文件"素材\项目二\小吃 1.jpg"，如图 2-1-4 所示。

(5) 我们要得到左上角的玫瑰花和两部分的南瓜饼，所以需要用魔棒工具选择出来。选择【魔棒工具】，在白色的背景上单击，并按住 Shift 键或者单击工具栏上的【添加到选区】图标，进一步加大选区，直到所有的白色都被选中。再把深红色的桌面背景也添加到选区中，到了盘子边缘时，可以选择【矩形工具】或者【椭圆工具】一点一点地将其添加到选区，按 Ctrl+Shift+I 组合键将其反选，最后如图 2-1-5 所示。

图 2-1-4 小吃 1.jpg

图 2-1-5 制作选区

(6) 选择【矩形选框工具】，按住 Alt 键或者单击工具栏上的【从选区减去】图标，将右下角的三个南瓜饼框选住，把它们从选区中减去，然后选择【移动工具】，将其移动到"品鉴居广告图片"中，效果如图 2-1-6 所示。

(7) 添加图层样式。单击【图层】面板下方的【添加图层样式】按钮，选择【投影】样式，打开【图层样式】对话框，这里采用默认设置即可，单击【确定】按钮，效果如图 2-1-7 所示。

图 2-1-6　将南瓜饼拖入背景中

图 2-1-7　添加图层样式

(8) 打开素材文件"素材\项目二\小吃 2.jpg"，如图 2-1-8 所示。

(9) 制作选区。选择【椭圆选框】工具，绘制一个与盘子大小相似的椭圆选区，如图 2-1-9 所示。

图 2-1-8　小吃 2.jpg

图 2-1-9　绘制椭圆选区

(10) 变换选区。选择【选择】|【变换选区】命令，按住 Ctrl 键(使得边缘位置精确)，将上下左右的 4 个中间控制点拖到盘子的边缘。再一次按住 Ctrl 键(斜切选区)，选中上边的中间控制点向左轻轻地拖动一些，再选中下边的中间控制点向右轻轻地拖动一些，一个精确的选区就制作好了，如图 2-1-10 所示。按 Enter 键，确认变换操作。

图 2-1-10　变换后的选区

(11) 选择【移动工具】，将选区拖到"品鉴居广告图片"中，调整好大小和位置，并添加投影的图层样式，效果如图 2-1-11 所示。

图 2-1-11 添加了小吃 2.jpg 的效果

(12) 添加"打折"字样。新建图层，命名为"打折层"，选择【画笔工具】，在画笔样式中选择"绒毛球"，并将主直径设置为 70px，如图 2-1-12 所示。将前景色设置为紫色 (R:238, G:69, B:191)，在图中单击，绘制出紫色的绒毛球背景，如图 2-1-13 所示。

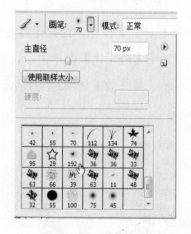

图 2-1-12 设置画笔

图 2-1-13 绒毛球背景

(13) 写文字。选择【文字工具】，字体设置为【幼圆】，大小为 23 点，颜色为白色，在紫色背景上面输入"打折啦！"，如图 2-1-14 所示。

(14) 仍然选择【文字工具】，字体设置为【幼圆】，大小为 17 点，颜色为黄色 (R:246,G:249, B:7)，在右上角输入"小吃类低至 8 折"，如图 2-1-15 所示。

图 2-1-14 输入文字

图 2-1-15 再次输入文字

(15) 添加店铺Logo。打开素材文件"素材\项目二\品鉴居logo.psd",如图2-1-16所示。

(16) 选择【移动工具】,将品鉴居 Logo 拖到"品鉴居广告图片"中,调整好位置,如图 2-1-17 所示。

图 2-1-16　品鉴居 Logo

图 2-1-17　添加 Logo

(17) 制作按钮。选择【圆角矩形工具】,颜色为棕色(R:148, G:62, B:7),在右下角绘制一个圆角矩形作为按钮,如图 2-1-18 所示。

(18) 添加图层样式。单击【样式】面板下方的【添加图层样式】图标,选择【斜面和浮雕】样式,设置如图2-1-19所示。在左侧的【样式】栏中选中【外发光】并单击,设置外发光的颜色为乳白色(R:255, G:255, B:190),如图2-1-20所示。最终效果如图2-1-21所示。

图 2-1-18　绘制按钮

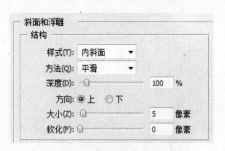

图 2-1-19　设置斜面和浮雕参数

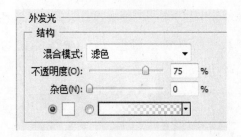

图 2-1-20　设置外发光

图 2-1-21　添加图层样式效果

(19) 选择【文字工具】,设置字体为【幼圆】,大小为 19,颜色为白色,在棕色按钮上面写【click】,如图 2-1-22 所示。

(20) 选择椭圆选框工具,按住 Shift 键,在文字的右边绘制一个正圆形的选区,将前景色设置为白色,按 Ctrl+Delete 组合键,填充白色,如图 2-1-23 所示。

(21) 选择多边形工具,在工具栏上选择【填充像素】按钮,并设置边数为3,如图2-1-24

所示。

图 2-1-22 写文字

图 2-1-23 绘制圆形

图 2-1-24 设置多边形工具

(22) 设置前景色为(R:250, G:168, B:115)，在白色圆形的中间绘制出一个三角形，如图 2-1-25 所示，至此整个网络广告图片制作完成。

图 2-1-25 按钮效果

相关知识

1. 常见的网络广告类型

(1) 旗帜广告。也称横幅广告或页眉广告，尺寸多样，有静有动，是最常用的广告方式。

(2) 按钮式广告。也称图标广告，属于纯标志型广告，一般由公司的一个标志性图案或文字组成，以按钮形式定位在网页中。

(3) 电子邮件广告。以电子邮件的方式免费发送给用户。

(4) 赞助式广告。企业在网站上赞助与其相关的栏目或页面。

(5) 弹出式广告。也称插页式广告，打开网页的同时，会自动跳出另一个较小的页面，可以关闭。

(6) 互动游戏式广告。游戏内容与产品相关，通过游戏使用户了解产品。

2. 画笔工具

(1) 认识画笔工具

【画笔工具】 类似于实际中的笔刷，能够绘制出边缘柔和的线条，效果像用毛笔绘制的线条。

【画笔工具】的选项栏如图 2-1-26 所示。

图 2-1-26 【画笔工具】选项栏

该工具选项栏相关选项的含义如下。

● 画笔选项：单击画笔样式右侧的小三角按钮，弹出【画笔选项】调板，包含三部分，如图 2-1-27 所示。

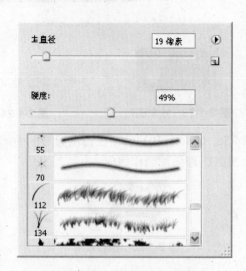

图 2-1-27 【画笔选项】调板

◆ 主直径：用来设置画笔的直径大小。

◆ 硬度：用来设置画笔的边缘效果，值越小，边缘越模糊、越柔和；反之，越清晰、越坚硬。

◆ 画笔样式库：用来选择不同大小和形状的笔刷样式。

● 模式：其中有 25 种模式，不同的模式决定了画笔所使用的颜色对原图中像素产生的不同影响。

(2) 设置画笔形状

利用画笔不仅可以完成简单的图形绘制，还可以通过【画笔预设】调板设置画笔的各种属性，如改变画笔的形状、间隔、角度、松散度，设置画笔的动态颜色、动态效果、直径、阴影、纹理等。【画笔预设】调板位于【画笔】工具选项栏的右侧，单击【切换画笔面板】按钮，弹出【画笔预设】调板，如图 2-1-28 所示。

① 画笔预设

【画笔预设】调板等同于【画笔】工具选项栏中的【画笔选项】调板，在其中可以选择画笔形状、设置主直径的大小。

② 画笔笔尖形状

在【画笔笔尖形状】选项中，可以设置笔尖的形状、直径，X、Y 轴方向的倾斜角度，圆度、硬度、间距等，如图 2-1-29 所示。

画笔样式：在此可以选择画笔的形状和图案。

直径：大小在 1～2500 像素之间，用于设置画笔的直径大小。

翻转 X/翻转 Y：用来设置画笔形状是否在 X、Y 轴方向产生倾斜。

角度：在-180°～180°之间，用来设置画笔形状在 X、Y 轴方向的倾斜角度。

圆度：在 0～100%之间，用来设置画笔形状的长短轴比例。

硬度：在 0～100%之间，用来设置画笔的硬度和柔和度。

间距：在 1%～1000%之间，用来设置画笔图案之间的距离。

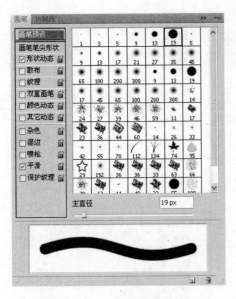

图 2-1-28　【画笔预设】调板

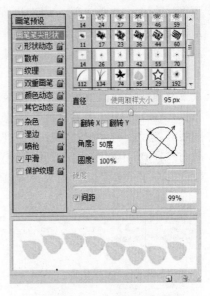

图 2-1-29　画笔笔尖形状

③　动态形状

此选项可以使画笔动态地绘制出大小、形状不一的笔触效果，如大小抖动、角度抖动、圆度抖动等，如图 2-1-30 所示。

大小抖动：在 0～100%之间，用来设置画笔形状的动态大小，值越大，大小差距就越大。

控制：用于对随机值进行控制，后面出现的其他选项中的此属性都相同。

最小直径：在 0～100%之间，用来设置画笔形状的最小直径，值越小，大小差距就越大。

角度抖动：在 0～100%之间，用来设置画笔形状的旋转角度，每个画笔形状的旋转角度都是随机的。

圆度抖动：在 0～100%之间，用来设置每个画笔形状的空间旋转角度。

最小圆度：在 1%～100%之间，用来设置画笔形状的最小空间旋转角度，值越小，旋转差距越大。

翻转 X/Y 抖动：用来设置画笔形状的倾斜度。

④　散布

设置画笔形状在 X、Y 轴方向上的分散程度，如图 2-1-31 所示。

散布：在 0～1000%之间，用来设置画笔形状在 X、Y 轴方向上的分散程度，如果取消选中【两轴】复选框，则只设置在 Y 轴上的分散程度。

数量：在 1～16 之间，用来设置画笔形状扩散的数量。

数量抖动：在 0～100%之间，用来设置画笔形状的扩散量的随机值。

⑤　纹理

设置画笔的纹理效果，如图 2-1-32 所示。

纹理样式：用来选择设置画笔的纹理图案。

缩放：在 1%～1000%之间，用来设置画笔纹理的大小。

深度：在 0～100%之间，用来设置画笔纹理颜色的深浅。

最小深度：在 0～100%之间，用来设置画笔纹理的最浅深度。

深度抖动：在 0～100%之间，用来设置画笔深度的随机值。

⑥ 双重画笔

设置双重画笔，其效果为上下两层画笔，并且形状不一，如图 2-1-33 所示。

直径：在 1～2500 像素之间，用来设置画笔的直径大小。

间距：在 1%～1000%之间，用来设置双重画笔的间距大小。

散布：在 0～1000%之间，用来设置画笔的分散程度。

数量：在 1～16 之间，用来设置画笔线条的数量。

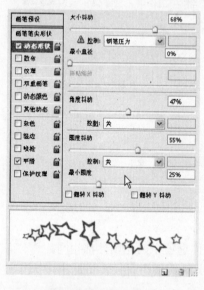

图 2-1-30　动态形状

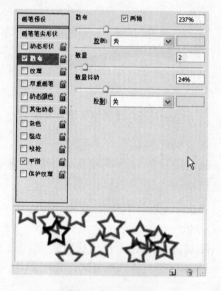

图 2-1-31　散布

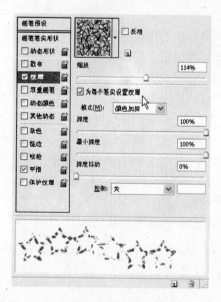

图 2-1-32　纹理

图 2-1-33　双重画笔

⑦ 动态颜色

设置在用画笔绘制图案时产生动态颜色效果，如图 2-1-34 所示。

前景/背景抖动：在 0～100%之间，用来设置前景色到背景色之间的随机值。

色相抖动：在 0～100%之间，用来设置画笔色相的随机值。

饱和度抖动：在 0～100%之间，用来设置画笔饱和度的随机值。

亮度抖动：在 0～100%之间，用来设置画笔亮度的随机值。

纯度：在-100～100%之间，用来设置画笔纯度的随机值。

⑧ 其他动态

设置画笔的透明度和流量，如图 2-1-35 所示。

不透明度抖动：在 0～100%之间，用来设置画笔每一个图案的不透明度，值越大，各个笔刷图案之间的透明度差距就越大。

流量抖动：在 0～100%之间，用来设置画笔颜色流速的随机值。

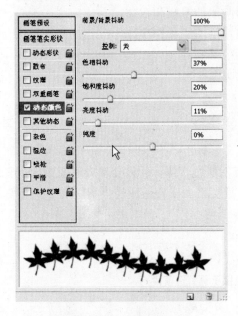
图 2-1-34 动态颜色

图 2-1-35 其他动态

⑨ 杂色

此选项用来向画笔笔尖添加杂色。

⑩ 湿边

此选项用来强调画笔描边的边缘，设置湿边效果。

⑪ 喷枪

此选项用来启用喷枪样式，设置喷枪效果。

⑫ 平滑

设置画笔笔触的平滑效果。

⑬ 保护纹理

设置保护画笔纹理效果，即在应用画笔时，保留画笔的纹理图案。

3. 橡皮擦工具

【橡皮擦工具】 用来擦除图像中的像素，擦除过的区域可以是背景色也可以是透明区域，这要取决于被擦除的图层。如果擦除的是图像的背景层，那么擦除过的区域将被工具箱中当前设置的背景色填充；如果擦除的图层不是背景层，那么擦除过的区域就会变得透明。【橡皮擦工具】选项栏如图 2-1-36 所示。

图 2-1-36 【橡皮擦工具】选项栏

其工具选项栏中相关选项的含义如下。

- 画笔：设置画笔的样式、直径大小和硬度。
- 模式：设置【橡皮擦】在擦除像素时用哪一类笔刷。其中有三种，分别如下。
  - 画笔：选中此项时，【橡皮擦】用画笔的笔触和参数。
  - 铅笔：选中此项时，【橡皮擦】用铅笔的笔触和参数。
  - 块：选中此项时，【橡皮擦】用方块笔刷。
- 不透明度：设置【橡皮擦】工具的不透明度。
- 流量：设置描边的流动速率。
- 抹到历史记录：设置自指定历史状态抹掉区域。

4. 背景色橡皮擦工具

【背景色橡皮擦工具】 用来擦除图像指定的颜色，擦除后将会变成透明效果，所不同的是，如果擦除的是背景层，那么被擦除后背景层将变成普通图层"图层 0"。【背景色橡皮擦工具】选项栏如图 2-1-37 所示。

图 2-1-37 【背景色橡皮擦工具】选项栏

其工具选项栏中相关选项的含义如下。

- 画笔：设置画笔的样式、直径大小和硬度。
- 取样：设置以何种模式擦除颜色。
- ：连续。【背景色橡皮擦】擦除鼠标经过的颜色。背景色将随着擦除的颜色而改变。
- ：一次。只擦除鼠标落点处指定的颜色。并将该颜色设置为背景色。
- ：背景色。只擦除事先指定好的背景色。
- 限制：设置【背景色橡皮擦】擦除的作用范围，其中有三种，分别如下。
  - 不连续：选中此项时，将擦除橡皮经过范围内的所有与指定颜色相近的像素。
  - 临近：选中此项时，将擦除橡皮经过范围内的所有与指定颜色相近且相邻的像素。
  - 查找边缘：选中此项时，将擦除橡皮经过范围内的所有与指定颜色相近且相邻的像素，并保留边缘效果。

- 容差：设置【背景色橡皮擦】擦除颜色的精度。
- 保护前景色：当选定此选项时，用【背景色橡皮擦】擦除像素时，将保留前景色指定的颜色。

5. 魔术橡皮擦工具

【魔术橡皮擦工具】 与【背景色橡皮擦工具】类似，都是用来擦除背景的，【魔术橡皮擦】工具能擦除颜色相近的像素。使用【魔术橡皮擦工具】时，只需在要擦除的颜色上单击即可。【魔术橡皮擦工具】选项栏如图 2-1-38 所示。

图 2-1-38 【魔术橡皮擦工具】选项栏

其工具栏中各选项的含义如下。

- 容差：设置【魔术橡皮擦工具】擦除颜色时像素的范围。
- 消除锯齿：勾选此选项可以消除擦除图像边缘的锯齿，得到柔和的边缘效果。
- 邻近：勾选此选项可以擦除与鼠标落点处的颜色相近且相邻的像素。
- 不透明度：设置【橡皮擦工具】的不透明度。

6. 仿制图章工具

【仿制图章工具】 可以复制一幅图像的部分或全部。不仅可以复制需要的图像，还可以修补照片，将不需要的人或物覆盖。

(1) 将一幅图像全部复制到另一幅图像中

选择【仿制图章工具】，按住 Alt 键在"维尼熊"图片中单击得到复制图像的源点，在新建的文件中拖动鼠标，如图 2-1-39 所示。最终效果如图 2-1-40 所示。

图 2-1-39 复制图形

图 2-1-40 最终效果

(2) 复制图像的部分内容到自身图像中

选择【仿制图章工具】，按住 Alt 键的同时在桃心上单击鼠标，得到复制图像的源点，如图 2-1-41 所示。在其他位置拖动鼠标，复制桃心，效果如图 2-1-42 所示。

图 2-1-41 复制源点

图 2-1-42 复制桃心

7. 图案图章工具

【图案图章工具】 可以将自定义的图案复制到图像中,也可以直接使用 Photoshop 中定义好的图案。

自定义图案的步骤如下。

选择【矩形选框工具】,框选礼花,如图 2-1-43 所示。选择【编辑】|【定义图案】命令,在弹出的【图案名称】对话框中将图案命名为"礼花",如图 2-1-44 所示。选择【图案图章】工具,在工具选项栏中单击图案样式右边的下拉箭头,在其中可以看到我们刚刚定义好的"礼花"图案,单击此图案,如图 2-1-45 所示。用鼠标在"礼花广场"图片中拖动即可出现礼花图案,如图 2-1-46 所示。

图 2-1-43 定义图案选区

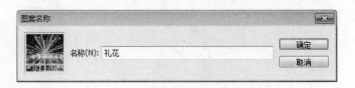

图 2-1-44 命名图案

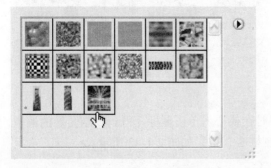

图 2-1-45 选择自定义的图案

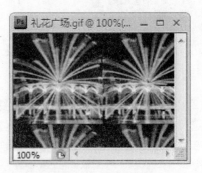

图 2-1-46 最终效果

8. 斑点修复画笔工具

(1)　认识斑点修复画笔工具

【斑点修复画笔工具】 用来修复图像中的斑点，其工具选项栏如图 2-1-47 所示。

图 2-1-47　【斑点修复画笔工具】选项栏

该工具选项栏中相关选项的含义如下。

- 画笔：设置画笔的样式、直径大小和硬度。
- 模式：设置修复后的效果。
- Type(类型)：Proximity Match，相似的。能够与周围的颜色、纹理等很好地融合。Create Texture，创建纹理。可以创建出与周围相协调的纹理。

(2)　利用【斑点修复画笔工具】修复老旧照片

选择【斑点修复画笔工具】，直接在斑点和褶皱上单击或拖动鼠标即可修复照片。修复之前和之后的图片如图 2-1-48 和图 2-1-49 所示。

图 2-1-48　原始图片

图 2-1-49　修复后的效果

9. 修复画笔工具

(1)　认识【修复画笔工具】

【修复画笔工具】 用来修复图像中的杂质、污点和褶皱等，修复后的图像不会改变原图像的光照、纹理等效果。其工具选项栏如图 2-1-50 所示。

图 2-1-50　【修复画笔工具】选项栏

该工具选项栏中相关选项的含义如下。

- 画笔：设置画笔的样式、直径大小和硬度。
- 模式：设置修复后的效果。

- 源:分两种,具体如下。
  - ◆ 取样:当选择此选项时,对图像进行修复前要先取样,使用方法类似【仿制图章工具】。
  - ◆ 图案:当选择此选项时,对图像进行修复前可以先自定义一个图案或者从图案库中选择一个图案,使用方法类似【图案图章工具】。
- 对齐的:当选择此选项时,对每个描边使用相同的偏移量。

(2) 去掉图中的文字

打开的图片如图 2-1-51 所示,选择【修复画笔工具】,源选择【取样】。按住 Alt 键在原图像中文字的下方单击确定源点,在文字上单击或者拖动鼠标。可以看到,即使修复时修复点与周围的颜色不一致,松开鼠标后,也会自动与周围颜色融合,效果很完美,如图 2-1-52 所示。

(3) 复制图像中需要的内容

复制玫瑰花。在右下角的一朵玫瑰花上按住 Alt 键的同时单击确定源点。在右下角继续拖动鼠标复制玫瑰花,效果如图 2-1-53 所示。

图 2-1-51　打开图片　　　　图 2-1-52　修复文字的效果　　　　图 2-1-53　复制玫瑰花

10.修补工具

【修补工具】 也可用来修复图像中的杂质和污点,只是使用方法与【修复画笔】工具稍有不同。其工具选项栏如图 2-1-54 所示。

图 2-1-54　【修补工具】选项栏

该工具选项栏中相关选项的含义如下。

- ：可以通过添加或减去设置选区。可以利用这组选区工具制作更为精确的图像区域。
- 修补:设置修补的类型。

◆ 源：选择此项表示从目标修补源，即要修补的图像区域定为源区域，拖至目标区，即被目标区域的图像所覆盖。

◆ 目标：选择此项表示从源修补目标，将选定区域作为目标区，用其覆盖其他区域。

● 使用图案：从图案库可以选择图案作为修补目标。

11. 红眼工具

(1) 认识【红眼工具】

【红眼工具】用来修复照片中的红眼，其工具选项栏如图 2-1-55 所示。

图 2-1-55 【红眼工具】选项栏

● 瞳孔大小：设置瞳孔的大小。

● 变暗数量：设置瞳孔变暗的程度。

(2) 消除红眼

打开的图片如图 2-1-56 所示。选择【红眼工具】，在瞳孔的位置拖出选区，如果一次不能把瞳孔都变黑，就重复几次操作，效果如图 2-1-57 所示。

图 2-1-56 打开图片

图 2-1-57 修复红眼

任务进阶

【进阶任务 1】画笔和铅笔的综合应用。

其设计过程如下。

(1) 新建文件。选择【文件】|【新建】命令，打开【新建】对话框。分辨率为 72dpi,色彩模式为 RGB，将宽度和高度分别设置成 400 像素和 300 像素，单击【确定】按钮。

(2) 绘制蓝天白云。

新建一个图层，命名为"蓝天"。将前景色设置为白色，背景色设置为蓝色(R:83,G:160,B:239)。

选择【画笔工具】，单击【画笔预设】调板，在【画笔笔尖形状】中选择【柔角 100

像素】，间距设置为 40%，选择【动态形状】和【动态颜色】，并将【动态颜色】中的【前景/背景抖动】设置成 100%。在窗口中绘制蓝天白云效果，结果如图 2-1-58 所示。

(3) 绘制绿草地。

新建一个图层，命名为"绿草地"。 将前景色设置为绿色(R:59, G:168, B:26)，背景色设置为浅绿色(R:197, G:245, B:104)。

选择【画笔工具】，笔尖形状选择 "草"图案，将主直径设置为 30 像素，单击【画笔预设】调板，选择【动态形状】、【散布】和【动态颜色】，并将【动态颜色】中的【前景/背景抖动】设置成 50%。在窗口中绘制绿草地效果，结果如图 2-1-59 所示。

图 2-1-58　绘制蓝天白云　　　　　　　　　　图 2-1-59　绘制绿草地

(4) 绘制太阳。

新建一个图层，命名为"太阳"。将前景色设置为橙色(R:250, G: 68, B: 5)。

选择【画笔工具】，笔尖形状选择"柔角 200 像素"，在窗口中单击并绘制太阳效果，结果如图 2-1-60 所示。

(5) 绘制房屋。

新建一个图层，命名为"房屋"。将前景色设置为黄色(R:254,G:234,B: 7)，背景色设置为橙色(R:252,G:245,B:41)。

选择【铅笔工具】，笔尖形状选择【尖角 3 像素】，在窗口中绘制房屋轮廓线，按住 Shift 键可以绘制直线，结果如图 2-1-61 所示。

图 2-1-60　绘制太阳　　　　　　　　　　　图 2-1-61　最终效果图

(6) 绘制鹅卵石。

将笔尖形状改为"尖角 9 像素",单击【画笔预设】调板,选择【动态形状】、【散布】和【动态颜色】,并将【动态颜色】中的【前景/背景抖动】设置成 100%。在屋顶中绘制彩色点效果,结果如图 2-1-61 所示。

选择【魔棒工具】,单击屋顶部分,得到屋顶选区,按 Alt+Delete 组合键填充前景色为黄色,按 Ctrl+D 组合键取消选择。再单击房子部分,得到房子选区,按 Ctrl+Delete 组合键填充背景色为橙色,结果如图 2-1-61 所示。

新建一个图层,命名为"鹅卵石"。将前景色设置为(R:162, G:89, B:43),背景色设置为(R:174, G:165, B:63)。

选择【铅笔工具】,笔尖形状选择"尖角 19 像素"。单击【画笔预设】调板,选择【动态形状】,将【最小圆度】设置为 25%,再选择【动态颜色】,并将【动态颜色】中的【前景/背景抖动】设置成 100%。在房屋前面绘制鹅卵石,保存文件,最终效果如图 2-1-61 所示。

【进阶任务 2】魔术橡皮擦的应用。

其设计过程如下。

(1) 打开"素材\项目二\鹰.jpg"图片,如图 2-1-62 所示。

(2) 选择【魔术橡皮擦工具】,在红色背景上单击,效果如图 2-1-63 所示。

图 2-1-62 素材图片

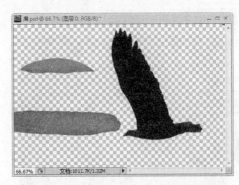
图 2-1-63 使用【魔术橡皮擦】单击背景

任务 2 制作 X 展架

任务背景

为了巩固老顾客、吸引新顾客,并使顾客群相对稳定,特举办"办会员卡送海南游"的活动,为此制作一个 X 展架。

任务要求

X 展架应突出主题,即体现出"办卡送海南双人游"。促销活动详情:办会员卡送海南双人 5 日游,并且会员卡面值为 6000 元。

任务分析

为了突出海南游、增加第一眼的吸引力，特选用海南经典的景色为背景，在背景之上突出显示"办卡送海南双人游！"的字样，并且将会员卡的样子放在画面上。活动细则：凡在本店办理会员积分卡的顾客，即赠送双人海南 5 日游。为了突出显示，将"办卡送海南双人游！"中的"送"和"双人"设置为橙黄色，其他字均为红色。

重点难点

❶ 图章工具的使用。
❷ 修复工具组的使用。
❸ 变形命令。

任务实施

(1) 新建文件，设置大小为 60cm×160cm，分辨率为 30.48 像素/英寸，颜色模式为 CMYK，保存文件，命名为 X 展架.psd。

(2) 打开素材文件"素材\项目二\海南 1.jpg"，如图 2-2-1 所示。

(3) 选择【矩形选框工具】，制作一个矩形选框，选中一棵椰子树和几间茅屋，如图 2-2-2 所示。

图 2-2-1　海南 1.jpg

图 2-2-2　制作选区

(4) 选择【移动工具】，将选区拖到 X 展架窗口中，按组合键 Ctrl+T，然后按住 Shift 键调整图片大小，如图 2-2-3 所示。

(5) 打开素材文件"素材\项目二\海南 2.jpg"，如图 2-2-4 所示。

(6) 将海南 2.jpg 中的沙滩和船复制到 X 展架中。因为"海南 2.jpg"图片为 RGB 颜色模式，而我们制作的 X 展架为 CMYK 颜色模式，两者之间不能互相复制，因此，需要将"海南 2.jpg"的颜色模式改成 CMYK。选择【图像】|【模式】|CMYK 命令，即可转换。

(7) 单击 X 展架的标题，使之成为当前选定文档，新建图层，命名为"沙滩"。

(8) 单击"海南 2.jpg"的标题，使之成为当前选定文档。在工具箱中选择【仿制图章】工具，按住 Alt 键的同时，在右侧的小船上单击，确定复制源点。

图 2-2-3　调整图片

图 2-2-4　海南 2.jpg

(9)　回到 X 展架窗口，在图像的下方，拖动鼠标，得到两只小船和沙滩，如图 2-2-5 所示。

(10)　按 Ctrl+T 组合键进行自由变换，按住 Shift 键进行变形，使之符合窗口的大小，效果如图 2-2-6 所示。

图 2-2-5　复制图像

图 2-2-6　变形效果

(11)　添加酒店 Logo。打开素材文件"素材\项目二\品鉴居 logo.jpg"，将其复制到 X

展架上方的空白处，如图 2-2-7 所示。

(12) 添加主办方信息。选择【文字工具】，设置字号为 60，颜色为黑色。在下方空白处添加文字："主办单位：品鉴居酒店，电话：65668888，地址：北京市台湾街 11 号"，并为文字层添加投影的图层效果，如图 2-2-8 所示。

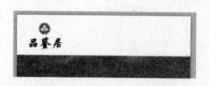

图 2-2-7　添加酒店 Logo

图 2-2-8　添加主办方信息效果

(13) 制作广告内容。新建一个图层，命名为"矩形层"。选择【矩形选框工具】，绘制一个大大的矩形，并填充白色，将图层的不透明度设为 72%，如图 2-2-9 所示。

(14) 变形矩形。选择【编辑】|【变换】|【变形】命令，在白色矩形四周会出现 8 个控制点，移动控制点就可以进行任意变形，变形效果如图 2-2-10 所示。

(15) 按 Enter 键，确定变形操作。并为矩形层添加投影效果。

(16) 添加文字。选择【文字工具】，设置字体为华文行楷，大小为 200 点，颜色为红色。输入"好消息！"并加粗。添加图层样式"描边"，颜色为白色。

(17) 变形文字。选择【编辑】|【变换】|【斜切】命令，选中下边的中点，向左稍稍拖动，效果如图 2-2-11 所示。

(18) 再次选择【文字工具】，输入"办卡送海南双人游！"文字，描白边，其中将"送"和"双人"加大字号，更改颜色为橙黄色，如图 2-2-12 所示。

图 2-2-9　绘制矩形

图 2-2-10　变形矩形

图 2-2-11　变形文字

图 2-2-12　添加文字

(19) 打开素材文件"素材\项目二\会员卡.jpg",如图 2-2-13 所示。

(20) 选择【魔棒工具】,单击会员卡边上的白色区域,之后再按 Ctrl+Shift+I 组合键进行反选,选择【移动工具】,将其复制到 X 展架中,调整大小和位置,并添加投影效果,如图 2-2-14 所示。

图 2-2-13　会员卡.jpg

图 2-2-14　添加会员卡

(21) 在会员卡的下方继续添加文字"活动细则:凡在我店办理会员积分卡的顾客,即赠送双人海南 5 日游。详情请进店咨询。"选择【编辑】|【变换】|【斜切】命令,将文字进行适当变形,如图 2-2-15 所示。

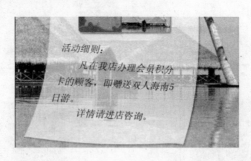

图 2-2-15　添加活动细则

(22) 至此，整个 X 展架制作完成。

相关知识

1．X 展架

(1) 基本概念

X展架是用来做广告宣传的，画面一般由相纸、PVC写真画面，表面覆膜，背部用来支撑广告画面的是一种形似英文字母X的架子。X展架是一种非常有效的终端宣传促销广告，它只是展架中的一种。广告画面主题突出、醒目，能起到展示商品、传达信息、促进销售的作用。

X展架常应用于展览广告、巡回展示、商业促销、会议演示。

(2) X展架的特点

造型设计简单、绿色环保、方便运输、容易存放、组装迅速等优点，重量不足1.5公斤，不到一分钟就能完成整个安装过程，支架的材质一般有碳钢铁，铝合金，塑钢等。

(3) X 展架的分类

它可以分为常规 X 展架、注水 X 架、韩式 X 展架、多功能 X 展架、台式 X 展架几种。

(4) X 展架的尺寸

常规尺寸有：60cm×160cm，80cm×180cm。

桌面台式尺寸：42cm×25cm。

2．【变形】命令

【变形】命令为【编辑】|【变换】级联菜单命令，如图 1-1-35 所示，它的功能是使选区内的图像变形。执行【变形】命令时，首先要创建选区，然后选择【变形】命令，将出现编辑控制框，移动鼠标至控制框控制点或网格线上，即可进行拖曳变形。

任务进阶

【进阶任务】绘制卡通图画。

其设计过程如下。

【进阶任务】绘制卡通图画。

其设计过程如下。

(1) 新建一个文件，设置宽度和高度分别为 600 像素和 500 像素。

(2) 打开"素材\项目二\01.jpg"图片，如图 2-2-16 所示。

(3) 选择【磁性套索工具】，在图片左下角的郁金香花上勾出选区，如图 2-2-17 所示。

图 2-2-16　素材 01.jpg 图片　　　　　　　图 2-2-17　创建选区

(4) 选择【编辑】|【定义画笔预设】命令，弹出【画笔名称】对话框，将画笔命名为"郁金香"，如图 2-2-18 所示。

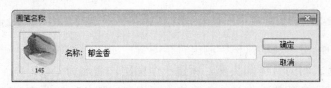

图 2-2-18　定义画笔

(5) 设置前景色为粉色(R:248, G:179, B:246)，背景色为白色(R:255, G:255, B:255)。

(6) 选择【画笔工具】。在【画笔预设】面板中进行如下设置：在【画笔笔尖形状】中将【间距】设置为 120%，如图 2-2-19 所示；在【动态形状】中将【大小抖动】设置为 100%，【角度抖动】设置为 100%，如图 2-2-20 所示；在【散布】中将【散布】设置为 493%，如图 2-2-21 所示；在【动态颜色】中将【前景/背景抖动】设置为 100%，如图 2-2-22 所示。

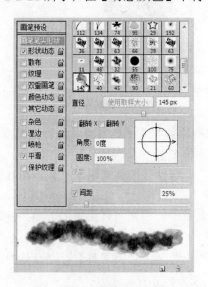

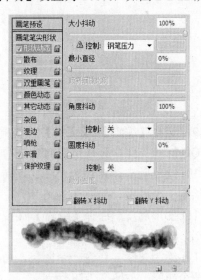

图 2-2-19　设置笔尖间距　　　　　　　图 2-2-20　设置动态形状

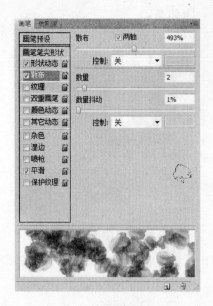

图 2-2-21 设置散布

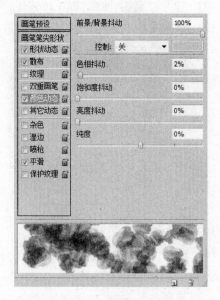

图 2-2-22 设置动态颜色

(7) 在窗口中单击和拖动鼠标绘制出背景图案，如图 2-2-23 所示。

(8) 绘制卡通人物的身体和头部。新建一个图层，命名为"QQ 妹"。选择【椭圆选框工具】，绘制出一个椭圆，作为 QQ 妹的头部和身体部分，如图 2-2-24 所示。显然这个很规则的椭圆作为 QQ 妹的身体和头部是很不好看的，所以我们需要将它变形。

图 2-2-23 绘制背景图案

图 2-2-24 绘制身体和头部

(9) 选择【编辑】|【变换】|【变形】命令，根据身体和头部的特点，进行拖曳变形，使得 QQ 妹的身体看起来是偏向左边的，如图 2-2-25 所示。

(10) 绘制肚皮。新建一个图层，命名为"肚皮"。选择【椭圆选框工具】，在肚子的位置绘制一个椭圆，如图 2-2-26 所示。

(11) 变形肚皮。选择【编辑】|【变换】|【变形】命令，根据身体偏转的方向，进行拖曳变形，如图 2-2-27 所示。

(12) 绘制翅膀。新建一个图层，命名为"翅膀"。选择【画笔工具】，在身体的两边画出两个翅膀，如图 2-2-28 所示。

高职高专立体化教材 计算机系列

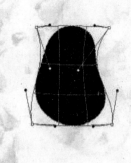

图 2-2-25　变形身体和头部

图 2-2-26　绘制肚皮

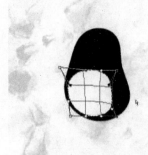

图 2-2-27　变形肚皮

图 2-2-28　绘制翅膀

(13) 绘制围巾。利用选区相减的方式，用两个椭圆选区完成一个围巾的形状，并填充颜色(R:250,G:186,B:214)。

(14) 给围巾描边。保持围巾的选区为选中状态，选择【编辑】|【描边】命令，设置宽度为 2 像素，颜色为黑色，效果如图 2-2-29 所示。

(15) 绘制围巾的下摆。选择【矩形选框工具】在围巾的下方绘制一个矩形，并与椭圆选区相减，得到下摆的形状。

(16) 变形围巾下摆。选择【编辑】|【变换】|【变形】命令，将围巾的下摆变成上窄下宽的形状，效果如图 2-2-30 所示。

(17) 绘制脚部。新建一个图层，命名为"脚部"。选择【椭圆选框工具】，在身体的下方绘制出一个椭圆选区，并填充颜色(R:250,G:1586,B:2)。

(18) 为脚部描边。选择【编辑】|【描边】命令。打开【描边】对话框，设置宽度为 2 像素，颜色为黑色。

(19) 绘制脚趾。选择【画笔工具】，设置直径为 3 像素，在脚步前端绘制一条弧线，分开脚趾，效果如图 2-2-31 所示。

(20) 复制另一只脚。复制"脚部"图层，得到"脚部副本"图层，将另一只脚移到合适的位置，选择一只脚，按 Ctrl+T 组合键进行旋转，用同样的方法旋转另一只脚。将"脚部"图层和"脚部副本"图层合并，放置到"QQ 妹"图层的下面，效果如图 2-2-32 所示。

(21) 绘制嘴巴。新建一个图层，命名为"嘴巴"。利用两个椭圆选区相交的方法绘制出。

图 2-2-29　绘制围巾

图 2-2-30　绘制并变形围巾下摆

图 2-2-31　绘制脚部

图 2-2-32　得到脚部最终效果

(22) 嘴巴的轮廓，填充颜色(R:250,G:1586,B:2)，如图 2-2-33 所示。

(23) 绘制嘴唇线条。新建一个图层，在嘴巴合适的位置绘制一个椭圆选区，选择【编辑】|【描边】命令，宽度设置为 2 像素，颜色为黑色，进行描边。再选择【橡皮擦工具】，将多余的部分擦除，效果如图 2-2-34 所示。将本图层与"嘴巴"图层合并。

图 2-2-33　绘制嘴巴

图 2-2-34　绘制嘴唇线

(24) 绘制眼睛。新建一个图层，命名为"眼睛"。选择【椭圆选框工具】，绘制一个椭圆选区，填充白色，在白色区域中再绘制一个椭圆选区，填充黑色。选择【画笔工具】，直径设置为 3 像素，颜色为白色，在黑色区域中绘制出白色的高光部分，增加眼睛的明亮感。效果如图 2-2-35 所示。

(25) 绘制眼皮和睫毛。用【魔棒工具】选择眼白部分，利用选区相减的方法在眼白的上半部分得到眼皮部分，新建一个图层，命名为"睫毛层"。填充颜色(R:250,G:186,B:214)，选择【编辑】|【描边】命令，将宽度设置为 1 像素，颜色为黑色。选择【画笔工具】，在眼皮上画出几根眼睫毛，效果如图 2-2-36 所示。

图 2-2-35　绘制眼睛

图 2-2-36　绘制眼皮和眼睫毛

(26) 复制眼睛。将"眼睛"图层和"睫毛层"链接，并复制得到另一只眼睛，效果如图 2-2-37 所示。

(27) 绘制蝴蝶结。新建一个图层，命名为"蝴蝶结"。选择【椭圆选框工具】，绘制一个椭圆选区，选择【编辑】|【变换】|【变形】命令，将椭圆选区变成蝴蝶结的样子，效果如图 2-2-38 所示。

图 2-2-37　复制眼睛

图 2-2-38　绘制、变形蝴蝶结

(28) 将蝴蝶结放在头顶合适的位置并旋转，给蝴蝶结描边，并用画笔工具画出线条，效果如图 2-2-39 所示。将除了"蝴蝶结"图层和"眼睫毛"图层以外所有的图层合并。将合并后的图层命名为"QQ 妹"。

(29) 绘制 QQ 仔。将"QQ 妹"图层复制，得到的新图层命名为"QQ 仔"。选择【编辑】|【变换】|【水平翻转】命令，将 QQ 仔水平翻转。将 QQ 仔的围巾填充成红色(R:230,G:14,

B:23)。

(30) 将"QQ 妹"的所有图层合并。将 QQ 仔和 QQ 妹放置在合适的位置，效果如图 2-2-40 所示。

图 2-2-39 完成蝴蝶结

图 2-2-40 得到 QQ 仔

(31) 绘制花枝。新建一个图层，命名为"叶子"。选择【画笔工具】，直径设置为 5 像素，颜色为绿色(R:22,G:6,B:10)，画出花枝。

(32) 制作玫瑰花。新建一个图层，命名为"玫瑰花"。打开"素材\项目二\花.jpg"图片，用【磁性套索工具】勾选红色玫瑰花和叶子，并将它复制到"玫瑰花"图层，放在花枝的上方，进行变形和旋转，效果如图 2-2-41 所示。合并"叶子"图层和"玫瑰花"图层。

(33) 制作桃心。制作心形地板。新建一个图层，命名为"心形地板"。打开"素材\项目二\桃心.jpg"图片，将桃心复制到"心形地板"图层，按 Ctrl+T 组合键进行缩放。

(34) 制作心形地板的柔和边缘效果。按住 Ctrl 键的同时单击"心形地板"图层，得到心形地板的选区。选择【选择】|【羽化】命令，将羽化值设置为 10 像素。按 Ctrl+Shift+I 组合键进行反选，按 Delete 键进行删除，可以得到边缘柔和的效果。将"心形地板"图层拖放到"背景"图层的上方，如图 2-2-42 所示。

图 2-2-41 制作玫瑰花

图 2-2-42 制作心形地板

(35) 确认"桃心.jpg"为当前选定图片，选择【仿制图章工具】，按住 Alt 键在"桃心"图案上面单击，切换到"QQ"图片，新建一个图层，命名为"桃心"，在两个"QQ"的中间拖动鼠标绘制出桃心，如图 2-2-43 所示。

(36) 复制桃心。将"桃心"图层复制几个，进行变形和旋转，得到如图 2-2-44 所示的效果。

图 2-2-43 制作桃心

图 2-2-44 最终效果

实践任务 为"王老吉凉茶"制作广告图片

任务背景

王老吉凉茶已经成了"不上火"的代名词，为了推广品牌，让它真正地深入人心，从而持久、有力地影响消费者的购买决策，特制作一则广告。

任务要求

在广告中要能够充分体现王老吉作为凉茶所能带给人们的清凉感觉。

任务分析

王老吉的包装是红色的，所以在画面中要体现出红色，这则广告又要带给人们足够清凉的感觉，所以背景采用冰块的图片。广告语使用王老吉的惯用广告语"怕上火喝王老吉"，在图片的下方要写上"王老吉凉茶"的字样。

任务素材及参考图

任务素材如图 2-3-1 和图 2-3-2 所示，此广告图片不提供参考图，请读者自由发挥，充分体现王老吉的特点。

图 2-3-1 王老吉

图 2-3-2 冰块

职业技能知识考核

一、填空题

1．【画笔工具】画出的曲线比较＿＿＿＿，【铅笔工具】画出的曲线比较＿＿＿＿。

2．使用【橡皮擦工具】时,如果擦除的是＿＿＿＿,则露出背景色;如果擦除的是＿＿＿＿,则显示为＿＿＿＿。

3．使用【仿制图章工具】时,需要按住键盘中的＿＿＿＿键的同时＿＿＿＿要复制的图像来确定源点。

4．使用【图案图章工具】时如需自定义图案,则应利用＿＿＿＿菜单中的＿＿＿＿命令。

5．【渐变工具】有五种渐变样式,分别是＿＿＿＿、＿＿＿＿、＿＿＿＿、＿＿＿＿和＿＿＿＿。

6．【模糊工具】对图像进行＿＿＿＿处理,【涂抹工具】类似于用＿＿＿＿进行涂抹的效果。

7．【涂抹工具】有一个【手指绘画】选项,勾选此选项相当于用手指蘸着＿＿＿＿色进行涂抹。

8．在【渐变编辑器】中位于渐变色带上方的色标,用来设置渐变色的＿＿＿＿,位于渐变色带下方的色标,用来设置渐变色的＿＿＿＿。

9．使用【铅笔工具】,勾选【自动抹掉】选项,则在绘图时,如果落笔处是前景色,它会擦除＿＿＿＿,露出＿＿＿＿;如果落笔处是背景色,则会擦除＿＿＿＿,得到＿＿＿＿。

10．为图像或选区填充前景色的快捷键是＿＿＿＿,为图像或选区填充背景色的快捷键是＿＿＿＿。

二、选择题

1．能够为图像制作加亮效果的工具是(　　　)。
    A. 减淡工具　　　　　　　　　　　B. 加深工具
    C. 海绵工具　　　　　　　　　　　D. 锐化工具

2．能够为照片降低曝光度的工具是(　　　)。
    A. 减淡工具　　　　　　　　　　　B. 加深工具
    C. 海绵工具　　　　　　　　　　　D. 锐化工具

3．能够增大图像相邻像素间的反差,而使图像看起来更清晰明了的工具是(　　　)。
    A. 模糊工具　　　　　　　　　　　B. 锐化工具
    C. 涂抹工具　　　　　　　　　　　D. 减淡工具

4．填充前景色的快捷键是(　　　)。
    A. Alt+Delete　　　B. Ctrl+Delete　　　C. Shift+Delete　　　D. Ctrl+D

5．在修复照片时,可以直接用鼠标在需要修复的地方单击的修复工具是(　　　)。
    A. 修复画笔工具　　　　　　　　　B. 红眼工具
    C. 仿制图章工具　　　　　　　　　D. 修补工具

三、判断题

1．按 Ctrl+Shift+I 组合键，可以进行反选操作。　　　　　　　　（　　）

2．橡皮擦工具的功能就是用来擦除前景色的。　　　　　　　　　（　　）

3．图案图章工具也是用来复制图像的，但与仿制图章工具不同的是，图案图章工具是直接以图案进行填充的。　　　　　　　　　　　　　　　　　　　　（　　）

4．仿制图章工具在复制图像前需要先确定源点，确定源点的方法是按住 Ctrl 键的同时在源点处单击。　　　　　　　　　　　　　　　　　　　　　　　　（　　）

5．斑点修复画笔工具的使用方法是按住 Alt 键的同时在斑点处单击。　　（　　）

四、实训题

"浅草风"是一家以销售化妆品为主的淘宝店铺。进入冬季后，需要为"浅草风"淘宝店做一个网络广告，广告的放置位置为店铺首页。

1．店主要求本次网络广告主题为"冬季保湿，补水"。请围绕主题，进行网络广告创意。

2．广告形式选择旗帜广告，大小为 300×80 像素。

项目三　宣传页设计——图层的应用

项目背景

本项目的主要内容是苏和通信商城开业宣传单页的设计，商家期望通过该宣传页能告知消费者商城的地址、开业的时间，以及开业当天的优惠促销活动，借此扩大商城的市场影响力和号召力，激发消费者的消费欲望。

项目要求

苏和通信商城开业宣传页是大量发放的，需考虑一定的制作成本，单页尺寸不宜过大，能基本满足宣传内容的传达即可；其次单页设计需要传达出喜庆、隆重的视觉感受，反映开业酬宾的主题，画面的主题词和主要宣传内容要突出醒目，图文结合，给人带来美的享受。

项目分析

宣传页在现今社会的产品销售通道 中应用广泛，例如产品展示会、购销会展、各大商场超市等卖场，生动的图片，详细的介绍，诱人的宣传口号，都能使我们在没有亲眼见到产品前就对产品有一定的了解，从而激发我们的消费欲望，因此宣传页已经成为企业宣传自身产品最为重要的手段。宣传单页是大量发放的，因此从节约印刷成本考虑，采用210mm×185mm的单页尺寸，在拼版印刷时节约纸张。其次考虑到是开业优惠宣传，需要传达出热烈、喜庆的感觉，在色调上采用红黄系的暖色调，红色能给人热情喜悦之感，黄色活泼，可以和红色进行呼应和协调。在文案的设计上以"特惠开业"为主要宣传词，同时添加1～2条优惠促销的副标题，配合具体优惠实物产品进行图文结合的宣传，使消费者一目了然。单页的整体风格定位在大气、热烈的基调。本项目效果如图3-1所示。

图 3-1　项目效果图

能力目标

1. 能从企业需求出发，制定设计整体思路。
2. 能对宣传页设计的项目背景进行分析。
3. 能应用基本设计原理对宣传页的基本框架内容和风格进行设计。
4. 能使用制作软件进行画面制作、处理，在学习中逐步具备通过软件表达设计意图的能力。
5. 综合运用所学理论知识和技能，通过实际课题提高设计制作能力。
6. 培养独立思考，查阅资料，进行同类设计作品的比对、参考，进行综合分析比较的能力。

软件知识目标

1. 认识图层和图层控制调板。
2. 掌握图层的编辑方法，如新建图层、复制图层、链接图层等。
3. 掌握多种图层样式的应用。
4. 掌握管理图层的方法。

专业知识目标

理解掌握宣传页设计中基本工作规范，如字号、字距、出血设置等。

学时分配

14 学时(讲课 6 学时，实践 8 学时)。

课前导读

本项目主要是选择当前企业实际宣传中的重要环节——宣传页设计作为项目载体，在理解基本设计原理的基础上，拟定框架，制定设计方案，灵活应用相应软件进行宣传页制作。通过本项目的学习，了解实际中企业宣传手册的完整设计制作流程，掌握宣传单页的基本设计思路和制作方法，重点掌握 Photoshop 中图层在实际工作中的具体应用。

任务 1　宣传页设计分析及背景制作

任务背景

宣传页前期的设计分析和背景制作。

任务要求

根据项目内容确定宣传单页的风格和基本色调，搜集设计宣传单页所需的素材和资料，设定单页制作尺寸并完成宣传单页的背景图案的设计。

任务分析

为了烘托开业喜庆的气氛，整个宣传页采用暖色调，以红黄为主色调，素材主要选用优惠产品的实物图片进行展示，在背景图案的设计上选择简洁大方的元素，使背景丰富。

重点难点

❶ 图层的基本类型。

❷ 图层的基本操作(创建、复制、删除)。

任务实施

其设计过程如下。

(1) 新建文件，命名为"开业宣传页设计"，设定文件大小为 191mm×216mm，分辨率为 300dpi，色彩模式为 CMYK，如图 3-1-1 所示。

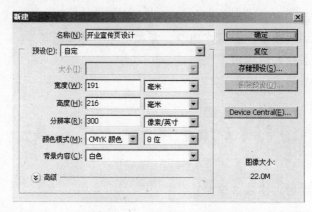

图 3-1-1 【新建】对话框

(2) 使用【渐变色工具】，设置渐变色为白色(C:0,M:0,Y:0,K:0)到浅黄色(C:0,M:0,Y:40,K:0)，选择【径向渐变】，如图 3-1-2 所示，从画面中心往外创建渐变色，如图 3-1-3 所示。

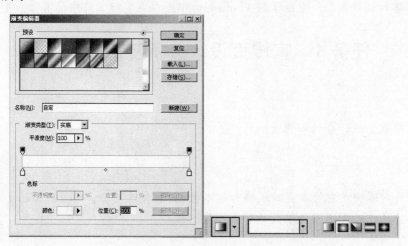

图 3-1-2 【渐变编辑器】对话框

高职高专立体化教材 计算机系列

图 3-1-3 径向渐变

(3) 打开【通道】面板，新建通道 Alphal，使用白色到黑色的线性渐变，创建渐变色，如图 3-1-4 和图 3-1-5 所示。

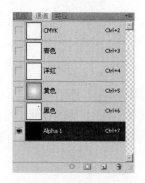

图 3-1-4 新建通道 Alpha1

图 3-1-5 创建渐变色

(4) 执行【滤镜】|【像素化】|【彩色半调】命令，如图 3-1-6 所示。设置最大半径为 50 像素，如图 3-1-7 所示。进入【通道】面板，按住 Ctrl 键的同时单击 Alpha1，选中通道白色区域，执行【选择】|【反向】命令。选中黑色部分，如图 3-1-8 所示。进入【图层】面板，新建图层，命名为"背景图案"，设置前景色为黄色(C:0,M:0,Y:100,K:0)，对选区填充，如图 3-1-9 所示。

图 3-1-6 【彩色半调】命令

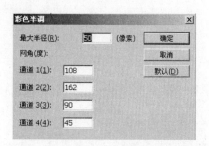

图 3-1-7 【彩色半调】对话框

图 3-1-8　选择通道黑色区域　　　　　　图 3-1-9　在图层填充黄色

相关知识

1. 图层概述

(1) 认识图层

图层是 Photoshop 存放处理图像的平台,每个图层就仿佛是一张透明胶片,每张透明胶片上都有不同的画面,这样一层层地叠加在一起可以形成丰富多变的图像,而且当图层的顺序和属性改变后,图像效果也会随之改变。通过对图层的操作,使用它的特殊功能可以创建很多复杂的图像效果。

(2) 【图层】面板

【图层】面板列出了图像中的所有图层、图层组和图层效果,方便用户进行图层的管理和操作,我们可以使用【图层】面板来显示和隐藏图层、创建新图层以及处理图层组,还可以创建出复杂多样的图层效果,如图 3-1-10 所示。图中各标识含义如下:A,【图层】面板菜单;B,图层组;C,图层;D,背景层;E,链接图层;F,图层样式;G,图层蒙版;H,调节层;I,图层组;J,新建图层;K,删除图层;L,图层预览图;M,图层显示控制。

图 3-1-10　【图层】面板

2. 图层的类型

图层的主要类型有普通图层、背景图层、文本图层、形状图层、调整图层和填充图层,如图 3-1-11 所示。

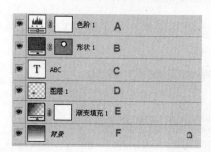

A．调整图层；B．形状图层；C．文本图层；D．普通图层；E．填充图层；F．背景图层

图 3-1-11　图层类型

3．图层组

设计制作过程中有时候用到的图层数会很多，【图层】面板也会拉得很长，使得查找图层很不方便。为了解决这个问题，Photoshop 提供了图层组功能。将图层归组可提高【图层】面板的使用效率。图层组是将多个层归为一个组，这个组可以在不需要操作时折叠起来，无论组中有多少图层，折叠后只占用相当于一个图层的空间。在【图层】面板中可以把已有的图层通过移动的方法编入图层组，也可以把图层组中的图层移动出图层组。如果选中【图层组】，然后单击【新建图层】，则新建的图层会自动添加入该图层组。

4．图层与图层组的创建

图层和图层组可以通过多种方法创建获得。

（1）使用默认选项创建新图层或组：单击【图层】面板中的【创建新图层】按钮或【新建组】按钮，如图 3-1-12 所示。

A．创建新组；B．创建新图层

图 3-1-12　使用默认选项新建图层和图层组

（2）使用菜单创建新图层或组：选择【图层】|【新建】|【图层】或选择【图层】|【新建】|【组】命令，如图 3-1-13 所示。

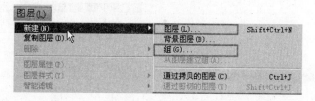

图 3-1-13　【图层】菜单新建图层和图层组

(3) 使用图层面板创建新图层或组：从【图层】面板菜单中选择【新建图层】或【新建组】命令，如图 3-1-14 所示。

图 3-1-14　通过【图层】面板新建图层和图层组

(4) 使用快捷键创建新图层或组：按住 Alt 键(Windows)或 Option 键(Mac OS)并单击【图层】面板中的【创建新图层】按钮或【新建组】按钮，以显示【新建图层】对话框并设置图层选项。

(5) 使用快捷键创建新图层或组：按住 Ctrl 键(Windows)或 Command 键(Mac OS)并单击【图层】面板中的【创建新图层】按钮或【新建组】按钮，以在当前选中的图层下添加一个图层。

5. 图层和图层组的复制

可以在图像内复制图层，也可以将图层复制到其他图像或新图像中。

(1) 在图像内复制图层或组

在【图层】面板中选择一个图层或组，执行下列操作之一。

① 将图层或组拖动到【创建新图层】和【创建新图层组】按钮，如图 3-1-15 所示。

图 3-1-15　在图像内复制图层或组

② 从【图层】菜单或【图层】面板菜单中选择【复制图层】或【复制组】命令，如图 3-1-16 所示。在打开的对话框中输入图层或组的名称，然后单击【确定】按钮，如图 3-1-17 所示。

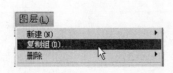

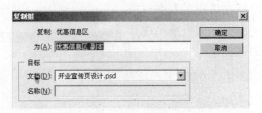

图 3-1-16　【图层】菜单中【复制组】命令　　　图 3-1-17　【复制组】对话框

(2) 在图像之间复制图层或组

打开源图像和目标图像，从源图像的"图层"面板中，选择一个或多个图层或选择一个图层组，执行下列操作之一。

① 将图层或图层组从【图层】面板拖动到目标图像中。

② 选择移动工具，从源图像拖动到目标图像。复制的图层或图层组将出现在目标图像的【图层】面板中的现用图层的上面，按住 Shift 键并拖动，可以将图像内容定位于它在源图像中占据的相同位置(如果源图像和目标图像具有相同的像素大小)，或者定位于文档窗口的中心(如果源图像和目标图像具有不同的像素大小)。

③ 从【图层】菜单或【图层】面板菜单中选择【复制图层】或【复制组】命令。从【文档】弹出式菜单中选取目标文档，然后单击【确定】按钮。

选择【选择】|【全部】命令以选择图层上的全部像素，然后选择【编辑】|【拷贝】命令。再在目标图像中选择【编辑】|【粘贴】命令。

6. 图层选择链接

(1) 选择图层和图层组

在【图层】面板中使用移动工具选择图层，可以选择一个或多个图层。对于某些活动(如绘画以及调整颜色和色调)，一次只能在一个图层上工作。单个选定的图层称为当前图层。当前图层的名称将出现在文档窗口的标题栏中。有些操作(如移动、对齐、变换或应用【样式】面板中的样式)，可以一次选择并处理多个图层。

(2) 链接图层和图层组

在【图层】面板中选择图层或组，然后单击【图层】面板底部的链接图标，则可把选中的图层或组进行链接，如图 3-1-18 所示；若取消图层链接，可选择一个链接的图层，然后单击链接图标，即可取消该图层的链接关系。链接的图层将保持关联，直至你取消它们的链接为止。

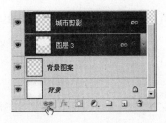

图 3-1-18　链接图层

7. 图层和图层组顺序的调整

在【图层】面板中，选择需要调整顺序的图层或组，将图层或组向上或向下拖动。当突出显示的线条出现在要放置图层或组的位置时，松开鼠标左键，即可完成图层或组顺序的调整。

8. 图层和图层组的删除

选择需要删除的图层或图层组，移动至垃圾箱图标，则可删除该图层和图层组，如图 3-1-19 图和 3-1-20 所示。注意：一旦图层组被删除，该图层组中的所有图层均被删除。

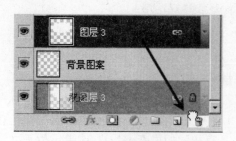

图 3-1-19　删除图层　　　　　　　　　　图 3-1-20　删除图层组

任务进阶

【进阶任务】制作网络小广告图标。

其设计过程如下。

(1)　新建文件：大小 390 像素×70 像素，分辨率 72 像素/英寸，色彩模式 RGB。

(2)　选择【渐变色工具】，填充橙色到黄色的渐变色作为背景色，如图 3-1-21 所示。

图 3-1-21　橙色到黄色的渐变色

(3)　新建图层，填充黑色到白色的渐变色，如图 3-1-22 所示。

图 3-1-22　黑色到白色的渐变色

(4)　执行【滤镜】|【像素化】|【彩色半调】命令，如图 3-1-23 和图 3-1-24 所示。

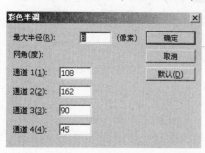

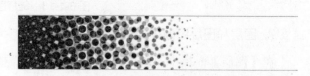

图 3-1-23　【彩色半调】对话框　　　　　图 3-1-24　执行彩色半调后的效果

(5)　修改该图层色彩混合模式为【叠加】，如图 3-1-25 和图 3-1-26 所示。

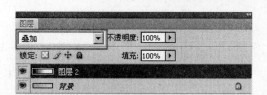

图 3-1-25 设置图层叠加色彩混合模式

图 3-1-26 叠加后的图像效果

(6) 把产品图片移动至文件中，调整大小，完成制作，最终效果如图 3-1-27 所示。

图 3-1-27 完成效果

任务 2 宣传页标题制作

任务背景

宣传页整体风格、色调、背景已经确定，宣传页的标题设计需醒目突出符合整体设计规划。

任务要求

根据整体风格制作宣传页的标题。

任务分析

标题字体设计效果追求动感，大气，引人瞩目，烘托热烈喜庆的气氛，可采用把文字图形化方式制作，综合运用图层样式的效果，制作立体夺目的特效字体。

重点难点

❶ 文本层的创建与编辑。

❷ 投影图层样式。

❸ 描边图层样式。

❹ 外发光图层样式。

❺ 渐变叠加图层样式。

❻ 图层与图层组的创建和复制。

任务实施

其设计过程(详解设计操作步骤)如下。

(1) 选择【文字工具】T，输入文字"盛大开业"，设置文字大小 100 点，字体为【汉仪综艺简体】，如图 3-2-1 和如图 3-2-2 所示。

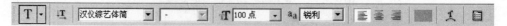

图 3-2-1　【文字工具】选项栏设置

图 3-2-2　创建文本效果

(2) 执行【图层】|【栅格化】|【文字】命令栅格化文字图层，如图 3-2-3 所示。使用【矩形选框工具】分别选中单个文字，执行拷贝和粘贴命令把每个文字单独放置到独立的图层中，如图 3-2-4 所示。并通过【移动工具】调整标题的组合形式，如图 3-2-5 所示。

图 3-2-3　栅格文字图层　　　图 3-2-4　粘贴文字到独立的图层图　　　图 3-2-5　调整后的文本效果

(3) 添加渐变叠加图层样式，设置渐变色为黄色(C:10,M:10,Y:90,K:0)到浅黄色(C:0,M:0,Y:20,K:0)到橙色(C:0,M:40,Y:100,K:0)，如图 3-2-6～图 3-2-8 所示。

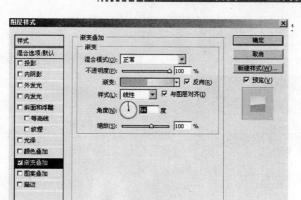

图 3-2-6　【图层样式】对话框

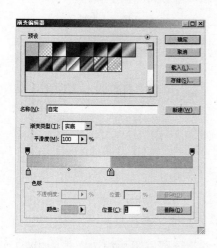

图 3-2-7　【渐变编辑器】对话框

图 3-2-8　添加渐变叠加图层样式后的文字效果

(4) 按住 Shift 键选择四个文字所在图层，右击，合并所选图层，如图 3-2-9 所示。

图 3-2-9　合并图层

(5) 双击图层名称区域，修改图层名称为"盛大开业"，右击，复制该图层，生成"盛大开业副本"图层,如图 3-2-10 和图 3-2-11 所示。

图 3-2-10 复制图层　　　　　　　图 3-2-11 【复制图层】对话框

(6)　为"盛大开业副本"图层添加颜色叠加图层样式,如图 3-2-12 所示。

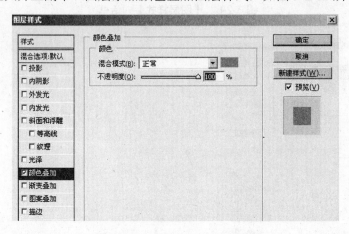

图 3-2-12 【图层样式】对话框

(7)　使用【移动工具】进行图层位置的微调,并为该图层添加描边样式,如图 3-2-13 和图 3-2-14 所示。

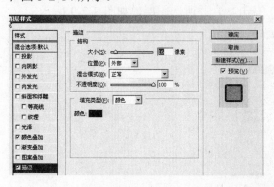

图 3-2-13 【图层样式】对话框　　　　　图 3-2-14 描边后的文字效果

(8)　继续为该图层添加外发光样式,使文字边缘色彩更加丰富,效果更为立体,如图 3-2-15 和图 3-2-16 所示。

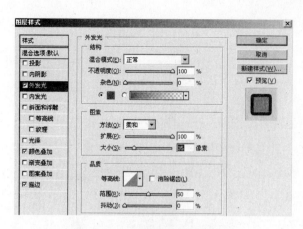

图 3-2-15　【图层样式】对话框

图 3-2-16　添加外发光图层样式后的文字效果

　　(9)　打开素材文件"素材\项目三\城市.psd"，使用【魔棒工具】选中并删除白色背景，如图 3-2-17 和图 3-2-18 所示。对图层执行【图像】|【调整】|【渐变映射】命令，如图 3-2-19 所示，选择使用橙色(C:0,M:50,Y:85,K:0)到黄色(C:0,M:0,Y:50,K:0)的渐变色，使图像转换为橙黄色调图案效果，如图 3-2-20 和图 3-2-21 所示。

图 3-2-17　用魔棒工具选择白色背景

图 3-2-18　删除白色背景

图 3-2-19　执行【图像】|【调整】|【渐变映射】命令

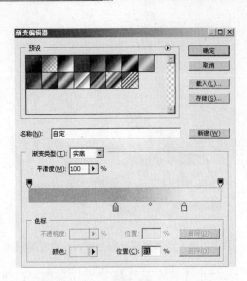

图 3-2-20　【渐变编辑器】对话框

图 3-2-21　执行渐变映射后的图像

(10) 把图像移动到单页文件中，放置在标题文字的上方，如图 3-2-22 所示。

图 3-2-22　摆放图像至文字上方

(11) 打开"素材\项目三\文件飘带.psd"素材文件，移至单页文件中，将图层名称改为"飘带"，使用【多边形选框工具】 选择多余部分的飘带(如图 3-2-23 所示)，并删除，效果如图 3-2-24 所示。

图 3-2-23　选择多余飘带部分

图 3-2-24　删除多余飘带部分

(12) 选用【文字工具】T输入"通讯商城 5 月 1 日-2 日"，按如图 3-2-25 所示设置文字属性，并执行变形文字 ，对文字图层进行变形设置，如图 3-2-26 所示。然后执行【自由变换】命令，调整文字的角度以和飘带的角度相匹配，如图 3-2-27 和图 3-2-28 所示。

图 3-2-25 文字属性设置

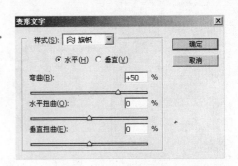

图 3-2-26 【变形文字】对话框

图 3-2-27 自由变换调整文字角度

图 3-2-28 文字与飘带角度匹配

(13) 选择【多边形工具】，设置填充像素创建方式，设置星形形状相关参数，设置前景色为红色，创建星形图案，如图 3-2-29 和图 3-2-30 所示。

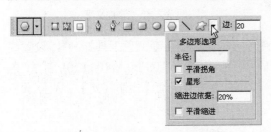

图 3-2-29 【形状工具】选项栏

图 3-2-30 创建的多角星形

(14) 通过【自由变换】命令修改星形造型，并添加描边、投影样式，如图 3-2-31～图 3-2-33 所示。

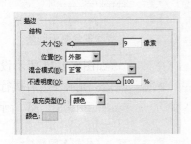

图 3-2-31 【描边】图层样式

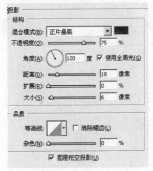

图 3-2-32 【投影】图层样式

图 3-2-33　添加图层样式后的多角星形

(15) 输入文字"仅限 2 天",文字参数设置和添加文字效果如图 3-2-34 和图 3-2-35 所示。

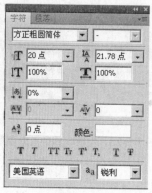

图 3-2-34　文字参数设置

图 3-2-35　添加文字

(16) 使用【圆形选框工具】 ○,创建椭圆形选区,选择【渐变色工具】 ■,设置线性渐变方式,创建橙色 (C:0,M:80,Y:90,K:0) 到黄色 (C:0,M:0,Y:100,K:0) 到白色 (C:0,M:0,Y:0,K:0)的渐变色,如图 3-2-36 所示。然后为图层添加【投影样式】,投影颜色为黄色(C:0,M:0,Y:90,K:0),如图 3-2-37 和图 3-2-38 所示。

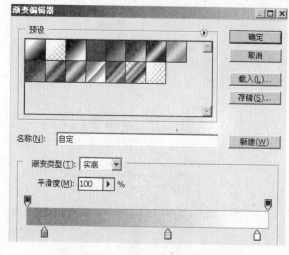

图 3-2-36　【渐变编辑器】对话框

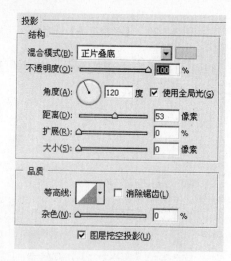

图 3-2-37　【投影】图层样式

图 3-2-38 完成渐变色和投影设置后的效果

(17) 输入文字"108 元购买手机，399 元购买最新手机"参数设置如图 3-2-39 所示，为文字图层添加【描边样式】，描边参数设置如图 3-2-40 所示。

图 3-2-39 文本参数设置

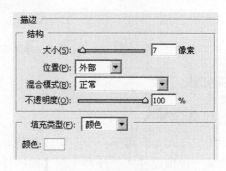

图 3-2-40 【描边】图层样式

(18) 打开素材文件"素材\项目三\手机.jpg"，选中手机部分移动至单页文件中，执行【编辑】|【变换】|【自由变换】命令进行大小角度的调整，并添加【外发光】图层样式，如图 3-2-41 和图 3-2-42 所示。

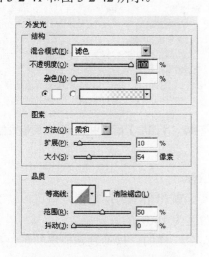

图 3-2-41 【外发光】图层样式

图 3-2-42 添加手机素材效果

(19) 创建图层组，命名为标题，整理图层，把所有标题部分的图层添加进该图层组，如图 3-2-43 所示。

图 3-2-43　建立图层组并整理图层

相关知识

1. 图层样式

图层样式是应用于一个图层或图层组的一种或多种效果。可以应用 Photoshop 附带提供的某一种预设样式，或者使用【图层样式】对话框来创建自定样式。【图层样式】图标 *fx* 将出现在【图层】面板中的图层名称的右侧。可以在【图层】面板中展开样式，以便查看或编辑合成样式的效果，如图 3-2-44 和图 3-2-45 所示。

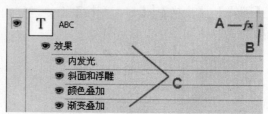

A. 图层样式图标；B. 单击以展开和显示图层样式；
C. 图层样式

图 3-2-44　应用图层样式的文字效果　　图 3-2-45　【图层】面板中图层样式的组成部分

(1) 叠加效果

叠加样式包括颜色叠加、渐变叠加和图案叠加三种。

① 颜色叠加：这是一个很简单的样式，作用实际就相当于为层着色，也可以认为这个样式在层的上方加了一个混合模式为普通、不透明度为 100%的虚拟层。

② 渐变叠加：渐变叠加和颜色叠加的原理是完全一样的，只不过虚拟层的颜色是渐变的而不是平板一块。

③ 图案叠加：图案叠加样式的设置方法和斜面与浮雕中纹理完全一样。

要注意一点，这三种叠加样式是有主次关系的，主次关系从高到低分别是颜色叠加、渐变叠加和图案叠加。如果同时添加了这三种样式，并且将它们的不透明度都设置为 100%，那么只能看到颜色叠加产生的效果。要想使层次较低的叠加效果能够显示出来，必须清除上层的叠加效果或者将上层叠加效果的不透明度设置为小于 100% 的值。图 3-2-46 分别显示了原图和三种不同叠加的效果。

(a) 原图　　　　　(b) 图案叠加　　　　(c) 颜色叠加　　　　(d) 渐变叠加

图 3-2-46　四种图层叠加效果

(2) 发光图层样式

发光图层样式可以让图像产生光晕效果，外发光样式可以向外产生光晕，内发光样式则在图像内侧产生光晕。下面以外发光为例介绍参数面板，如图 3-2-47 所示。

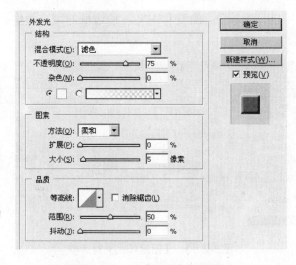

图 3-2-47　【外发光】图层样式

① 【结构】选项区中的【杂色】滑竿用于设置向外发光不透明度添加杂色的程度，其下方的颜色块和渐变图案下拉列表框用于设置发光的颜色和渐变图案。

② 【图素】选项区中的【方法】下拉列表框用于设置光线的发散效果，【扩展】和【大小】滑竿分别用于设置外发光的模糊程度和亮度。

③ 【品质】选项区中的【范围】和【抖动】滑竿分别用于设置颜色不透明度的过渡范围和光照随机倾斜度。图 3-2-48 是应用【内发光】图层样式和【外发光】图层样式的效果。

(a) 原图　　　　　(b) 外发光效果　　　　(c) 内发光效果

图 3-2-48　应用内外发光图层的效果

(3) 描边图层样式

使用描边样式可以从图像的边缘向内或向外填充内容，还可以从图像的中心向图像的边缘填充内容，填充类型可分为颜色、渐变、图案三种。图 3-2-49 是应用不同描边样式的效果。

(a) 原图　　　(b) 添加颜色描边样式　　(c) 添加图案描边样式　　(d) 添加渐变色描边样式

图 3-2-49　应用不同描边样式的效果

描边样式的主要选项包括大小、位置、填充类型，如图 3-2-50 所示。

① 大小：其实就是设置描边的宽度。

② 位置：设置描边的位置，可以使用的选项包括内部、外部和居中，注意看边和选区之间的关系。

③ 填充类型：可以设置颜色、渐变和图案三种边框的填充类型，并根据不同的类型，下方的参数有所变化。

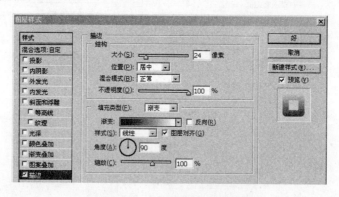

图 3-2-50　【图层样式】对话框

(4) 投影图层样式

投影样式有内投影和投影(外投影)两种，是分别在图像内侧和外围投射阴影效果，为图像添加投影或阴影是图像处理经常使用的手法，通过制作投影，可以使图像产生立体或透视的效果。图 3-2-51 所示为投影样式的对话框，图 3-2-52 所示为使用内投影图层样式、外投影图层样式后的文字效果。

① 不透明度：调整投影的透明程度。

② 角度：设置阴影的方向，在圆圈中，指针指向光源的方向，显然，相反的方向就是阴影出现的地方。

③ 距离：阴影和层的内容之间的偏移量。

④ 扩展：这个选项用来设置阴影的大小，其值越大，阴影的边缘显得越模糊；反之，其值越小，阴影的边缘越清晰。扩展的单位是百分比，具体的效果会和【大小】相关，【扩展】的设置值影响范围仅仅在【大小】所限定的像素范围内，如果【大小】的值设置比较小，扩展的效果则不是很明显。

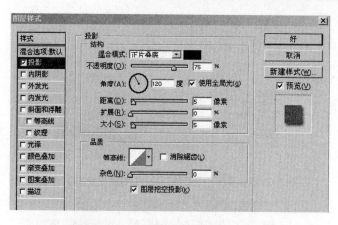

图 3-2-51 【投影】图层样式对话框

图 3-2-52 设置内外投影图层样式文字效果

2. 文本层的创建与编辑

文字是图像组成的主要元素之一，Photoshop CS4 具有强大的文字排版功能，为用户进行图文排版带来极大方便。

（1）创建文字图层

选择【文字工具】，在图像中需要输入文字的位置单击，插入文本输入光标，输入文字，此时在【图层】面板中就会自动生成新的文字图层，输入的文字信息记录在该文字层中。文字图层也可以使用图层样式等效果，如图 3-2-53 和图 3-2-54 所示。

图 3-2-53 【图层】面板中的文字图层

图 3-2-54 在图像中添加文字

（2）栅格化文字图层

某些命令和工具(如滤镜效果和绘画工具)不可用于文字图层，必须在应用命令或使用工具之前执行命令，栅格化文字图层。选择需要栅格化处理的文字图层，在【图层】面板上右击打开快捷菜单，选择【栅格化文字】命令，如图 3-2-55 所示。栅格化是将文字图层转换为正常图层，并使其内容不能再作为文字编辑。如果选取了需要栅格化图层的命令或工具，则会出现一条警告信息。某些警告信息提供了【确定】按钮，单击此按钮即可栅格化图层，如图 3-2-56 所示。

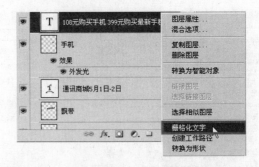

图 3-2-55 【图层】面板中的【栅格化文字】命令

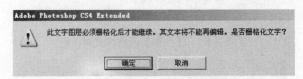

图 3-2-56 栅格化文字警告信息

也可以通过菜单操作栅格化文字图层：选择文字图层并执行【图层】|【栅格化】|【文字】命令，如图 3-2-57 所示。

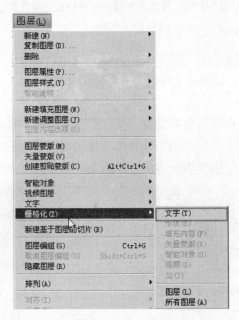

图 3-2-57 【图层】菜单中的【栅格化文字】命令

任务进阶

【进阶任务 1】制作立体水晶图标。

其设计过程如下。

(1) 新建文件，大小为 200 像素×200 像素，分辨率为 72 像素/英寸，色彩模式为 RGB。

(2) 使用【圆形选区工具】◯，创建圆形选区，使用渐变色工具██填充深蓝色到浅蓝色渐变的渐变色，如图 3-2-58 所示。

图 3-2-58　填充渐变色的圆形

(3)　如图 3-2-59 所示，设置图层投影样式，添加后的效果如图 3-2-60 所示。

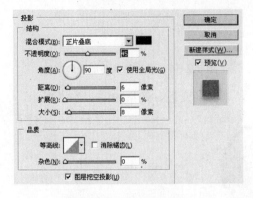

图 3-2-59　设置投影样式　　　　　　　　**图 3-2-60　添加投影后的效果**

(4)　如图 3-2-61 所示，设置内投影样式，内投影颜色设置为深蓝色，添加内投影图层样式后效果如图 3-2-62 所示。

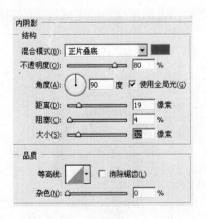

图 3-2-61　设置内投影样式　　　　　　　　**图 3-2-62　添加内投影后的效果**

(5)　如图 3-2-63 所示，添加图案叠加样式，选择载入【艺术表面图案】，效果如图 3-2-64 所示。

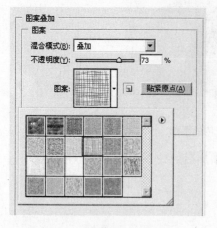

图 3-2-63　设置图案叠加图层样式

图 3-2-64　添加图案叠加后的效果

(6) 新建图层，创建椭圆形选区，填充白色到透明渐变色，效果如图 3-2-65 所示。

图 3-2-65　添加白色到透明渐变色后的效果

(7) 为图层添加描边样式，设置描边颜色为蓝色到白色的渐变色，完成按钮的制作，如图3-2-66和图3-2-67所示。

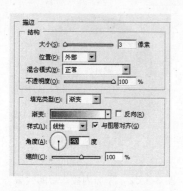

图 3-2-66　设置图层描边样式

图 3-2-67　添加描边后的效果

【进阶任务 2】制作特效文字。

其设计过程如下。

(1) 新建文件，输入文字："快乐暑假"。为图层设置渐变叠加图层样式，选择彩虹色，设置描边图层样式，设置填充类型为渐变色，选择金属渐变色，如图 3-2-68 和图 3-2-69 所示。

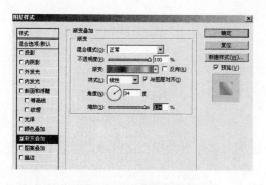

图 3-2-68　设置渐变叠加图层样式

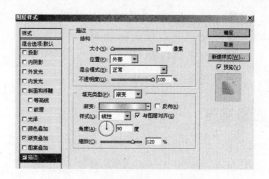

图 3-2-69　设置描边图层样式

（2）再为图层添加投影样式，设置如图 3-2-70 所示，最后完成效果如图 3-2-71 所示。

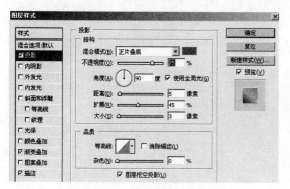

图 3-2-70　设置投影图层样式

图 3-2-71　最后完成的效果

任务 3　宣传页赠品信息区域制作

任务背景

宣传页赠品信息区域的制作。

任务要求

把赠品信息进行组合设计，注意信息发布的条理性。

任务分析

客户需要发布三条赠品信息以吸引消费者，分别为赠送品牌烤箱、剃须刀和保险盒，在版面上需要采用图文结合排版。

重点难点

❶　【样式】面板的使用。

❷　图层样式的缩放编辑。

❸ 斜面/浮雕图层样式的使用。

❹ 投影图层样式的使用。

❺ 图层的链接。

❻ 图层样式的缩放设置。

任务实施

(1) 打开素材文件"素材\项目三\人物",把图像移至宣传单页文件中,通过【自由变换】命令调整文件大小,如图 3-3-1 所示。

(2) 打开"素材\项目三\品牌烤箱.jpg、剃须刀.jpg 和保险盒.jpg",移动至宣传单页文件中,调整图像大小。

(3) 使用【文字工具】T 输入"购机三重好礼带回家!",如图 3-3-2 所示设置文本属性。

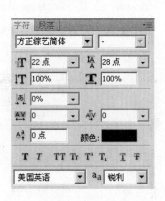

图 3-3-1　添加人物　　　　　　　　　图 3-3-2　文本设置

(4) 执行【窗口】|【样式】命令,打开【样式】面板,选择【彩色目标】样式,如图 3-3-3 所示。接着为文本层添加样式,如图 3-3-4 所示。

(5) 执行【图层】|【图层样式】|【缩放效果】命令,调整图层样式的参数,如图 3-3-5 和图 3-3-6 所示。

(6) 双击【图层】面板中的【渐变叠加】图层样式区域,打开渐变叠加样式对话框,把渐变类型修改为线性渐变,选择蓝色到红色到黄色的渐变色,调整缩放值,使渐变颜色过渡自然,如图 3-3-7 和图 3-3-8 所示。

图 3-3-3 选择【彩色目标】

图 3-3-4 为图层添加样式

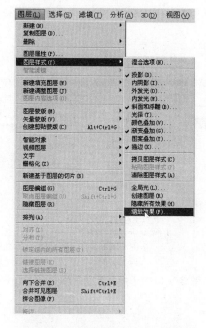

图 3-3-5 选择【缩放效果】命令

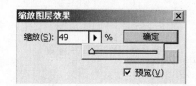

图 3-3-6 【缩放图层效果】对话框

图 3-3-7 双击【渐变叠加】样式

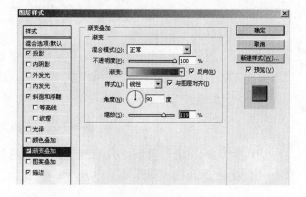

图 3-3-8 【渐变叠加】图层样式对话框

(7) 删除描边样式，完成文字效果制作，如图 3-3-9 所示。

图 3-3-9　最终完成的文字效果

(8)　新建图层，使用【圆形选框工具】⬭创建椭圆形选区，并使用橙色到黄色到白色的线性渐变色进行填充，如图 3-3-10 所示。通过自由变换，调整椭圆形的角度，放置在烤箱图像的下方，并添加投影样式，投影颜色设置为橙红色(C:15,M:85,Y:95,K:0)，如图 3-3-11 和图 3-3-12 所示。

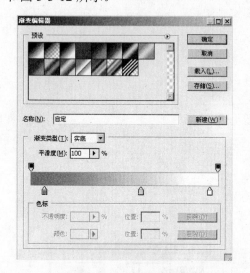

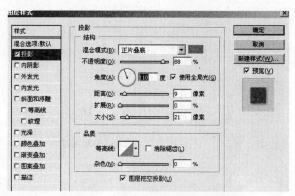

图 3-3-10　渐变色设置　　　　　图 3-3-11　【投影】图层样式对话框

图 3-3-12　椭圆完成效果

(9)　把该图层进行复制，分别放置到其他两件赠品图像的下方，适当调整大小，并与赠品图像层进行链接，如图 3-3-13 所示。

图 3-3-13 复制椭圆完成效果

(10) 选择【文字工具】T 输入文字"购机满 2000 送品牌烤箱一台"、"购机满 1500 送品牌剃须刀一部"、"购机满 1000 送进口保险盒一套",按如图 3-3-14 所示设置文字属性。

(11) 调整文字与图像之间的位置关系,使整个赠品信息区图文排版关系和谐,如图 3-3-15 所示。

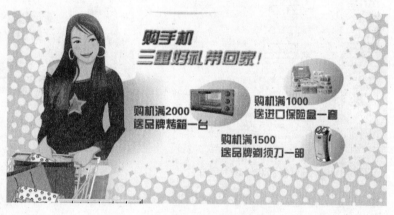

图 3-3-14 文字属性设置   图 3-3-15 调整文字与图像的位置关系

(12) 新建图层,使用【钢笔工具】绘制线条,如图 3-3-16 所示,并选择 14 个像素大小的画笔,设置红色进行描边,如图 3-3-17 和图 3-3-18 所示。

图 3-3-16 使用【钢笔工具】绘制线条

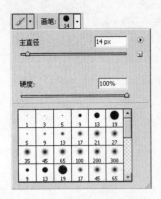

图 3-3-17　设置画笔

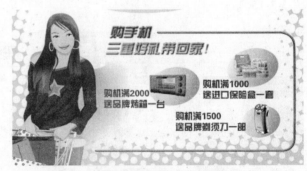

图 3-3-18　描边效果

(13) 为线条设置斜面和浮雕样式，按如图 3-3-19 所示设置参数，使线条产生立体感，如图 3-3-20 所示。

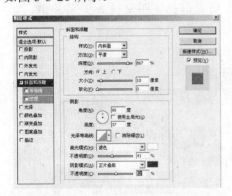

图 3-3-19　设置斜面和浮雕图层样式

图 3-3-20　线条设置斜面和浮雕后的效果

(14) 使用【文字工具】T 添加通讯商城的地址电话信息，按如图 3-3-21 所示设置文字属性。

(15) 创建图层组，命名为"赠品信息区"，进行图层的管理，如图 3-3-22 所示。

图 3-3-21　文字设置

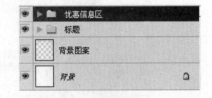

图 3-3-22　应用【图层组】进行管理

(16) 最后根据版面的整体布局，对页面中的元素进行适当的调整，使页面的图文布局更为协调，如图 3-3-23 所示。

图 3-3-23　最终调整后效果

相关知识

1. 【样式】面板

图层样式是应用于一个图层或图层组的一种或多种效果。Photoshop 的【样式】面板提供了许多效果精美的样式，这些预设图层样式按功能分布在不同的库中。例如，一个库包含用于创建 Web 按钮的样式；另一个库则包含向文本添加效果的样式。要访问这些样式需要载入适当的库。

(1) 显示【样式】面板

选择【窗口】|【样式】命令，则【样式】面板显示在视图中，如图 3-3-24 所示。

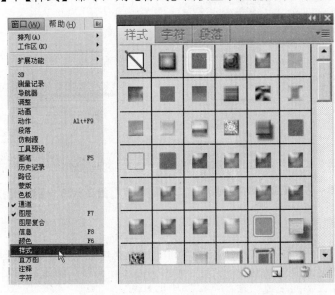

图 3-3-24　【样式】面板

(2) 应用预设图层样式

执行下列操作之一，可以对当前选择图层应用预设样式。

① 在【样式】面板中单击一种样式以将其应用于当前选定的图层。

② 将样式从【样式】面板拖动到【图层】面板中的图层上。

③ 将样式从【样式】面板拖动到文档窗口，当鼠标指针位于希望应用该样式的图层内容上时，松开鼠标左键即可。

通常应用预设样式将会替换当前图层样式，但是在单击或拖动的同时按住 Shift 键可将样式添加到目标图层上而不是替换。

(3) 拷贝图层样式

在【图层】面板中，按住 Alt 键(Windows)或 Option 键(Mac OS)并从图层的效果列表拖动样式，以将其拷贝到另一个图层。

(4) 显示或隐藏图层样式

可通过选择【图层】|【图层样式】|【隐藏所有效果】或【显示所有效果】命令来实现。

(5) 缩放图层样式

图层样式可能已针对目标分辨率和指定大小的特写进行过微调。通过使用【缩放效果】命令，能够缩放图层样式中的效果，而不会缩放应用了图层样式的对象。

在【图层】面板中选择图层，选择【图层】|【图层样式】|【缩放效果】命令，如图 3-3-25 和图 3-3-26 所示。在打开的对话框中输入一个百分比或拖动滑块，选中【预览】复选框可预览图像中的更改。完成缩放调整后单击【确定】按钮完成样式缩放。

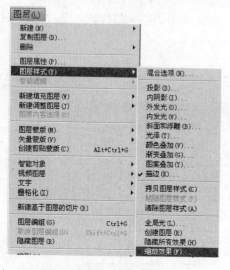

图 3-3-25　选择【缩放效果】命令

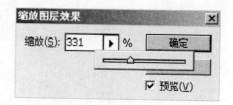

图 3-3-26　【缩放图层效果】对话框

2. 斜面和浮雕图层样式

使用斜面和浮雕样式可以为图层添加不同的三维立体效果。斜面和浮雕的样式包括内斜面、外斜面、浮雕、枕形浮雕和描边浮雕，其参数面板和效果如图 3-3-27 和图 3-3-28 所示。

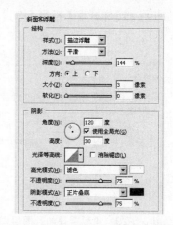

图 3-3-27 文字应用五种斜面和浮雕图层样式的效果　　　图 3-3-28 【斜面和浮雕】图层样式

【斜面和浮雕】对话框中相关选项的含义如下。

- 方法：该选项可以设置三个值，包括平滑(Soft)、雕刻柔和(Chisel Soft)、雕刻清晰(Chisel Hard)。其中【平滑】是默认值，选中这个值可以对斜角的边缘进行模糊，从而制作出边缘光滑的高台效果。

- 深度：它必须和大小配合使用，大小一定的情况下，用深度可以调整高台的截面梯形斜边的光滑程度。

- 方向：其设置值只有上和下两种，其效果和设置角度是一样的。

- 大小：用来设置高台的高度，必须和深度配合使用。

- 软化：一般用来对整个效果进行进一步的模糊，使对象的表面更加柔和，减少棱角感。

- 角度：斜角和浮雕的角度调节不仅能够反映光源方位的变化，而且可以反映光源和对象所在平面所成的角度，具体来说就是那个小小的十字和圆心所成的角度以及光源和层所成的角度(后者就是高度)。这些设置既可以在圆中拖动设置，也可以在旁边的文本框中直接输入。

- 使用全局光：该选项是默认勾选的选项，表示所有的样式都受同一个光源的照射，调整一种层样式(比如投影样式)的光照效果，其他的层样式的光照效果也会自动进行完全一样的调整。当取消该选项的勾选时，可以使不同的图层样式分别拥有各自的光照角度。

- 高度：此选项用于设置亮部和暗部的高度。

- 光泽等高线：该选项可以使图像产生类似于金属光泽的效果。

- 高光模式和阴影模式：设置斜面浮雕高亮部分和暗部的色彩混合模式及颜色。

任务进阶

【进阶任务 1】制作金属立体字。

其设计过程如下

(1) 新建文件，大小 400 像素×400 像素，分辨率 72 像素/英寸，色彩模式 RGB。

(2) 使用【文本工具】，创建文本"骇客帝国"，为文本层添加【渐变叠加】样式、

【斜面和浮雕】样式和【投影】样式，如图 3-3-29～图 3-3-31 所示，最终完成效果如图 3-3-32 所示。

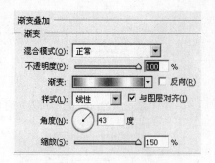

图 3-3-29 【渐变叠加】图层样式

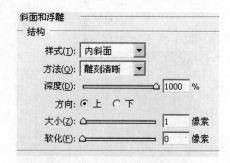

图 3-3-30 【斜面和浮雕】图层样式

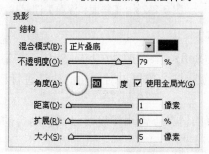

图 3-3-31 【投影】图层样式

图 3-3-32 完成效果

【进阶任务 2】制作发光字。

其设计过程如下。

(1) 新建文件，大小 400 像素×400 像素，分辨率 72 像素/英寸，色彩模式 RGB。

(2) 使用【文字工具】，输入文字"光电人生"，为文字图层添加【渐变叠加样式】、【外发光样式】和【描边样式】，如图 3-3-33～图 3-3-35 所示，最终完成效果如图 3-3-36 所示。

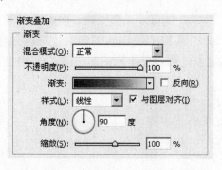

图 3-3-33 【渐变叠加】图层样式

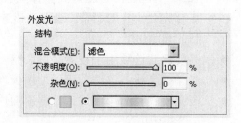

图 3-3-34 【外发光】图层样式

高职高专立体化教材　计算机系列

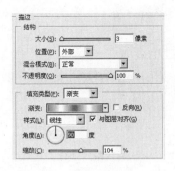

图 3-3-35 【描边】图层样式

图 3-3-36 制作效果图

实践任务 制作春天百货五一促销店堂 pop 广告

任务背景

五一假期是商家促销的黄金时间，很多商场会适时推出各项促销打折活动，这些优惠活动的信息发布很大一部分是通过宣传单页、网络广告、户外广告、店堂 pop 广告等来告知消费者。

任务要求

完成春天百货五一促销店堂 pop 设计。

任务分析

pop 吊旗由于悬挂在高处，且相对体积小、容量有限，要想将其置于琳琅满目的各类商品之中而不被淹没，并且又不显得花哨低俗，其造型应该简练；主题醒目，画面的版面设计要突出而抢眼，既方便阅读，又重点鲜明，有美感，有特色，和谐而统一。在色彩风格上应体现五月春天的气息和节日的气氛，能给人愉悦欢快的感受。吊旗尺寸可制作30cm×25cm，分辨率 100 像素/英寸。

任务素材及参考图

任务素材如图 3-4-1～图 3-4-3 所示，pop 吊旗设计参考图如图 3-4-4 所示

图 3-4-1 素材 1

图 3-4-2 素材 2

图 3-4-3 素材 3

图 3-4-4　吊旗设计参考图

职业技能知识考核

一、选择题(多选)

1. 欲把背景层转换为普通的图像图层，以下哪种做法是可行的？(　　)

    A. 通过拷贝粘贴的命令可将背景层直接转换为普通图层

    B. 通过【图层】菜单中的命令将背景层转换为图层

    C. 双击【图层】面板中的背景层，并在弹出的对话框中输入图层名称

    D. 背景层不能转换为其他类型的图层

2. 下列哪些方法可以产生新图层？(　　)

    A. 双击【图层】面板的空白处，在弹出的对话框中进行设定，选择新图层命令

    B. 单击【图层】面板下方的【新图层】按钮

    C. 使用鼠标将图像从当前窗口中拖动到另一个图像窗口中

    D. 使用文字工具在图像中添加文字

二、填空题

1. 单击【图层】面板上当前图层左边的眼睛图标，结果是_____。

2. 【图层】面板中符号 代表_____，符号 代表_____，符号 代表_____，符号 代表_____，符号 代表_____。

三、判断题

1. 背景层不可转换为普通图层。　　　　　　　　　　　　　　(　　)

2. 在图层组内可以对图层进行删除和复制。　　　　　　　　　(　　)

3. 背景层始终是【图层】面板的最底层，不可改变其位置。　　(　　)

4. 文字图层可以通过执行【图层】|【栅格化】|【文字】命令转换为普通图层。(　　)

四、实训题

参考图 3-5-1，应用图层样式完成水晶图标的制作。

图 3-5-1　水晶图标

项目四　设计海报——文字的处理与应用

项目背景

凤凰购物广场是一家销售电器、服饰、鞋帽、化妆品、生活用品的大型综合商场，为庆祝一周岁生日，特举办主题为"惊喜大减价"、"快乐生活，自由选购"的三天促销活动。为扩大宣传，需要制作悬挂在商业区的促销海报。

项目要求

商业海报设计，包含醒目文字、精彩广告语、促销活动的详细介绍等文字内容。

项目分析

设计和编辑的内容有文字、海报背景、插图、按钮等对象，海报设计规格为 840mm×1200mm，分辨率设置为 300dpi，颜色模式为 CMYK。本项目效果图如图 4-1 所示。

图 4-1　项目效果图

能力目标

1. 能够使用文字工具创建文字图层与选区。
2. 能够编辑设置文字和段落的属性。
3. 能够将文字转换成路径、形状，能够在路径上输入文字。
4. 能够对文字进行变形操作和参数设置。
5. 具有商业海报创意设计与制作的能力。

软件知识目标

1. 区别文字图层与文字蒙版。

2. 理解文字图层转换的意义。

3. 理解点文字和段落文字的区别和联系。

专业知识目标

1. 了解海报的定义、特点及种类。

2. 理解海报设计制作的六大原则。

3. 综合运用所学理论知识和技能，结合实际课题进行设计制作。

学时分配

8 学时(讲课 4 学时，实践 4 学时)。

课前导读

本项目主要完成凤凰购物广场一周年店庆海报的设计，可分解为两个任务。通过本项目的设计制作，掌握 Photoshop 文字工具的使用方法与技巧，输入水平、垂直文字，创建文字选区，创建和编辑段落文字，将文字进行各种变形与美化等的操作方法与技巧。

任务 1　添加并编辑广告语

任务背景

凤凰购物广场 1 周年店庆海报广告语的设计。

任务要求

海报广告语体现以下内容："凤凰购物广场 1 周年店庆"，活动主题为"惊喜大减价"、"快乐生活，自由选购"，"全场 20 元起，三天限时抢购"。广告语设计时要吸引顾客的眼球，抓住顾客的购物心理，所以添加"惊喜大减价"的广告语。

任务分析

海报背景以红黄为主色调，使用爆炸星形突出喜庆的节日气氛；为突出广告语"惊喜大减价"，设计字体、字号，栅格化文字并转换为选区进行渐变填充，描边并制作阴影效果，特别是"价"字，应用了爆炸效果，起到了醒目的作用；广告语"全场 20 元起，三天限时抢购"、"凤凰购物广场"进行变形和描边效果的设计和制作；主题"快乐生活，自由选购"设置合适文字大小、字符间距、颜色和背景。

重点难点

❶　输入实体文字。

❷　创建文字选区。

❸ 编辑文字。

❹ 文字转换。

任务实施

其设计过程如下。

(1) 打开素材文件"素材\项目四\海报背景.jpg",如图 4-1-1 所示。

(2) 选择【横排文字工具】T,在图像窗口中输入文字"惊喜大减价",选择合适的
字体和字号,文字效果如图 4-1-2 所示。选择【文字工具】T,选取文字"喜",并在属
性栏中分别设置文字的字号、字体,基线偏移选项 ㎧ 4点 设置为-4,选择所有文字,将
字符间距选项 ㎷ -15 设置为-15,效果如图 4-1-3 所示。

图 4-1-1 海报背景

图 4-1-2 输入文字

(3) 选择"惊喜大减价"文字,执行【编辑】|【变换】|【斜切】命令,再执行【图层】
|【栅格化】|【文字】命令栅格化"惊喜大减价"文字图层,效果如图 4-1-4 所示。

图 4-1-3 编辑文字

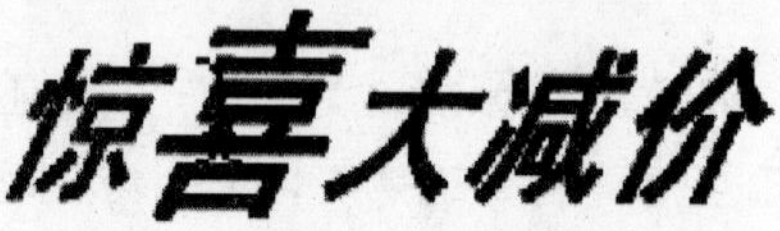

图 4-1-4 栅格化文字

(4) 单击【自定义形状工具】按钮 ,在弹出的菜单中选择【多边形工具】 ,其
属性栏设置如图 4-1-5 所示。在图像窗口中拖曳,得到一个星形,拖曳星形到适当的位置,
如图 4-1-6 所示。在【路径】面板中单击【路径转变为选区】按钮 ,将星形路径转换为
星形选区,效果如图 4-1-7 所示。选择"惊喜大减价"图层,按 Del 键,删除文字"价"的
部分区域,取消选区后效果如图 4-1-8 所示。

图 4-1-5　多边形属性设置

图 4-1-6　创建星形

图 4-1-7　星形选区

图 4-1-8　删除星形选区内的图像

(5)　按下 Ctrl 键的同时单击"惊喜大减价"图层缩略图，得到"惊喜大减价"文字选区，如图 4-1-9 所示。选择【渐变工具】 ，单击属性栏中的【编辑渐变】按钮 ，弹出【渐变编辑器】对话框，将渐变色设为从黄色(R:252,G:203,B:0)到红色(R:219, G:0, B:16)，如图 4-1-10 所示，单击【确定】按钮。按住 Shift 键的同时，在图像窗口中的文字选区内从上至下拖曳应用渐变，取消选区后效果如图 4-1-11 所示。

图 4-1-9　图层选区

图 4-1-10　【渐变编辑器】对话框

图 4-1-11　渐变文字

(6)　设置前景色为白色，执行【编辑】|【描边】命令，设置描边颜色为白色，宽度为 5 像素，位置居外，如图 4-1-12 所示。效果如图 4-1-13 所示。

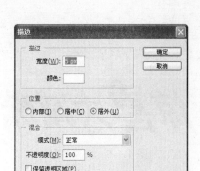

图 4-1-12　【描边】对话框　　　　　　　　图 4-1-13　描边文字

（7）　制作阴影效果。复制"惊喜大减价"图层，得到"惊喜大减价"副本图层，载入副本图层选区，执行【编辑】|【填充】命令，填充黑色，取消选区后效果如图 4-1-14 所示。将黑色文字副本图层置于彩色文字图层的底层，选择上面的彩色文字图层，选择【移动工具】，多次按下向右、向下方向键，移动彩色文字图层，阴影文字效果如图 4-1-15 所示。

图 4-1-14　填充黑色　　　　　　　　　　图 4-1-15　阴影文字

（8）　打开素材文件"素材\项目四\1 周年.psd"，选择【移动工具】，将素材移动到店庆海报文件中，使其成为一个图层，拖曳素材到适当的位置，并为该图层添加投影。单击【图层】面板下方的【添加图层样式】按钮 *fx.* ，在弹出的菜单中选择【投影】命令，弹出【图层样式】对话框，将投影颜色设为灰色(R:158, G:158, B:158)，不透明度 57%，距离 31 像素，扩展为 15 像素，大小为 21 像素，其他选项设置如图 4-1-16 所示。效果如图 4-1-17 所示。

图 4-1-16　【图层样式】对话框　　　　　　图 4-1-17　投影后的效果

（9）　选择【文字工具】 T ，在页面中输入文字"全场 20 元起，三天限时抢购"。设置合适的文字字体、字号。在【字符】面板中，设置行距  为 40，设置所选字符的字符间距选项 为 120，文字效果如图 4-1-18 所示。单击【变形文字】按钮，在弹出的对话框中进行设置，然后单击【确定】按钮，如图 4-1-19 所示。

图 4-1-18　文字效果　　　　　　　　　　图 4-1-19　【变形文字】对话框

(10) 执行【图层】|【栅格化】|【文字】命令，将文字"全场 20 元起，三天限时抢购"图层转变为普通图层。按下 Ctrl 键的同时单击文字图层缩略图，得到文字选区。执行【编辑】|【填充】命令，用白色填充文字选区；设置前景色为红色(R:196, G:13, B:35)，执行【编辑】|【描边】命令，为文字设置合适宽度的红色描边，位置居外。拖曳文字到适当的位置，文字效果如图 4-1-20 所示。

图 4-1-20　填充、描边后的文字

(11) 选择【文字工具】，在页面中输入文字"凤凰购物广场"。设置合适的文字字体(宋体)、字号，文字填充颜色为洋红色 (R:228, G:0, B:127)，在【字符】面板中，设置所选字符的字符间距选项 为 40，文字效果如图 4-1-21 所示。单击【变形文字】按钮，弹出【变形文字】对话框，设置"鱼形"水平变形样式，弯曲度为+44%，水平扭曲为-4%，如图 4-1-22 所示。单击【确定】按钮，效果如图 4-1-23 所示。

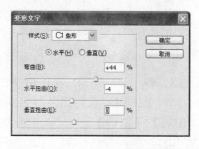

图 4-1-21　输入文字　　　　　图 4-1-22　【变形文字】对话框　　　　图 4-1-23　变形后的文字

(12) 执行【图层】|【栅格化】|【文字】命令，将"凤凰购物广场"文字图层转变为普

通图层。按下 Ctrl 键的同时单击文字图层缩略图，得到图层选区，如图 4-1-24 所示。设置前景色为白色，执行【编辑】|【描边】命令，为文字设置合适宽度的白色描边，位置居外。再次按下 Ctrl 键的同时单击文字图层缩略图，得到"凤凰购物广场"图层选区，如图 4-1-25 所示。

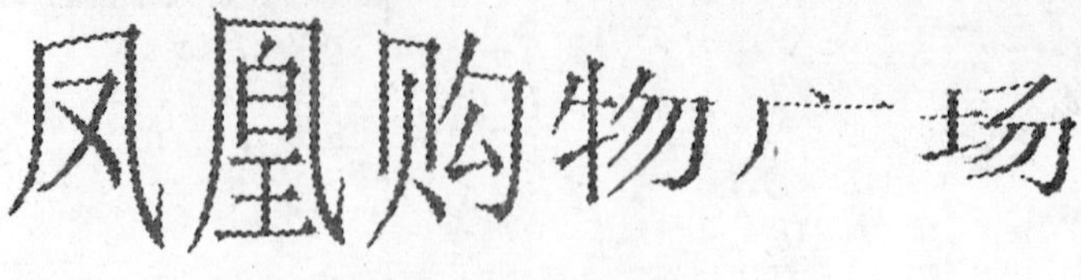

图 4-1-24　文字选区

图 4-1-25　描边后文字选区

(13) 设置前景色为黄色(R:243, G:152, B:0)，执行【编辑】|【描边】命令，为文字设置合适宽度的黄色描边，位置居外。拖曳文字到适当的位置，文字效果如图 4-1-26 所示。

图 4-1-26　描边后的文字效果

(14) 新建图层并将其命名为"文字底图"，选择【圆角矩形工具】，设置【圆角半径】为 20，设置前景色为红色(R:189, G:0, B:7)，单击属性栏中的【填充像素】按钮，绘制圆角矩形。按下 Ctrl 键的同时单击图层缩略图，得到圆角矩形选区。设置前景色为黄色(R:255, G:241, B:0)，执行【编辑】|【描边】命令，为圆角矩形设置合适宽度的黄色描边，位置居外。拖曳圆角矩形到适当的位置，效果如图 4-1-27 所示。

(15) 选择【文字工具】，在页面中输入白色文字"快乐生活，自由选购"。设置合适的文字字体、字号。在【字符】面板中，设置所选字符的字符间距选项为 40，文字效果如图 4-1-28 所示。

图 4-1-27　圆角矩形效果

图 4-1-28　海报上部的效果

相关知识

1. 海报设计基本理论知识

(1) 海报的定义

海报是一种信息传递艺术，是一种大众化的宣传工具，是平面广告的一种形式，通常张贴于城市各处的街道、影院、商业区、车站、公园等公共场所，主要起信息传递和公众宣传的作用。

(2) 海报的特点

① 尺寸大

海报张贴于公共场所，会受到周围环境和各种因素的干扰，所以必须以大画面及突出的形象和色彩展现在人们面前。其画面尺寸有全开、对开、长三开及特大画面(八张全开)等。

② 效果强

为了给来去匆忙的人们留下视觉印象，除了尺寸大之外，招贴设计还要充分体现定位设计的原理。以突出的商标、标志、标题、图形，或对比强烈的色彩，或大面积的空白，或简练的视觉流程使海报成为视觉焦点。海报可以是说具有广告典型的特征。

③ 艺术性高

就海报的整体而言，它包括商业海报和非商业海报两大类。其中商业海报的表现形式以具体艺术表现力的摄影、造型写实的绘画或漫画形式表现为主，给消费者留下真实感人的画面和富有幽默情趣的感受。而非商业海报，内容广泛、形式多样，艺术表现力丰富。特别是文化艺术类的招贴画，根据广告主题可以充分发挥想象力，尽情施展艺术手段。许多追求形式美的画家都积极投身到海报设计中，并且在设计中加入自己的绘画语言，设计出风格各异、形式多样的海报。

(3) 海报的种类

① 商业海报

商业海报是指宣传商品或商业服务的商业广告性海报。商业海报的设计，要恰当地配合产品的格调和受众对象。

② 文化海报

文化海报是指各种社会文娱活动及各类展览的宣传海报。展览的种类很多，不同的展览都有它各自的特点，设计师需要了解展览和活动的内容才能运用恰当的方法表现其内容和风格。

③ 电影海报

电影海报是海报的分支，它主要是起到吸引观众注意、刺激电影票房收入的作用，与戏剧海报、文化海报等有几分类似。

④ 公益海报

公益海报是带有一定思想性的。这类海报具有特定的对公众的教育意义，其海报主题包括各种社会公益、道德的宣传，或政治思想的宣传，弘扬爱心奉献、共同进步的精神等。

(4) 海报制作的六大原则

① 单纯：形象和色彩必须简单明了(也就是简洁性)。

② 统一：海报的造型与色彩必须和谐，要具有统一的协调效果。

③ 均衡：整个画面要具有魄力感与均衡效果。

④ 销售重点：海报的构成要素必须化繁为简，尽量挑选重点来表现。

⑤ 惊奇：海报无论在形式上或内容上都要出奇创新，具有强大的惊奇效果。

⑥ 技能：海报设计需要有高水准的表现技巧，无论绘制或印刷都不可忽视技能性的表现。

2. 输入实体文字

选择【横排文字工具】T 或【直排文字工具】T，在图像中单击进入横排或直排文字编辑模式，即可在图像中输入水平或垂直的实体文字，同时在【图层】面板中自动新增文字图层。选择【横排文字工具】输入文字时，工具选项栏如图 4-1-29 所示。

图 4-1-29 【文字工具】选项栏

【文字工具】选项栏中主要选项及参数的含义如下。

● 更改文本方向 T：设置文本方向。在默认情况下，该按钮处于未选中状态，输入的文字为横排文字；单击该按钮，使其处于被选中状态，用户输入的文字为直排文字。

● 设置字体系列 宋体：设置输入文字的字体。单击展开该下拉列表框，可以看到中文版 Photoshop 提供的字体和用户安装的字体的名称。如果选择【编辑】|【首选项】|【文字】命令，在弹出的对话中选中【以英文显示字体名称】复选框，则 Photoshop 能够识别的字体都将以英文显示字体名称。

● 设置字型：设置输入文字的字体样式。Photoshop 提供了 Regular(常规)、Italic(斜体)、Bold(粗体)和 Bold Italic(粗斜体)四种字体样式。需要注意的是，该设置只对英文字体有效，如果在【设置字体系列】下拉列表框内选择中文字体，则【设置字型】下拉列表框内将出现"-"短划线，表示对所选的中文字体不能设置字体样式效果。

- 设置字体大小 T 60点 ▽：设置文字的字号及文字大小。可以在【设置字体大小】下拉列表框中选择字号或者直接输入数值，来确定要输入文字或者所选择文字的大小。

- 设置消除锯齿的方法 ᵃₐ 无 ▽：设置消除文字锯齿的方法，以确定文字边缘平滑效果。Photoshop 提供了 5 种有关消除锯齿的选项：无、锐利、犀利、浑厚、平滑。当字号较大时，上述选项对文字的影响较大。

- 设置文本对齐方式 ≣ ≣ ≣：用于设置文本的对齐方式。选择横排文字工具时，对齐按钮分别是左对齐、居中对齐与右对齐，默认为左对齐方式。选择直排文字工具时，对齐按钮分别是上对齐、居中对齐与下对齐，默认为上对齐方式。

- 设置文本颜色 ■：设置输入文字或所选文字的颜色。默认当前前景色为输入文字的颜色。如果用户需要应用其他颜色，单击【设置文本颜色】框，弹出【拾色器】对话框，从中选择所需的颜色。

- 创建文本变形 ⊥：用于设置文本的变形效果。单击该按钮，在弹出的【变形文字】对话框中选择变形样式并设置弯曲选项参数，即可创建文本变形效果。

- 显示/隐藏字符和段落面板 ▤：隐藏或显示【字符】面板和【段落】面板，用以全面细致地格式化文字和段落文本。

- 取消所有当前编辑 ⊘：单击该按钮，取消所有当前编辑。

- 提交所有当前编辑 ✔：单击该按钮，提交所有当前编辑。

确定文本的输入并退出编辑状态，有以下四种方法。

方法一：单击【文字工具】选项栏中的【提交所有当前编辑】按钮 ✔。

方法二：选择工具箱中的其他任意工具，在【图层】、【通道】、【路径】、【动作】、【历史记录】、【样式】等面板的空白处单击，或者选择任何可用的菜单命令。

方法三：按 Enter 键。

方法四：按 Ctrl+Enter 组合键。

输入文字后，在"图层"面板中会自动新增一个文字图层，并且文字图层的名称为所输入的文字内容，如图 4-1-30 所示。

(a) 输入横排文字

(b) 【图层】面板的显示状态

(c) 输入直排文字

图 4-1-30 输入文字创建文字图层

提示：在 Photoshop 中，因为"多通道"、"位图"、"索引颜色"模式不支持图层，所以不会为这些模式中的图像创建文字图层。在这些图像模式中，文字显示在背景上。

3．创建文字选区

选择【横排文字蒙版工具】或【直排文字蒙版工具】，在图像窗口单击，工具选项栏与图 4-1-29 基本一样，并在当前图层上加入一个红色的蒙版，同时在单击处有一个横线或竖线光标，表示可以输入文字。输入的文字将以蒙版的形式出现，如图 4-1-31 所示。单击选项栏中的✔按钮，确认文字的输入操作，可以在图像文件中生成以文字的形状创建的选区，文字的选区将出现在当前图层中，文字选区可以像任何其他选区一样被移动、拷贝、填充或描边。文字蒙版工具经常用来创建文字剪贴蒙版效果。

图 4-1-31　创建文字选区

4．编辑文字

(1)　修改文字内容

输入文字后，往往需要修改文字的内容。具体操作如下：选择要修改的文字图层，再选取工具箱中的【文字工具】，选中需要修改的文字，输入正确的文字内容，即可直接修改文字内容。

(2)　拼写检查

选择文字图层，或者选择待检查的特定的文本，或者选择待检查的一个单词，然后选择【编辑】|【拼写检查】命令，弹出【拼写检查】对话框，如图 4-1-32 所示。

在检查文档的拼写时，Photoshop 对其词典中没有的任何字都会进行询问。如果被询问的拼写正确，则可以通过将该拼写添加到词典中来确认其拼写。如果被询问的拼写错误，则可以更正它。

(3)　查找和替换文本

选择【编辑】|【查找和替换】命令，弹出【查找和替换文本】对话框，如图 4-1-33 所示，可以查找单个字符、一个单词或一组单词。找到要查找的内容后，可以将其更改为其他内容。该操作增强了 Photoshop 的排版功能。

图 4-1-32 【拼写检查】对话框

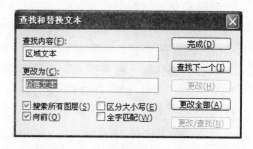

图 4-1-33 【查找和替换文本】对话框

(4) 移动文字

输入文字后，往往需要调整文字在图像窗口中的位置。可用以下两种方法移动文字。

方法一：在编辑状态下，在【图层】面板中双击文字图层缩略图 T 型图标，或用鼠标拖选文字，将该图层上的所有文字选中，如图 4-1-34 所示。然后将鼠标移动至文字选区以外，当鼠标指针成 形状时，拖曳鼠标，即可移动文字至所需位置。

方法二：在非编辑状态下，选择工具箱中的【移动工具】 ，在文字图层任意位置按住鼠标左键并拖动，即可移动文字至所需位置。

图 4-1-34 移动文字

5. 文字转换

Photoshop 软件中的滤镜效果和画笔、橡皮、渐变等绘图工具以及部分菜单命令在文字图层中是不能使用的，如果要想使用这些命令，则必须将文字图层转换为普通图层。另外，对于文字的处理，还可以将文字变形、转换为形状、转换为工作路径和沿路径绕排文字。

(1) 变换文字

选中文字图层，选择【编辑】|【变换】|【自由变换】命令，即可对文字进行缩放、旋转、斜切等变换操作。变换时中心点可以在定界框外。

若要缩放定界框，应将鼠标指针定位在控制手柄上，再进行拖移；拖移的同时按住 Shift 键可以成比例缩放。

若要旋转定界框，应将鼠标指针定位在定界框外，再进行拖移；拖移的同时按住 Shift 键可按 15°的增量进行旋转。

若要斜切定界框，应按住 Ctrl+Shift 组合键的同时拖移两边的手柄。

旋转区域文字时，若要改变旋转中心，应按住 Ctrl 键同时将中心点拖移到新位置。

要在调整定界框大小时缩放文字，应在拖移角手柄的同时按住 Ctrl 键。

(2) 栅格化文字图层

选中文字图层，选择【图层】|【栅格化】|【文字】命令，即可将文字图层转换为普通图层。栅格化会使文字信息全部丢失，使文字图层的文字内容转换成不可编辑的文本图形，因此，执行栅格化命令时应慎重，应先设置好文本内容的属性再执行栅格化命令。栅格化之后的文字内容就可以使用滤镜效果等命令了。

(3) 文字的变形

文字变形是文字图层的属性之一。要创建文字的变形效果，操作非常简单。在文本编辑状态下，选中需要变形的文字，单击【文本工具】选项栏中的【变形文字】按钮，弹出【变形文字】对话框，如图 4-1-35 所示。

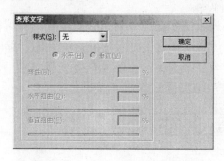

图 4-1-35　【变形文字】对话框

【变形文字】对话框中各选项的含义如下。

- 样式：该下拉列表中包含无、扇形、拱形、鱼眼等16种文字变形的样式。当选中【无】以外任意文字变形样式时，各选项的设置相同。
- 水平或垂直：设置弯曲的中心轴。当选中【水平】单选按钮时，文字在水平中心轴上弯曲；当选中【垂直】单选按钮时，文字在垂直中心轴上弯曲。
- 弯曲：设置文字的弯曲方向和弯曲程度。当参数设置为 0 时，文字不会出现任何弯曲效果；当参数设置为负数时，文字将向下(水平)或向右(垂直)弯曲；当参数设置为正值时，文字将向上(水平)或向左(垂直)弯曲。设置的参数越大，文字弯曲效果越明显。
- 水平扭曲：设置弯曲后，文字在水平方向进行扭曲。
- 垂直扭曲：设置弯曲后，文字在垂直方向进行扭曲。

(4) 文字转换为形状

在平面设计中，经常需要对输入的文字进行变形编辑处理。选择【图层】|【文字】|【转换为形状】命令，即可将文字图层转换为形状图层。可使用工具箱中的【直接选择工具】对各种锚点与调节点进行编辑处理，从而达到变形文字的目的，但必须注意的是，转换后的文字已不具备原有的文字属性。

(5) 文字转换为工作路径

工作路径是出现在【路径】面板中的临时路径。选择【图层】|【文字】|【创建工作路径】命令，即可将文字转换为与文字外形相同的工作路径。该工作路径可以像其他路径一

样执行存储、填充和描边等编辑操作，但不能将此工作路径中的字符作为文本进行编辑，而原文字图层仍然存在并可编辑。

任务进阶

【进阶任务 1】创建文字剪贴蒙版效果。

其设计过程如下。

(1) 新建图像文件。将背景图层填充黄色，选择【横排文字蒙版工具】，在图像窗口输入文字创建文字选区，如图 4-1-36(a)所示。

(2) 打开图像文件"素材\项目四\001.jpg"，使其成为当前文件窗口，如图 4-1-36(b)所示，将图像全选(或选取所需部分)并拷贝。

(3) 单击新建图像文件标题栏，使其成为当前文件窗口，选择【编辑】|【粘贴入】命令，即可得到如图 4-1-36(c)所示的文字剪贴蒙版效果。文字剪贴蒙版效果可以通过移动蒙版图层，改变图像的显示效果。

(a) 输入蒙版文字   (b) 素材图像文件   (c) 文字剪贴蒙版效果

图 4-1-36 创建文字剪贴蒙版

> 提示：双击图层缩览图上的图层名称，可以修改文字图层的名称。双击图层缩览图的蓝色块，在弹出的"图层样式"对话框中可给文字图层添加图层样式。

【进阶任务 2】设计制作变形文字效果。

其设计过程如下。

(1) 打开图像文件"素材\项目四\002.jpg"，使其成为当前文件窗口。

(2) 选取工具箱中的【文字工具】，设置字体色，在图像文件中输入仿宋加粗 72 点、红色文字 DOLPHIN。

(3) 选中文字，单击选项栏中的 按钮，按如图 4-1-37 所示设置【变形文字】对话框，即可得到变形文字，文字变形效果如图 4-1-38 所示。

图 4-1-37 【变形文字】对话框   图 4-1-38 文字变形效果

【进阶任务3】文字转换为形状图层。

其设计过程如下

(1) 打开进阶任务2的变形文字效果图。

(2) 选择【图层】|【文字】|【转换为形状】命令，使文字图层转换为形状图层，此时【图层】面板如图 4-1-39 所示。

(3) 选取【直接选择工具】，拖动鼠标移动锚点的位置，得到如图 4-1-40 所示的效果。

(4) 对形状图层栅格化，在 DOLPHIN 图层上做一椭圆形选区，选择【滤镜】|【扭曲】|【旋转扭曲】命令，得到如图 4-1-41 所示的效果。

(5) 重复上步操作，同时对英文 DOLPHIN 文本再作处理，即可得到如图 4-1-42 所示的效果图。

图 4-1-39　转换为形状图层

图 4-1-40　移动锚点

图 4-1-41　应用滤镜效果

图 4-1-42　效果图

【进阶任务4】制作五彩点文字效果图像。

其设计过程如下。

(1) 打开图像文件"素材\项目四\003.jpg"，使其成为当前文件窗口。

(2) 选取工具箱中的【文字工具】，设置字体：Bookman olol style、加粗、100 点、红色，在图像文件中输入英文 LOVE'S，如图 4-1-43 所示。

(3) 选择【图层】|【文字】|【创建工作路径】命令，将文字转换为工作路径。此时，【路径】面板如图 4-1-44 所示。

(4) 创建一个新图层，然后选择【画笔工具】，并设置画笔属性(直径 10px，笔尖间距为 100%，使用动态颜色画笔预设)，设置前景色为红色，背景色为白色，切换至【路径】面板中单击【用画笔描边路径】按钮。

(5) 单击【路径】面板中的空白区域，将路径隐藏，并切换至【图层】面板，将文字图层隐藏或删除，即可得到五彩点文字效果，如图 4-1-45 所示。

图 4-1-43　添加文字图层

图 4-1-44　【路径】面板

图 4-1-45　五彩点文字效果

任务 2　促销活动详细内容的设计制作

任务背景

凤凰购物广场 1 周年店庆促销活动详情介绍。

任务要求

海报内容要体现出凤凰购物广场是一家销售电器、服饰、鞋帽、化妆品、生活用品的大型综合商场；促销活动详情：小家电商品 8.5 折，黄金珠宝 5.6 折；百货类商品，购物满 600 元即可获得夏日时尚挎包，购物满 800 元另外获得价值 300 元的夏日缤纷组合。

任务分析

为体现凤凰购物广场是一家综合商场，选取家电、服饰、化妆品等顾客载物归来的图像作为素材，颜色与海报背景协调一致；将"购物满 600 元即可获得夏日时尚挎包，购物满 800 元另外获得价值 300 元的夏日缤纷组合"的活动详情恰当地放入海报中，字体、字号、颜色的设计要与海报的整体感觉相一致。

重点难点

❶ 点文字。

❷ 段落文字。

❸ 路径文字。

任务实施

(1) 打开素材文件"素材\项目四\人物.psd"，选择【移动工具】，移动图像到店庆海报文件中，使其成为一个图层，拖曳人物图像到适当的位置，效果如图 4-2-1 所示。

图 4-2-1 导入素材

(2) 选择【文字工具】T，在页面中输入需要的黑色文字。设置合适的文字字体、字号。文字效果如图 4-2-2 所示。

图 4-2-2 输入文字

(3) 选择【文字工具】T，在页面中输入文字"红粉俏佳人"，设置合适的字体、字号，文字填充色为黄色 RGB(255,152,58)。在【字符】面板中，设置所选字符的字符间距 AV 选项为180。文字效果如图 4-2-3 所示。

红粉俏佳人

图 4-2-3 输入文字

(4) 选择【文字工具】T，拖曳出一个文本框，在文本框中输入需要的段落文字，设置合适的字体、字号。在【字符】面板中，设置行距 选项为23。选择【文字工具】T，选择"即"字，设置其基线偏移 属性值为-2，效果如图 4-2-4 所示。用同样的方法，输入和编辑下面圆角矩形中的文字，效果如图 4-2-5 所示。

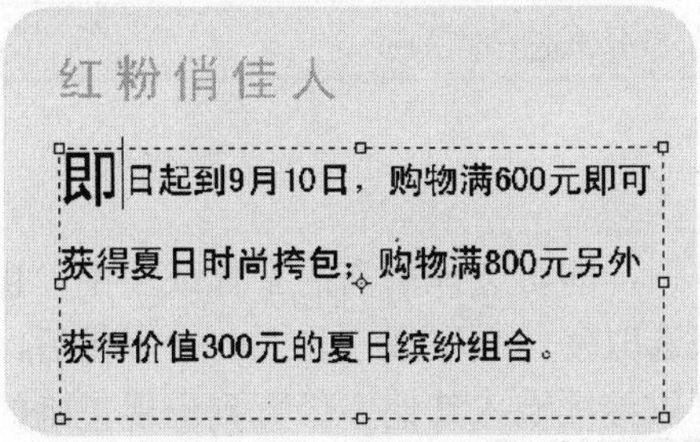

红粉俏佳人

即日起到9月10日，购物满600元即可获得夏日时尚挎包；购物满800元另外获得价值300元的夏日缤纷组合。

明度较高的艳红和桃粉，是这一季流行色彩的当家花旦。她们将夏日的激情活力与浪漫色彩结合，掀起一股甜蜜温馨的红粉风潮。

图 4-2-4 段落文字 1 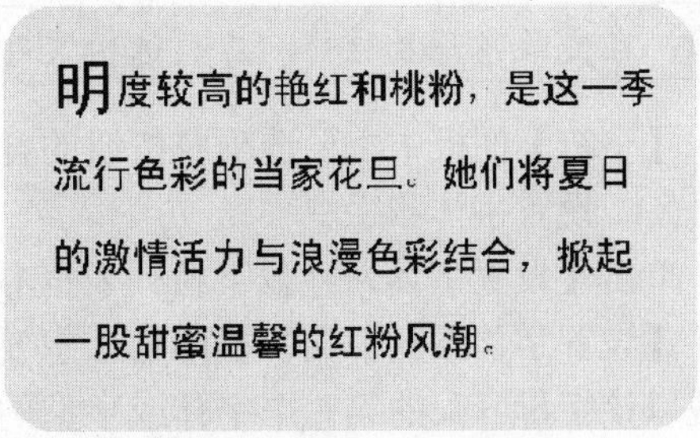　　　　　　　　**图 4-2-5 段落文字 2**

(5) 选择【文字工具】T，在图像底部输入文字"凤凰购物欢迎您！"，设置合适的文字字体、字号。在【字符】面板中，设置所选字符的字符间距 AV 选项为300，最终效果如图 4-1 所示。

相关知识

在 Photoshop 图像文件的【文字】图层中创建的文字有三种：点文字、段落文字和路径文字。

1．点文字

选取【文字工具】T 直接在图像文件中单击，可直接进入点文字的输入状态，输入的文字出现在新的文字图层中。

通过文字工具选项栏可以简单地设置文字的属性，使用方便而且操作简单，但是要全面细致地设置文字，必须使用【字符】面板。使用【字符】面板可以精确地设置文字图层中单个字符的字体、大小、字距、拉伸、基线偏移、颜色等字体属性。在【文字工具】选项栏中，单击【显示/隐藏字符和段落面板】按钮，可以显示【字符】面板，如图 4-2-6 所示。

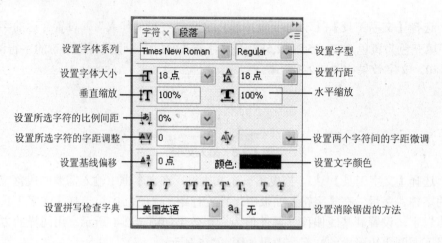

设置字体系列 —— Times New Roman | Regular —— 设置字型

设置字体大小 —— 18 点 | 18 点 —— 设置行距

垂直缩放 —— 100% | 100% —— 水平缩放

设置所选字符的比例间距 —— 0%

设置所选字符的字距调整 —— 0 | —— 设置两个字符间的字距微调

设置基线偏移 —— 0 点 | 颜色: —— 设置文字颜色

设置拼写检查字典 —— 美国英语 | aa 无 —— 设置消除锯齿的方法

图 4-2-6 【字符】面板

提示：在更改字符属性前，应该选择文字图层中的部分或全部字符。

【字符】面板中主要选项及按钮的含义如下。

(1) 设置字体和字型

单击【设置字体系列】下拉列表框右侧的 按钮，即可选择所需的字体或字型；也可以在【设置字体系列】文本框中输入想要的名称来选取字体或字型，输入一个字母后，会出现以该字母开头的第一个字体或字型的名称，可以继续输入其他字母直到出现正确的字体或字型名称。

(2) 设置字体大小

单击【设置字体大小】下拉列表框右侧的 按钮，即可选择所需的字体大小；也可以在【设置字体大小】文本框中输入想要的字体大小。在 Photoshop 中，默认的文字度量单位是点。一个 PostScript 点相当于 72ppi 图像中的 1/72 英寸。

(3) 设置行距

单击【设置行距】下拉列表框右侧的 按钮，可以设置文字之间的行距。行距是指文字行之间的间距量。对于罗马文字，行距是从一行文字的基线到下一行文字基线的距离。基线是一条不可见的直线，大部分文字都位于这条线的上面。在同一段落中可以应用多个行距量；但是，文字行中的最大行距量决定了该行的行距量。

(4) 设置垂直缩放和水平缩放

单击【垂直缩放比例】文本框和【水平缩放比例】文本框，可以指定文字高度和宽度之间的比例。未缩放字符的值为 100%。调整缩放比例，可以在宽度和高度上同时压缩或扩展所选字符，如图 4-2-7 所示。

(5) 设置所选字符的比例间距

单击【设置所选字符的比例间距】下拉列表框右侧的 按钮，可以设置所选字符的比例间距。比例间距按指定的百分比值减少字符周围的空间。字符本身并不因此被伸展或挤压。当向字符添加比例间距时，字符两侧的间距按相同的百分比减小。百分比越大，字符间压缩越紧密。

(a) 未缩放

(b) 垂直缩放 50%

(c) 水平缩放 50%

图 4-2-7　设置垂直缩放和水平缩放

(6) 设置字距微调

单击【设置字距微调】下拉列表框右侧的 按钮，可以设置所选字符的字距调整。设置字距调整是在所选字符之间生成相同间距的过程。

字距调整是增加或减少特定字符与相邻字符之间的间距的过程。可以手动控制字距微调，或者可以使用自动字距微调来打开字体设计者内置在字体中的字距微调功能。正的字距调整或字距微调使字符间距拉开，负值使字符靠拢，如图 4-2-8 所示。

(a) 字距为-100

(b) 字距为 100

图 4-2-8　不同字距的图像效果

(7) 设置基线偏移

在【设置基线偏移】文本框中输入值，可以设置基线偏移。设置基线偏移可以控制文字与文字基线的距离，可以通过升高或降低选中的文字来创建上标或下标。其中正值使横排文字上移，使竖排文字移向基线右侧；负值使横排文字下移，使竖排文字移向基线左侧。

(8) 设置文字颜色

单击【设置文字颜色】色块，可以设置文字的颜色。设置文字颜色有以下四种方法。

方法一：选中文本，单击选项栏或【字符】面板中的颜色块，在拾色器中选择颜色。

方法二：选中文本，在工具箱中单击前景色颜色块，在拾色器中选择颜色。

方法三：选中文本，使用填充快捷键。前景色填充，按组合键 Alt+Backspace 或 Alt+Delete；背景色填充，按组合键 Ctrl+Backspace 或 Ctrl+Delete。

方法四：将图层样式应用于文字图层，在原有颜色之上应用颜色、图案或渐变。应用图层样式将影响文字图层中的所有字符，该方法不能用于更改个别字符的颜色。

(9) 面板按钮系列

通过单击以下不同按钮，可以直接设置字符的属性。

T：仿粗体。设为粗体字符。

T：仿斜体。设为斜体字符。

TT：全部大写字母。可将选择的文本全部转换为大写字母。该功能对中文无效。

Tr：小型大写字母。可将选择的文本转换为小型大写；不会更改原来以大写字母输入的字符。该功能对中文无效。

T¹：上标。使字符成为上标，缩小字符并移动到文字基线以上。

T₁：下标。使字符成为下标，缩小字符并移动到文字基线以下。

T：下划线。可在横排文字的下方或竖排文字的左侧或右侧应用下划线，线条颜色与文字相同。

F：删除线。可贯穿横排文字或竖排文字应用删除线，线条颜色与文字相同。

(10) 设置拼写检查字典

单击【设置拼写检查字典】下拉列表框右侧的▼按钮，从展开项中选取一种语言，设置拼写检查的词典。

(11) 设置消除锯齿方法

单击【设置消除锯齿方法】下拉列表右侧的▼按钮，可以看到五种设置消除锯齿的方法。其中，"锐化"使文字边缘显得最为锐利；"明晰"使文字边缘显得稍微锐利；"平滑"使文字边缘显得更平滑；"强"使文字显得更粗重；"无"不应用消除锯齿。指定消除锯齿可以通过部分地填充边缘像素来产生边缘平滑的文字，使文字边缘混合到背景中。

2．段落文字

选取【文字工具】在图像文件中单击并拖动出现一个虚线框，松开鼠标即可得到段落控制框，在段落控制框中输入文本内容即可。

段落文字与点文字的区别：段落文字基于段落控制框的尺寸换行，可以输入多个段落并选择段落对齐选项。点文字每行都是独立的，行的长度随文本的编辑增加或缩短，不会自动换行，若要换行则必须按 Enter 键。

对于单行文字内容，可以使用鼠标、选项栏或图层的移动等方式来改变文字在图像中的位置，以符合图像的对齐方式。但对于文字图层中的单个段落、多个段落或全部段落文字，使用【段落】面板可以精确地设置段落格式化选项，主要用于设置段落对齐和缩进等属性。【段落】面板如图 4-2-9 所示。

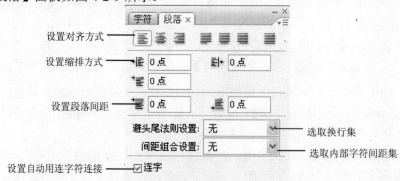

图 4-2-9 【段落】面板

【段落】面板中主要按钮及选项的含义如下。

(1)　设置文本对齐方式

▤：设置所要操作的内容段落左对齐。当输入直排文字时段落将向上对齐。

▤：设置水平方向上的中间对齐方式。直排文字则是垂直方向上的中间对齐方式。

▤：设置右对齐方式。直排文字时段落将向下对齐。

▤：使最后一行左对齐。直排文字时最后一列向上对齐。

▤：使最后一行中间对齐。直排文字时最后一列中间对齐。

▤：使最后一行右对齐。直排文字时最后一列向下对齐。

▤：使最后一行的文字增大间距，使第 1 个文字左对齐，最后一个文字右对齐。直排文字时使最后一列的文字增大间距，使第 1 个文字上对齐，最后一个文字下对齐。

(2)　设置缩排方式

▤ 0点：设置段落向右的缩进量。直排文字时向下的缩进量。默认单位为 mm。

▤ 0点：设置段落向左的缩进量。直排文字时向上的缩进量。默认单位为 mm。

▤ 0点：设置首行缩进量，即段落的第 1 行向右或者直排文字时段落的第 1 列向下的缩进量，默认单位为 mm。

(3)　设置段落间距

▤ 0点：设置段前间距，即段落与前面段落的分隔空间，默认单位为 mm。

▤ 0点：设置段后间距，即段落与后面段落的分隔空间，默认单位为 mm。

如果同时设置段前和段后分隔空间，那么在各个段落之间的分隔空间则是段前和段后分隔空间之和。

避头尾法则设置：JIS 严格 ▾：设置标点符号是否可以放在行首。

间距组合设置：间距组合 组合2 ▾：设置段落中文本的间距。单击其右侧的按钮，可以在弹出的下拉列表中选择不同的间距组合。

(4)　设置自动用连字符连接

☑连字：连字符连接选项用于确定是否可以断字，如果可以，还应确定允许使用的分隔符。

提示：连字符连接仅适用于罗马字符，而对中文、日语及朝鲜语等字体的双字节字符不会有影响。

3．路径文字

路径文字是指沿着开放或封闭的路径边缘流动的文字。当沿水平方向输入文本时，字符将沿着与基线垂直的路径出现。当沿垂直方向输入文本时，字符将沿着与基线平行的路径出现。

在 Photoshop CS4 中可以添加两种路径文字：一种是沿路径排列的文字，一种是路径内部的文字。

(1)　沿路径排列的文字

先绘制一条路径，再选择【文本工具】T，然后将鼠标指针移动到路径上，当指针变为 ↓ 形状时(见图 4-2-10)，单击，输入文字效果如图 4-2-11 所示。

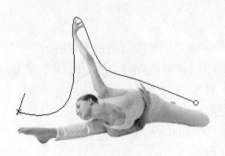

图 4-2-10 创建路径

图 4-2-11 在路径上输入文字

(2) 路径内部文字

路径内部文字是指输入的文字在封闭路径内。制作方法是：先绘制一条封闭路径(见图 4-2-12)，再选择【文字工具】**T**，然后将鼠标指针移动到封闭路径内部，当指针变为形状时，单击，输入文字效果如图 4-2-13 所示。

图 4-2-12 创建路径

图 4-2-13 路径内输入文字

任务进阶

【进阶任务】火焰字特效。

其设计过程如下。

(1) 新建一个图像文件，将背景填充为黑色。

(2) 在图像中输入白色文字(字体为黑体)，产生一个新的文字图层，如图 4-2-14 所示。

图 4-2-14 输入文字

(3) 执行【图像】|【图像旋转】|【逆时针 90 度】命令，将整个图像逆时针旋转 90°。

(4) 执行【图层】|【栅格化】|【文字】命令，将文字图层栅格化为普通图层。

(5) 执行两次【滤镜】|【风格化】|【风】命令，相应参数设置如图 4-2-15 所示。图像效果如图 4-2-16 所示。

图 4-2-15 风滤镜设置

图 4-2-16 风效果

(6) 执行【图像】|【图像旋转】|【顺时针 90 度】命令，将整个图像顺时针旋转 90°。

(7) 执行【滤镜】|【扭曲】|【波纹】命令，相应参数设置如图 4-2-17 所示，图像效果如图 4-2-18 所示。

图 4-2-17 波纹滤镜设置

图 4-2-18 波纹效果

(8) 执行【图像】|【模式】|【灰度】命令，接着执行【图像】|【模式】|【索引颜色】命令，再执行【图像】|【模式】|【颜色表】命令，在【颜色表】下拉列表框中选择【黑体】选项，如图 4-2-19 所示。

(9) 完成火焰字的制作，如图 4-2-20 所示。

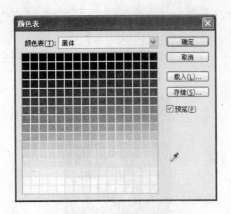

图 4-2-19 【颜色表】对话框

图 4-2-20 火焰字效果

实践任务 设计制作青年创业大赛海报

任务背景

为全力推进"万名青年创新创业行动",引导广大青年转变就业观念,提升创业技能,鼓励全市广大青年在科学发展、争先进中比知识、比干劲、比业务、比效率、比贡献,积极服务丰海市经济社会发展,丰海市委宣传部、共青团丰海市委、丰海市人力资源和社会保障局、丰海市教育局、丰海广播电视台、丰海市学生联合会共同主办,丰海唐港房地产开发有限公司承办唐港地产杯"赢在丰海"丰海市青年创业大赛。此次青年创业大赛于 3月 25 日正式启动,6 月中旬结束,历时近三个月。凡是年龄在 18~45 周岁之间品德优秀、资信优良,有一定创业能力和可行项目的青年均可免费报名参赛,本次大赛设一等奖 1 名,奖励现金 3 万元;二等奖 2 名,奖励现金 2 万元;三等奖 3 名,奖励现金 1 万元;鼓励奖若干名。同时评选最佳创意奖、最具创业潜力奖等单项奖。大赛组委会将对获奖团队和选手进行奖励,对参与大赛组织工作突出的单位颁发组织奖。为扩大宣传,需要制作宣传海报进行前期的报名工作。

任务要求

设计制作唐港地产杯"赢在丰海"丰海市青年创业大赛海报。

设计要求:体现主题"赢在丰海",主办单位:丰海市委宣传部、共青团丰海市委、丰海市人力资源和社会保障局、丰海市教育局、丰海广播电视台、丰海市学生联合会,赞助单位:丰海唐港房地产开发有限公司,大赛奖项设置一等奖 1 名,奖励现金 3 万元;二等奖 2 名,奖励现金 2 万元;三等奖 3 名,奖励现金 1 万元,吸引全市青年眼球参与比赛。

任务分析

制作蓝色渐变背景部分,文本要选择合适字体,"青年创业大赛"文本图层转变为普通图层,创建文字选区并进行描边,再次创建选区并进行描边;"唐港地产杯'赢在丰海'"、"选手招募火爆进行中"进行一次描边。其他文字设置合适字体、字号、字符间距、垂直缩放、水平缩放。图像"手"所在图层加外发光效果，"蝴蝶"图层设置相应图层样式。

任务素材及参考图

任务素材如图 4-3-1～图 4-3-4 所示，创业大赛海报参考效果如图 4-3-5 所示。

图 4-3-1　蝴蝶 1

图 4-3-2　蝴蝶 2

图 4-3-3　蝴蝶 3

图 4-3-4　手

图 4-3-5　创业大赛海报

职业技能知识考核

一、填空题

1. 在 Photoshop 中使用文字蒙版工具可以创建_____。
2. 执行【图层】|【文字】|【转换为形状】命令即可将文字图层转换为_____。
3. 将文字图层转换为普通图层可执行_____命令。
4. 要在调整定界框的大小时缩放文字，应在拖动角手柄的同时按住_____控制键。
5. 为方便用户在图像中设置文字内容，Photoshop 设置了_____和_____两个面板。

二、选择题

1. 下列文字图层中(   )不能进行修改和编辑。
    A. 文字颜色　　　　　　　　　B. 文字内容，如加字或减字
    C. 文字大小　　　　　　　　　D. 将文字图层转换为普通图层后文字的排列方式
2. 要对文字图层执行滤镜效果时，首先应当(   )。
    A. 直接选择一个滤镜命令
    B. 选择【图层】|【栅格化】|【文字】命令
    C. 确认文字图层和其他图层没有链接
    D. 选中文字，然后选择一个滤镜命令
3. (   )是调整段落界定框可以进行的操作。
    A. 透视　　　　B. 扭曲　　　　C. 裁切　　　　D. 斜切
4. (   )不属于文字图层中抗锯齿的类型。
    A. 中度　　　　B. 明晰　　　　C. 强　　　　D. 平滑
5. 在【变形文字】对话框中提供了很多变形样式，下面各项中，(   )不是样式菜单所提供的。
    A. 扇形　　　　B. 旗帜　　　　C. 扭曲　　　　D. 鱼眼

三、判断题

1. 对文字执行"仿粗体"操作后仍能创建文字变形样式。　　　　　　　　(   )
2. 文字图层转换为普通图层后仍能进行文字变形处理。　　　　　　　　(   )
3. 点文字与区域文字可以通过【图层】|【文字】的下拉菜单进行转换。　(   )
4. 由文字转换的工作路径可以像任何其他路径那样执行存储和填充、描边等编辑操作。　　　　　　　　　　　　　　　　　　　　　　　　　　　　　(   )
5. 使用填充快捷键无法更改文字图层的文字颜色。　　　　　　　　　　(   )

四、简答题

1. 在图像文件中创建文字，主要有哪几种方式？
2. 简述在文字图层的文字处于可编辑状态时，改变文字颜色的方法。

五、实训题

1．根据素材制作"在水一方"文字，效果如图 4-4-1 所示。

2．制作心形文字，效果如图 4-4-2 所示。

图 4-4-1　水立方文字　　　　　　　　　　图 4-4-2　心形文字

3．制作"爱莲说"图像，效果如图 4-4-3 所示。

图 4-4-3　"爱莲说"图像

项目五　园林效果图设计
——路径和矢量图形

项目背景

应某市钢铁有限公司要求，为该公司办公区进行规划设计。该公司位于尼桑大道南侧，距县城行车距离 10 分钟，占地约 18 000 平方米。

项目要求

为了给广大职工提供一个良好的工作环境和优美的办公、休息、活动场所，规划设计要求包含篮球场、停车位、厂房、道路、花坛等物体，周围的绿化则突出安静、清洁的特点，意在形成良好的环境。

项目分析

该公司办公区实际占地面积比较大，因此在图片制作上需进行等比例缩放。同时，为了突出部分细节，设置纸张大小为 45cm×40cm，分辨率为 72dpi。本项目效果图如图 5-1 所示。

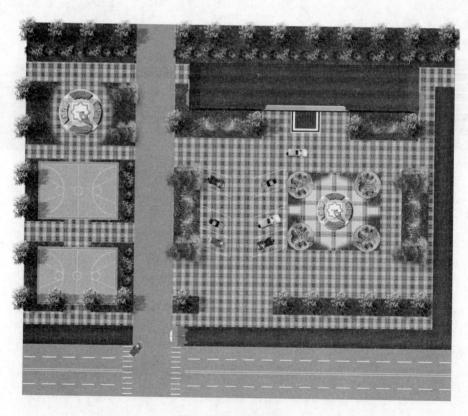

图 5-1　项目效果图

能力目标

1. 掌握创建与编辑路径的方法技巧。
2. 能熟练应用【路径】调板。
3. 使用形状工具绘制矢量图形。

软件知识目标

1. 掌握形状工具的特点与使用方法。
2. 掌握形状的编辑方法。
3. 掌握路径的概念。
4. 掌握路径的绘制与编辑方法。

专业知识目标

1. 景观艺术设计的基础理论。
2. 中西园林的比较。
3. 中国古典园林的分类。

学时分配

8 学时(讲课 4 学时,实践 4 学时)。

课前导读

本项目主要完成园林规划设计,可分解为两个任务。通过本项目的设计制作,掌握创建与编辑路径的工具与形状工具的使用方法,掌握创建与编辑路径、创建矢量图形的方法技巧,并能熟练应用【路径】调板编辑路径,使用形状工具创建制作漂亮的矢量图形。

任务 1　设计绿化带及道路

任务背景

为了给公司员工提供一个防暑、防寒、防风、防尘、防噪的工作环境,需要大约 30%的绿化面积。同时为方便员工上下班,办公区附近也需要设计便利的交通环境。

任务要求

要求建筑面积约占总面积的 35%～40%,道路面积约占总面积的 15%～20%,景观面积约占 3%～5%,绿化面积约占 30%～35%。

任务分析

绿化带道路布局形式与建筑相协调,为方便通行,多采取规则式布局。在景观营造上,以植物造景为主,坚持乔、灌、草多层次复式绿化,坚持环境建设和功能建设同步,创造良好的生态环境。

重点难点

❶ 形状工具的特点与使用方法。

❷ 形状工具的编辑方法。

❸ 形状与路径的区别。

任务实施

其设计过程如下。

(1) 选择【文件】|【新建】命令，在打开的对话框中将宽度和高度分别设置为 45cm 和 40cm，如图 5-1-1 所示，单击【确定】按钮新建一个文件。

图 5-1-1 【新建】对话框

(2) 按 Ctrl+R 组合键，显示标尺，在合适位置处拖曳出几条辅助线，如图 5-1-2 所示。

图 5-1-2 标尺绘制

(3) 打开"素材\项目五\S9.jpg"文件，将打开的 S9.jpg 图像拖曳到场景中。在【图层】面板中将瓷砖所在的图层命名为"地板"，按 Ctrl+T 组合键或选取【自由变换】命令，对瓷砖进行如图 5-1-3 所示的设置。

图 5-1-3 【自由变换】选项栏

(4) 将"地板"图片设置为图案，选择【编辑】|【填充】命令，在参考线内部区域进行填充，并将所在图层命名为"地板"，如图 5-1-4 所示。

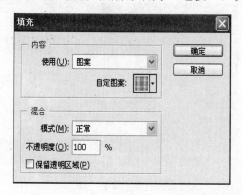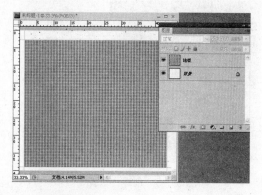

图 5-1-4 【填充】对话框及效果

(5) 打开"素材\项目五\Grass.jpg"素材图片，选择要向场景中添加的区域，按 Ctrl+C 组合键复制，然后切换到场景中按 Ctrl+V 组合键粘贴，调整大小后将所有图层合并，并命名为"绿化带"，如图 5-1-5 所示。

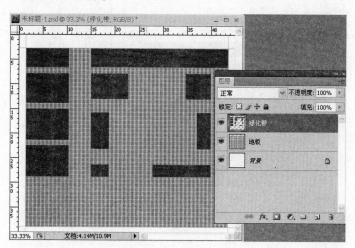

图 5-1-5 "绿化带"效果

(6) 在【图层】面板中单击 按钮新建图层，并将图层命名为"公路"，设置前景色为灰色(R:153,G:153,B:153)，按 Alt+Delete 组合键将选区填充为前景色，作为公路的颜色，如图 5-1-6 所示。

(7) 单击前景色色块，设置前景色为黄色(R:255,G:255,B:0)。在【工具箱】中选择 工具，在工具选项栏中将粗细设置为 2 像素，绘制"黄线"。

(8) 复制黄线，并用同样的方法在两侧创建"斑马线"。设置前景色为白色，选择 工具，设置粗细为 2 像素，再绘制两条"形状"，如图 5-1-7 所示。

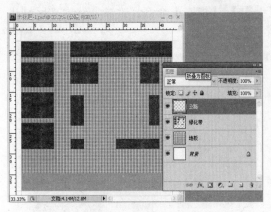

图 5-1-6 创建"公路"

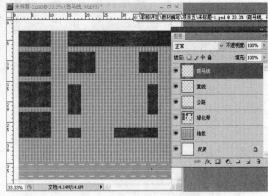

图 5-1-7 绘制"斑马线"

(9) 在【图层】面板中选择"斑马线"图层，在场景中绘制一个小的矩形选区，按 Delete 键将其选择的区域内的图像删除。

(10) 在【图层】面板中新建图层，并命名为"道路"，并填充同"公路"一样的颜色。

(11) 用同样方法，绘制"人行道"，效果如图 5-1-8 所示。

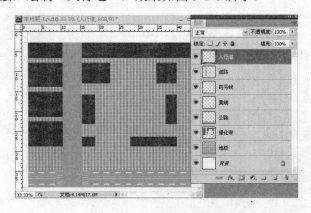

图 5-1-8 "人行道"效果

相关知识

1. 景观园林设计的概念

(1) 景观艺术设计的基础理论

① 景观的概念

无论在西方还是在东方，景观都是一个不容易说清楚的概念。虽然不同的人对景观会有不同的理解，但总的来说，景观可以被理解为：是人类的栖居地；是人类智慧的结晶；是建立在科学技术基础之上的物质系统；是人对自然不断加深认识的结果；是可以带来财富的资源；是反映社会伦理、道德和价值观念的意识形态；是历史；是一种美；是人类对自然的向往。

② 景观艺术设计的概念

景观设计是一项关于土地利用和管理的活动，是一种包括自然及建成环境的分析、规划、设计、管理和维护的职业，其范围包括公共空间、商业及居住用地场地规划、景观改造、城镇设计和历史保护等。

景观设计是人类的一种能动行为。从宏观意义上讲，景观艺术设计是对未来景观发展的设想与安排，是资源管理与土地规划的过程与行为。从微观意义上讲，景观艺术设计是指在某一区域内，创造一个由形态、形式因素构成的，有一定社会文化内涵及审美价值的景物。具体地说，景观艺术设计是对某一地区所占用的土地进行安排，对景观要素进行合理的布局与组合，使景观既有使用价值又体现审美价值的行为过程。

（2）中西园林的比较

中西园林由于历史背景和文化传统的不同而风格迥异、各具特色。尽管中国园林有北方皇家园林和江南私家园林之分，且呈现出诸多差异，而西方原理因历史发展不同阶段而有古代、中世纪、文艺复兴园林等不同风格。但从整体上看，中西园林由于在不同的哲学、美学思想支配下，其形式、风格差别还是十分鲜明的。尤其是 15～17 世纪的意大利文艺复兴园林和法国古典园林之间的差异更为显著。

①　人工美与自然美

中西园林从形式上看其差异非常明显。西方园林所体现的是人工类，不仅布局对称、规则、严谨，就连花草都修正得方方正正，从而呈现出一种几何图案类，从现象上看西方主要是立足于用人工方法改变其自然状态。中国园林则完全不同，既不求轴线对称，也没有任何规则可循，相反却是山环水抱，曲折蜿蜒，不仅花草树木以自然之面貌，即使人工建筑也尽量顺应自然而参差错落，力求与自然融合，"虽由人作，宛自天开"。

②　形式美与意境美

由于对自然类的态度不同，反映在造园艺术上追求便各有侧重。西方造园虽不乏诗意，但可以追求的却是形式美；中国造园虽也重视形式，但倾心追求的却是意境美。西方人认为自然类有缺陷，为了克服这种缺陷而达到完美的境地，必须凭借某种理念去提升自然美，从而达到艺术类的高度，也就是一种形式美。

（3）中国古典园林的分类

中国古典园林的分类，从不同角度看，可以有不同的分类方法。一般有两种分类法。

①　按占有者身份划分

a. 皇家园林

是专供帝王休息享乐的园林。古人讲普天之下莫非王土，在统治阶级看来，国家的山河都是属于皇家所有的。所以其特点是规模宏大，真山真水较多，园中建筑色彩富丽堂皇，建筑体型高大。现存的著名皇家园林有：北京的颐和园、北京的北海公园、河北承德的避暑山庄。

b. 私家园林

它是供皇家的宗室外戚、王公官吏、富商大贾等休闲的园林。其特点是规模较小，所以常用假山假水，建筑小巧玲珑，表现其淡雅素净的色彩。现存的私家园林，如北京的恭王府，苏州的拙政园、留园、沧浪亭、网狮园，上海的豫园等。

②　按所处地理位置划分

a. 北方类型

北方园林，因地域宽广，所以范围较大；又因大多为百郡所在，所以建筑富丽堂皇。

因自然气象条件所局限，河川湖泊、园石和常绿树木都较少。由于风格粗犷，所以秀丽媚美则显得不足。北方园林的代表大多集中于北京、西安、洛阳、开封，其中尤以北京为代表。

b. 江南类型

南方人口较密集，所以园林地域范围小；又因河湖、园石、常绿树较多，所以园林景致较细腻精美。因上述条件，其特点为明媚秀丽、淡雅朴素、曲折幽深，但究竟面积小，略感局促。南方园林的代表大多集中于南京、上海、无锡、苏州、杭州、扬州等地，其中尤以苏州为代表。

c. 岭南类型

因为其地处亚热带，终年常绿，又多河川，所以造园条件比北方、南方都好。其明显的特点是具有热带风光，建筑物都较高而宽敞。现存岭南类型园林，有著名的广东顺德的清晖园、东莞的可园、番禺的余荫山房等。

2．形状工具

Photoshop 不仅提供了路径工具，还提供了形状工具，使设计者在绘制矢量图形时更为方便、快捷。形状是利用路径来记录的，所以路径是形状的基础，但是路径和形状都是矢量图形。

(1) 绘制矩形

① 认识矩形工具

使用矩形工具可以绘制出矩形、正方形等，并且可以设置矩形区域的大小和颜色，【矩形工具】选项栏及选项框如图 5-1-9 所示。

图 5-1-9 【矩形工具】选项栏及选项框

矩形工具选项栏及选项框中主要选项的含义如下。

- 【不受限制】：绘制的矩形性状的比例和大小不受限制。
- 【方形】：选中此选项，绘制的是正方形。
- 【固定大小】：绘制固定宽度和高度的矩形。
- 【比例】：约束绘制矩形的宽度和高度的比例。
- 【从中心】：选中该选项，所绘制的矩形将以单击点位置为中心点向四周扩张。
- 【样式】：单击其右侧的下拉按钮，从弹出的如图 5-1-10 所示的列表框中可选择一种样式，以便在绘制形状时，应用于生成的形状之中。
- 【创建新的形状图层】按钮 ：该选项为默认选项，表明每一次操作都将创建一个新的形状图层，其【图层】调板如图 5-1-11 所示。

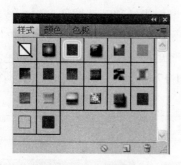

图 5-1-10　选择样式　　　　　图 5-1-11　创建形状图层时的【图层】调板

- 【添加到形状区域】按钮 ：单击该按钮，新创建的路径或形状将会添加到当前的路径或区域中去，如图 5-1-12 所示。
- 【从形状区域减去】按钮 ：单击该按钮，将从新建的路径和形状中去掉原有的路径或形状的交集，如图 5-1-13 所示。

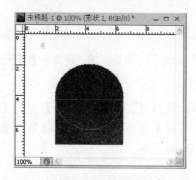

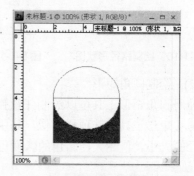

图 5-1-12　"添加到形状区域"效果　　　　　图 5-1-13　"从形状区域减去"效果

- 【交叉形状区域】按钮 ：单击该按钮，将生成新创建的路径或形状与原有的路径或形状的交集，如图 5-1-14 所示。
- 【重叠形状区域除外】按钮 ：单击该按钮，将新建路径或形状与原有路径或形状的交集去掉，取两者共同剩下的部分，如图 5-1-15 所示。

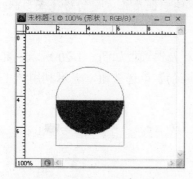

图 5-1-14　"交叉形状区域"效果　　　　　图 5-1-15　"重叠形状区域除外"效果

② 使用【矩形工具】

创建矩形形状的方法比较简单，具体操作步骤如下。

第一步：首先选取工具箱中的【矩形工具】，将鼠标指针移动至图像窗口，按住鼠标左键并拖动鼠标，将出现一个矩形框，如图 5-1-16 所示。

第二步：当对矩形的大小满意后可释放鼠标，此时矩形框中将自动使用前景色填充。并在【路径】调板中自动建立一个工作路径，如图 5-1-17 所示；同时在【图层】调板中自动建立一个形状图层，如图 5-1-18 所示。

提示：按住 Shift 键拖曳鼠标可以绘制一个正方形的路径或形状。

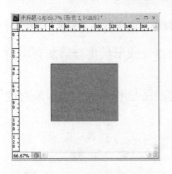  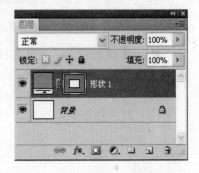

图 5-1-16　绘制路径形状图　　图 5-1-17　建立一个工作路径　　图 5-1-18　建立一个形状图层

(2) 绘制圆角矩形

使用圆角矩形工具可以绘制任意弧度的圆角矩形。选择【圆角矩形工具】，其工具选项栏与【矩形工具】选项栏相似，其中增加了一个【半径】选项，用于设置圆角矩形的圆角半径的大小，值越大，圆角的弧度也越大，如图 5-1-19 所示。

(a) 半径为 10 像素　　　　　　　　　　(b) 半径为 30 像素

图 5-1-19　圆角矩形形状

提示：使用圆角矩形工具，按住 Shift 键拖曳鼠标可以绘制圆角正方形的路径或形状。

(3) 绘制椭圆形状

利用【椭圆工具】可以绘制椭圆或圆形，其选项栏及选项框如图 5-1-20 所示。其中，如果在【椭圆选项】设置框中选中【圆(绘制直径或半径)】单选按钮，表示利用该工具绘制正圆。

图 5-1-20　【椭圆工具】选项栏及选项框

提示： 使用【椭圆工具】，按住 Shift 键拖曳鼠标可以绘制一个正圆形路径或形状。

(4) 绘制多边形

① 认识多边形工具

利用【多边形工具】可以绘制各种样式的多边形，其选项栏及选项框如图 5-1-21 所示。

图 5-1-21 【多边形工具】选项栏及选项框

【多边形工具】选项栏和选项框中主要选项的含义如下。

● 边：用于设置多边形的边数，如图 5-1-22 所示。

● 半径：用于指定多边形的中心与外部边缘间的距离。

● 平滑拐角：用于控制是否对多边形的夹角进行平滑，如图 5-1-23 所示。

● 星形：用于绘制多角形，利用下面的两项可控制多角形的形状。

● 缩进边依据与平滑缩进：选中【星形】复选框后，这两项被激活。其中，缩进边依据用于将多边形渲染为星形，值越大，星形内夹角越尖，如图 5-1-24 所示。【平滑缩进】用于决定绘制多角形时是否对其夹角进行平滑，如图 5-1-25 所示。

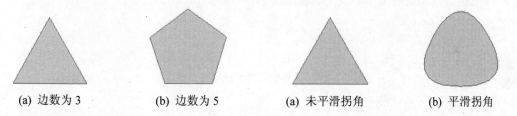

(a) 边数为 3   (b) 边数为 5   (a) 未平滑拐角   (b) 平滑拐角

图 5-1-22 不同边数的多边形　　图 5-1-23 勾选【平滑拐角】复选框前后的三边形

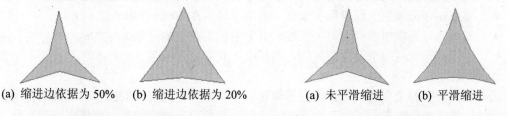

(a) 缩进边依据为 50%　(b) 缩进边依据为 20%　(a) 未平滑缩进　(b) 平滑缩进

图 5-1-24 设定不同缩进边依据的三边星形　图 5-1-25 勾选平滑缩进选项前后的三边形星形

② 使用多边形工具

使用多边形工具绘制路径或形状时，始终会以鼠标单击点处为中心点，并且随着鼠标移动而改变多边形的摆放位置，即在拖曳鼠标绘制多边形时，移动鼠标可以旋转还未完成的多边形。如按住 Shift 键，还可按指定的角度进行绘制。在绘制中可配合工具选项栏中的不同的选项设定，制作各种造型的形状或路径，如图 5-1-26 所示。

图 5-1-26　不同选项参数绘制的边数为 5 的多边形形状

(5) 绘制直线工具

① 认识直线工具

利用【直线工具】可以绘制直线和各种带箭头图形，其工具选项栏及选项框如图 5-1-27 所示。

图 5-1-27　【直线工具】选项栏及选项框

该对话框中各选项的含义如下。

● 粗细：用于设定直线的粗细，取值范围为 1～1000，值越大，绘制的线条越粗。

● 起点与终点：选中这两项，可以决定是否在线条的起点或终点添加箭头。

● 宽度：该选项用于设置箭头宽度，其取值范围在 10%～1000% 之间。

● 长度：该选项用于设置箭头长度，其取值范围在 10%～5000% 之间。

● 凹度：该选项用于设置箭头的内凹程度，其取值范围在-50%～50% 之间。

② 使用直线工具

选择工具箱中的【直线工具】，在图像窗口中单击确定此直线的起始点，然后拖动鼠标至合适的位置处再单击一下，即可创建一条以前景色填充的直线段。如果在使用直线工具时按住 Shift 键，即可控制直线的方向，绘制出水平、竖直或 45° 角的直线段。如果在使用直线工具绘制直线前，在【箭头】选项框中设置箭头的宽度、长度以及凹度(箭头尾部凹陷的程度)等选项，可以绘制出带有箭头的各种路径形状，如图 5-1-28 所示。

(6) 绘制自定形状

① 认识自定形状工具

使用自定形状工具可以绘制各种预设形状，如闪电、音符、灯泡等形状。Photoshop 提供的各种预设自定形状为图形图像设计提供了丰富的设计资源。选择【自定形状工具】且单击工具选项栏中的下拉选项时，【自定形状工具】选项栏及选项框如图 5-1-29 所示。单击【形状】下拉按钮，弹出自定形状选项列表，显示多个预设的形状，如图 5-1-30 所示。

图 5-1-28　直线工具绘制的各种路径形状　　　图 5-1-29　【自定形状工具】选项栏及选项框

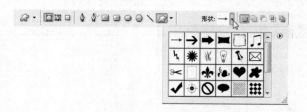

图 5-1-30　【自定形状】选项列表

②　使用自定形状工具

使用自定形状工具绘制形状，具体操作步骤主要有以下两步。

第一步：在软件的初始状态下，自定形状选项列表只显示部分预设形状，可单击【自定形状】选项列表右侧的下三角按钮，在弹出的下拉菜单中选择【全部】命令，如图 5-1-31(a) 所示。然后在弹出的确认对话框中单击【确定】按钮，如图 5-1-31(b) 所示，确认操作后可载入并显示全部预设形状。

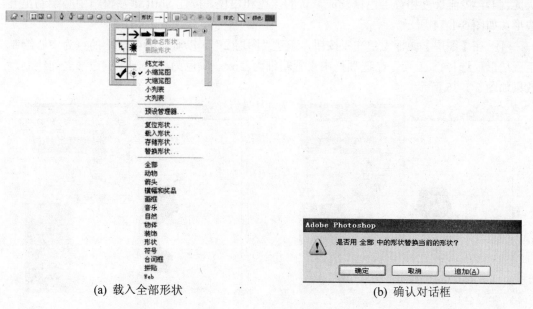

(a) 载入全部形状　　　　　　　　　　　　(b) 确认对话框

图 5-1-31　载入全部形状

第二步：在形状列表中选择一款形状，把鼠标指针移至图像中，单击后拖曳鼠标，完成该款形状的创建。在拖曳鼠标的过程中,同时按住 Shift 键,创建的形状可以保持原有长宽比例。

任务进阶

【进阶任务 1】制作足球。

其设计过程如下。

(1) 按 Ctrl+N 组合键,打开【新建】对话框,设置新建文件参数,如图 5-1-32 所示。

(2) 在【图层】面板上单击 按钮,新建"图层 1"。按 Ctrl+R 组合键,显示标尺,在窗口的正中央拖动一条水平、垂直参考线,如图 5-1-33 所示。

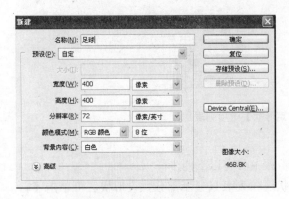

图 5-1-32　【新建】对话框

图 5-1-33　参考线设置

(3) 选中"图层 1",在工具栏中选中 工具,在其工具选项栏中设置边数为 5。按快捷键 D,将前景色和背景色恢复成默认的黑色和白色,按住 Shift 键在窗口中心绘制正五边形,如图 5-1-34 所示。

(4) 在【图层】面板上单击 按钮,新建"图层 2"。以垂直参考线上的点为中心绘制正五边形。选择 工具,在选项栏中设置粗细为 2px,颜色为黑色,在五边形之间绘制,效果如图 5-1-35 所示。

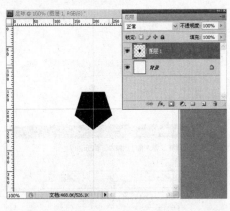

图 5-1-34　绘制五边形

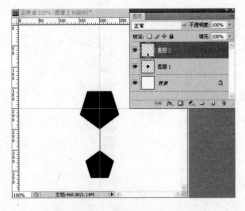

图 5-1-35　绘制五边形及直线

(5) 选中"图层 2",按 Ctrl+Alt+T 组合键进行自由变换,将自由变换中心点移到两条参考线的交点处,在工具选项栏中将图案旋转 72°。接着连续按 Ctrl+Shift+Alt+T 组合键 4 次，并将所有图层合并命名为"图层2"，如图 5-1-36 所示。

(6) 选择 ⬊ 工具，直线粗细设为 2 个像素，将周围 5 个五边形的最相近的顶点用直线连接起来，将图层进行合并后命名为"足球图案"，连接后的图像如图 5-1-37 所示。

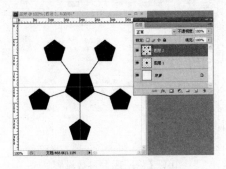

图 5-1-36　绘制多个多边形

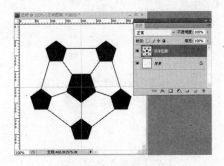

图 5-1-37　足球图案效果

(7) 在工具箱中选中 ◯，按 Alt+Shift 组合键，以参考线交点为起点，拉出一个圆形。选择【编辑】|【描边】命令，进行如图 5-1-38 所示的属性设置。

(8) 选择【滤镜】|【扭曲】|【球面化】命令，对图像实行球面化滤镜操作，参数设置如图 5-1-39 所示。

图 5-1-38　【描边】对话框

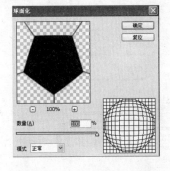

图 5-1-39　【球面化】对话框

(9) 选择【编辑】|【描边】命令，对图像进行描边操作，参数设置如图 5-1-40 所示。单击【图层】面板中的【新建图层】按钮 ▭，并填充白色，按 Delete 键取消选区，如图 5-1-41 所示。

图 5-1-40　【描边】对话框

图 5-1-41　【图层】面板

(10) 将"图层 1"和"足球图案"合并后命名为"足球图案"，然后对该图层设置图层样式，具体参数设置如图 5-1-42 所示。

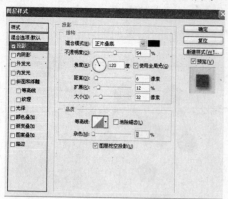

(a) 【投影】参数设置

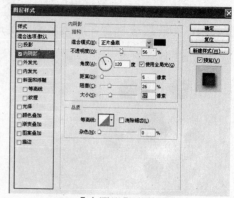

(b) 【内阴影】参数设置

图 5-1-42　【图层样式】对话框

(11) 选择【图像】|【调整】|【色相/饱和度】命令，对图像进行调整，如图 5-1-43 所示。

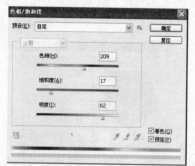

(a) 【色相/饱和度】对话框

(b) 最终效果图

图 5-1-43　效果图

【进阶任务 2】用自定形状工具打造可爱宝宝照片。

其设计过程如下。

(1) 选择【文件】|【打开】命令，打开"素材\项目五\孔雀.jpg"素材图片。

(2) 选择工具箱中的【自定形状工具】，在其工具选项栏中单击【形状】按钮，弹出下拉列表框，单击右上角黑三角按钮，在弹出的菜单中选择载入【全部】命令，如图 5-1-44 所示。

(3) 在全部形状图形中选择合适的图形，如图 5-1-45 所示。

(4) 在【图层】面板中，单击【新建图层】按钮，创建"图层 1"。然后绘制图形，如图 5-1-46 所示。

(5) 打开"素材\项目五\小宝宝.jpg"素材图片，选取【移动工具】，将其拖曳到图层 1 的上方，系统自动生成新的图层"照片"。

(6) 按住 Alt 键在图层 1 和照片图层中间，当鼠标指针变为形状时单击，创建剪贴蒙版，效果如图 5-1-47 所示。

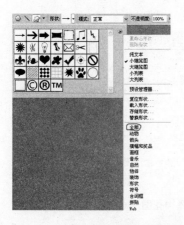

图 5-1-44 【自定形状工具】选项栏

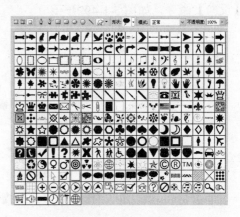

图 5-1-45 全部形状图形

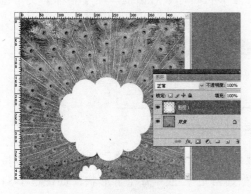

图 5-1-46 创建形状

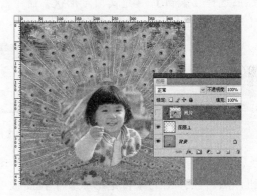

图 5-1-47 创建剪贴蒙版

(7) 在【图层】面板中，单击 按钮，形成"图层 2"。按住 Ctrl 键单击"图层 1"创建选区，选择【编辑】|【描边】命令，得到如图 5-1-48 所示的效果。

图 5-1-48 最终效果图

【进阶任务 3】自定义形状工具的应用。

其设计过程如下。

(1) 选择【文件】|【打开】命令，打开"素材\项目五\梅花.jpg"素材图片。

(2) 单击工具箱中的【魔棒工具】 ，在图像的白色区域上单击，然后选择【选择】

|【反向】命令，如图 5-1-49 所示。

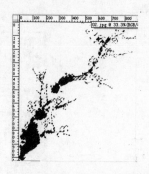

图 5-1-49 【魔棒工具】选择梅花图形

(3) 在【路径】调板中选中【从选区生成工作路径】按钮 ，即可将选区存储为路径。然后选择【编辑】|【定义自定形状】命令，打开【形状名称】对话框，在【名称】文本框中输入形状的名称，如图 5-1-50 所示。

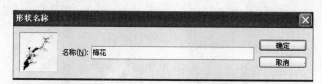

图 5-1-50 【形状名称】对话框

(4) 选择【自定义形状工具】 ，在其工具选项栏中单击【形状】右侧的下拉三角按钮，然后在弹出的【自定形状】下拉面板中可看到自定义的"梅花"形状，如图 5-1-51 所示。

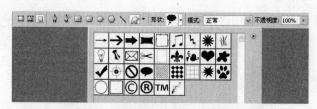

图 5-1-51 【自定义形状工具】选项栏

任务 2 设计制作篮球场及相应建筑

任务背景

为规划设计图设置篮球场、停车场、花坛等建筑物。

任务要求

办公区的主要建筑是办公大楼，其前方应包括花坛、停车场、休息场所等，办公区的一侧还应设计篮球场、花坛和休息场所等。设计要求布局合理、美观，方便通行。

任务分析

设计布局合理、美观的工作区，既能提高员工的工作效率，又能愉悦员工，保证员工的身心健康，同时也要为其生活提供便利保障。

重点难点

❶　创建和编辑路径的方法和技巧。

❷　熟练应用【路径】调板。

❸　选区与路径的转换。

任务实施

其设计过程如下。

(1) 选择【文件】|【新建】命令，在【新建】文件对话框中将【宽度】和【高度】分别设置为 18cm 和 10cm，如图 5-2-1 所示。

图 5-2-1　【新建】对话框

(2) 设置前景色的颜色为浅洋红(R:255,G:146,B:146)，按 Alt+Delete 组合键进行填充。然后选择【滤镜】|【杂色】|【添加杂色】命令，效果如图 5-2-2 所示。

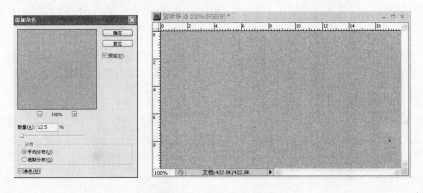

图 5-2-2　添加杂色效果

(3) 设置背景色的颜色为灰色(R:161,G:161,B:161)，选择【图像】|【画布大小】命令，在弹出的对话框中将高度和宽度各增加 1cm，画布大小调整及调整后效果如图 5-2-3 所示。

(a) 画布大小调整

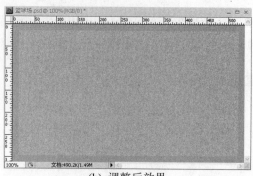

(b) 调整后效果

图 5-2-3　调整画布大小

(4)　在场景的中心位置拖曳绘制两条参考线。打开【图层】面板，单击新建图层按钮，并将该图层命名为"中心圆"，选择 ⬭工具，以参考线的交点为圆心绘制圆形路径。然后选择【画笔工具】，设置前景色为白色，大小为 2 像素，单击【路径】调板中的 ⬭按钮，效果如图 5-2-4 所示。

图 5-2-4　绘制小圆

(5)　新建图层"大圆"，用同样方法绘制大圆，如图 5-2-5 所示。新建两个图层，分别命名为"右半圆"和"左半圆"，并对大圆的左半部分及右半部分进行移动，如图 5-2-6 所示。

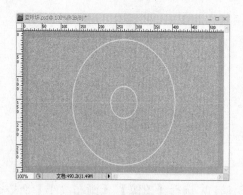

图 5-2-5　绘制大圆

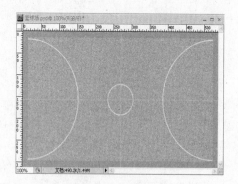

图 5-2-6　绘制半圆

(6) 在【图层】面板中选择"中心圆"图层，复制出"左小圆"和"右小圆"，并在两圆的两侧绘制两条线段，合并部分图层，如图 5-2-7 所示。

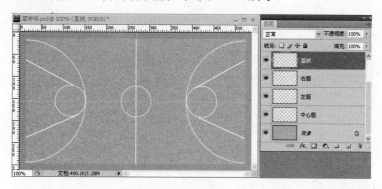

图 5-2-7　篮球场效果

(7) 对整个场景设置宽度为 3 像素的白色边框。将绘制好的篮球场复制到场景的合适位置中，如图 5-2-8 所示。

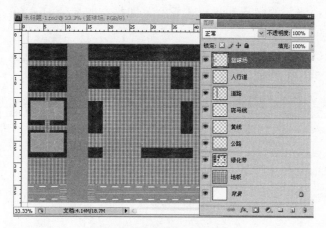

图 5-2-8　含篮球场的场景

(8) 利用提供的素材图片，添加相应的停车线、汽车、植物、厂房和中心花坛，最终效果如图 5-1 所示。

相关知识

1. 路径基础

(1) 路径的概念

路径是由一条或多条具有多个锚点(节点)的矢量线条(也称为贝赛尔曲线)构成的图形，可以是一个点、直线段或曲线，通常是指有起点和终点的一条直线或曲线，如图 5-2-9 所示。路径可以是闭合的，没有起点或终点；也可以是开放的，有明显的终点。

路径具有矢量性，是面向对象的，没有锁定在背景图像像素上，不同于点阵图像属性，占磁盘空间很小，可以快速选择、移动、调整其大小等编辑修改。路径在图像显示效果中表现为不可打印的矢量图形，用户可以沿着产生的线条对路径进行填充和描边。

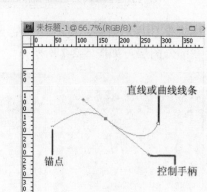

图 5-2-9 路径

(2) 路径的组成元素

贝赛尔曲线是一种以三角函数为基础的曲线，它的每一个锚点都有一条或两条虚拟的称为控制柄的直线段，直线的方向与锚点的切线方向一致，控制柄两端的端点叫控制点。具体来说，路径由锚点、线段、控制柄和控制点四部分构成。路径中包含以下几个术语。

① 开放路径：路径的起点和重点未重合，即带有明显的起点和终点，如图 5-2-10 所示。

② 闭合路径：路径的起点和终点重合。如果要将路径转换为选区，则要求路径必须为闭合路径，如图 5-2-11 所示。

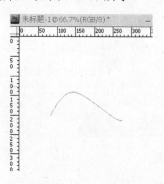

图 5-2-10 开放路径

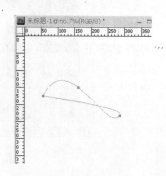

图 5-2-11 闭合路径

③ 工作路径和子路径：利用工具箱中的【钢笔工具】等路径工具每次创建的都是一个子路径，完成所有子路径的创建后，将组成一个新的工作路径。

在 Photoshop 中，创建和编辑路径的工具包括路径工具、路径选择工具和形状工具。

2. 路径和路径选择工具

路径工具组包括钢笔工具、自由钢笔工具、添加锚点工具、删除锚点工具和转换点工具，如图 5-2-12(a)所示。路径选择组工具包括路径选择工具和直接选择工具，如图 5-2-12(b)所示。

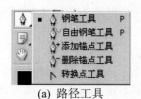

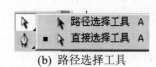

(a) 路径工具　　　　　　　　　　　　　　　(b) 路径选择工具

图 5-2-12　工具

(1) 路径选择工具

① 认识路径选择工具

【路径选择工具】↖，用于选择一条或按住 Shift 键选择几条路径，并对之进行移动、复制、删除、组合、对齐、平均分布或旋转、变形等操作。选择【路径选择工具】↖，选择多条路径时，工具选项栏如图 5-2-13 所示。

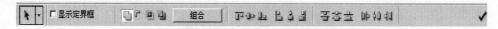

图 5-2-13　【路径选择工具】选项栏

【路径选择工具】选项栏中主要选项的含义如下。

● 显示定界框：选中此复选框，显示路径的定界框；否则不显示路径的定界框。

● 组合：单击此按钮，对所选择的多个工作路径按 四种方式之一进行组合，创建新的工作路径。

● 对齐分布按钮 ：对所选择的多个工作路径进行对齐分布操作。

● 按钮：单击此按钮，解散目标路径，在画布窗口不再显示路径形状。

② 使用路径选择工具

选择【路径选择工具】↖，单击路径曲线或拖动鼠标圈选路径，路径中所有锚点呈实心状态显示，即选中整个路径。再用鼠标拖动路径，在不改变路径形状和大小的情况下整体移动路径，把路径移动至目标处放开鼠标即可，如图 5-2-14 所示。

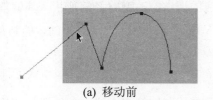

(a) 移动前　　　　　　　　　　　　　　　(b) 移动后

图 5-2-14　选择并移动路径

选中工作路径，选择【编辑】|【变换路径】(或【自由变换路径】)命令，在弹出的子菜单中选择任意菜单命令，即可对所选路径进行相应的调整，改变路径的形状。其调整方法与选区的调整方法一样。

(2) 直接选择工具

① 认识直接选择工具

【直接选择工具】↖，用于显示路径锚点、改变路径的形状和大小。选择【直接选择工具】✎，选项栏没有选项。选取路径上的锚点、线段或用框选的方式选择部分路径，并对选区部分进行删除或移动等操作。

② 使用直接选择工具

选择【直接选择工具】✎，拖动鼠标框选一部分路径，路径中所有锚点显示出来，只是被选中的锚点呈实心状态显示，没有被选中的锚点呈空心状态显示。在路径曲线外任意点单击，即可隐藏路径上的锚点。

单击选中锚点，拖动鼠标，即可改变锚点在路径上的位置，从而改变路径的形状，如图 5-2-15 所示。

(a) 移动前　　　　　　　　　　　　　　　　(b) 移动后

图 5-2-15　路径点的选择和移动

提示： 在使用直接选择工具选取锚点时，可以按住 Shift 键的同时单击多个锚点，则可以选取多个锚点。

选择【直接选择工具】✎，单击选中需要移动的路径线段，并拖动鼠标移至目标位置，松开鼠标即可，如图 5-2-16 所示。

(a) 移动前　　　　　　　　　　　　　　　　(b) 移动后

图 5-2-16　路径线段的选择和移动

选中工作路径锚点，选取【编辑】|【变换点】(或【自由变换点】)命令，在弹出的子菜单中选择任意菜单命令，即可对所选路径进行相应的调整，改变路径的形状。其调整方法与选区的调整方法一样。

3. 钢笔工具组

(1) 钢笔工具

钢笔工具是创建路径最基本、最常用的工具，用来绘制连接多个锚点的线段或曲线，创建各种直线、曲线或自由线条的路径。

用【钢笔工具】绘制直线路径的方法是：选择【钢笔工具】，将光标移至图像窗口时，单击一点确定路径的起点，再将光标移动到另一个位置并单击即可绘制一条直线。如果创建一个封闭的路径，再将光标移到另一个位置并单击，最后将光标移到路径的起点处，当光标变为 ✎。形状时，单击即可创建一条由直线组成的封闭路径。

【钢笔工具】选项栏如图 5-2-17 所示。

【钢笔工具】选项栏中相关选项的含义如下。

- 形状图层按钮 ：单击此按钮，选项栏如图 5-2-17(a)所示，表示当前正在创建或编辑图形或形状图层。在绘制路径中会自动填充前景色或一种选定的图层样式图案，每绘制一个图像就创建一个图层，绘制后的图像不能用油漆桶工具填充颜色和图案。

- 路径按钮 ：单击此按钮，选项栏如图 5-2-17(b)所示，表示当前正在绘制路径，而且不能自动进行填充。

(a) 【钢笔工具】选项栏 1

(b) 【钢笔工具】选项栏 2

图 5-2-17 【钢笔工具】选项栏

- 路径工具按钮 ：选择当前使用的是钢笔工具或自由钢笔工具。
- 形状工具按钮 ：分别用于绘制矩形、圆角矩形、椭圆、多边形、直线、自定义形状图形形状或路径。
- 几何选项按钮 ：选择不同的工具选项按钮。单击此按钮，弹出不同的调板，以控制不同的几何选项。
- 自动添加/删除：选中此复选框，钢笔工具可以在原路径上自动添加或删除锚点。当移动到原路径曲线上时，在原指针右下方增加一个"+"号，单击路径曲线，即可在单击处增加一个锚点；当移动到原路径锚点上时，在原指针右下方增加一个"–"号，单击锚点，即可删除该锚点。
- 多路径设置按钮 ：用来决定绘制路径且路径重叠时采取何种处理方式。
- 样式：用于形状图层添加系统预设的样式。
- 颜色：单击颜色色块弹出【拾色器】对话框，用来选择填充颜色。

提示：默认情况下，只有在闭合了当前路径后，才可以绘制另一条路径。若需要在未闭合一条路径前绘制新的路径，可点按 Esc 键，然后再单击钢笔工具或其他工具，即可继续绘制新路径。

(2) 自由钢笔工具

自由钢笔工具可随意绘制任意形状的曲线路径。在画布窗口内拖动鼠标，无须确定锚点的位置，鼠标经过的地方将会自动添加锚点和路径，在拖动过程中也可以单击定位锚点。如果要结束绘制路径，在结束点双击或按 Enter 键即可完成路径的绘制，创建一个形状路径。

选择【自由钢笔工具】，工具选项栏如图 5-2-18(a)或图 5-2-18(b)所示。

(a) 【自由钢笔工具】选项栏 1

(b) 【自由钢笔工具】选项栏 2

图 5-2-18 【自由钢笔】工具选项栏

【自由钢笔工具】选项栏中主要选项含义如下。

① 磁性的：选中该复选框，自由钢笔工具则变为磁性钢笔工具，鼠标指针变为 形状。磁性钢笔工具与磁性套索工具的使用方法类似，在使用磁性钢笔工具绘图时，系统会自动将鼠标指针移动的路径定位在图像的边缘上。

② 几何选项按钮 ▼：单击此按钮，弹出如图 5-2-19 所示的选项框。

图 5-2-19　自由钢笔工具几何选项框

在选项框中各选项参数的作用如下。

- 曲线拟合：用于输入控制自由钢笔创建路径的锚点的个数。该参数的取值范围是 0.5～10。数值越大，锚点的个数就越少，曲线越简单。
- 磁性的：作用同上，可以设置磁性钢笔工具的属性。当选中此复选框时，【宽度】、【对比】、【频率】文本框才有效。
- 宽度：用来设置系统的检测宽度，取值范围为 1～40。
- 对比：用来设置系统控制磁性钢笔工具检测图像边缘的灵敏度，取值范围为 1%～100%。该数值越大，则图像边缘与背景的反差也越大，边缘明显。
- 频率：决定磁性钢笔工具在路径绘制中安置的锚点的密度，值越小锚点越密，取值范围为 5～40。
- 钢笔压力：如果使用光笔绘图板，该复选框有效，可以选中或取消选中【钢笔压力】复选框，然后可以使用光笔压力，光笔压力的增加将导致宽度减小。

(3) 添加锚点工具

路径创建完成后，可以使用【添加锚点工具】 在原路径上添加锚点，以改变路径中锚点的密度，增加路径的复杂程度。具体操作方法如下。

选择【添加锚点工具】 ，将鼠标定位到已创建的工作路径非锚点处，鼠标指针变成 形状，如图 5-2-20(a)所示。在需要增加锚点位置处单击，即可在工作路径上添加新的锚点，如图 5-2-20(b)所示。拖动新锚点两边的控制点，可以改变该锚点两旁曲线的形状。

(a) 在需要添加锚点处单击　　　　　　　　　(b) 添加锚点

图 5-2-20　添加锚点

(4) 删除锚点工具

路径创建完成后，可以使用【删除锚点工具】 删除原路径上的锚点，以改变路径中锚点的密度，减少路径的复杂程度。【删除锚点工具】的作用与【添加锚点工具】的作用正好相反，但使用方法相似。具体操作方法如下。

选择【删除锚点工具】，将鼠标定位到已创建的工作路径上锚点位置，鼠标指针变成形状，如图 5-2-21(a)所示。在需要删除的路径锚点处单击，即可删除该路径锚点，如图 5-2-21(b)所示。

(a) 在需要删除锚点处单击　　　　　　　　　　(b) 删除锚点

图 5-2-21　删除锚点

(5) 转换点工具

【转换点工具】是用来改变曲线锚点属性的，它可以把曲线路径上平滑锚点转换成尖突锚点，或将尖突锚点转换成平滑锚点，以便对路径形状进行修改。

选择【转换点工具】，用鼠标拖动直线锚点，可以显示出该锚点的切线，将直线锚点转换为曲线锚点。用鼠标拖动切线两端的控制点，可改变路径的形状。选择【转换点工具】，单击曲线锚点，可以将曲线锚点转换为直线锚点，如图 5-2-22 和图 5-2-23 所示。

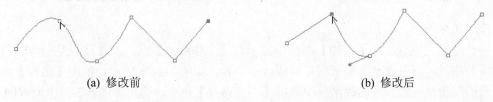

(a) 修改前　　　　　　　　　　　　　　　(b) 修改后

图 5-2-22　平滑锚点转换为尖突锚点

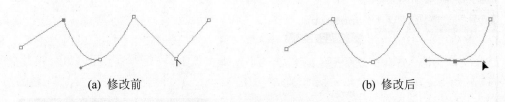

(a) 修改前　　　　　　　　　　　　　　　(b) 修改后

图 5-2-23　直线锚点转换为曲线锚点

4.【路径】面板

Photoshop 中很多与路径相关的操作都可以在【路径】面板中完成操作，如创建、保存、复制、删除路径、选区与路径转换等操作。【路径】面板如图 5-2-24 所示。

(1) 新建路径

创建新路径主要有以下两种方法。

方法一：直接选用路径绘制工具进行路径描绘，在绘制路径时，系统会在【路径】面板中建立工作路径，如果绘制完毕后不将其保存，则工作路径内容会丢失。

方法二：单击【路径】面板中的【创建新路径】按钮 □ ，或选择【路径】面板菜单中的【新建路径】命令，如图 5-2-25 所示，然后选取路径绘制工具进行路径的描绘。使用该方法，系统会自动保存路径绘制结果。

> **提示：** 按住 Alt 键并单击按钮 □ ，可在弹出的对话框中输入新路径的名称，再单击【确定】按钮。

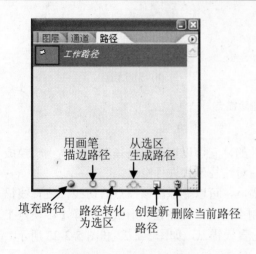

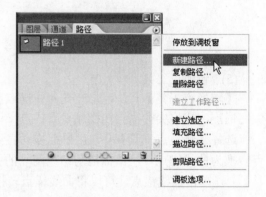

图 5-2-24 【路径】调板　　　　　　　图 5-2-25 选择【新建路径】命令

(2) 保存路径

路径绘制完毕后，在【路径】面板中显示有【工作路径】层。工作路径是一种具有暂存性质的路径，所以通常需要把它存储成一般路径。如图 5-2-26 所示，单击【路径】面板右上角的三角形按钮，在面板菜单中选择【存储路径】命令，弹出如图 5-2-27 所示的【存储路径】对话框，在【名称】文本框中输入路径名称，也可使用默认名称，即可保存工作路径。

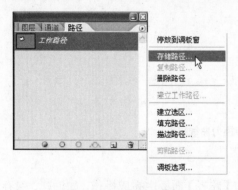

图 5-2-26 存储路径命令　　　　　　　图 5-2-27 【存储路径】对话框

(3) 填充路径

绘制完毕的路径可以直接在其内部填充颜色，填充路径的方法有以下两种。

方法一：选择需要填充的路径，单击【路径】面板中的【填充路径】按钮 ● ，用前景色快速填充路径，如图 5-2-28 所示。

方法二：如果需要对路径的填充内容进行设置，如设置填充颜色的混合模式、不透明度、羽化半径以及是否保留透明区、消除锯齿等。如图 5-2-29 所示，可选择【路径】面板菜单中的【填充路径】命令，弹出如图 5-2-30 所示【填充路径】对话框，进行详细设置，然后单击【确定】按钮。

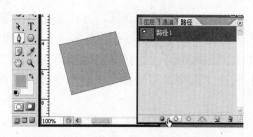

图 5-2-28 使用【填充路径】按钮

图 5-2-29 选择【填充路径】命令

图 5-2-30 【填充路径】对话框

(4) 描边路径

路径描边的方法有以下两种。

方法一：用选择工具选取需要描边的路径，单击【路径】面板底部的【用画笔描边路径】按钮 ○，以前景色和现有的笔刷大小自动对路径进行描边，每单击按钮一次即对路径描边一次。

方法二：设定前景色为描边所需颜色，选取一种绘图工具，并在工具选项栏中设定笔刷大小、样式、不透明度等选项。然后，按如图 5-2-31 所示，选择【路径】面板菜单中的【描边路径】命令，弹出如图 5-2-32 所示的【描边路径】对话框。在【工具】下拉列表中选取刚才设置的绘图工具，单击【确定】按钮，即可完成路径的描边。

图 5-2-31 选择【描边路径】命令

图 5-2-32 【描边路径】对话框

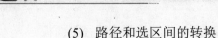

(5) 路径和选区间的转换

路径和选区之间可以相互转换，该项功能可以帮助用户制作出极为复杂的选区范围。

① 将路径作为选区载入

在路径创建完毕后，可以将路径转换为选区，方法主要有以下两种。

方法一：单击【路径】面板中的【将路径作为选区载入】按钮◯，或直接将要转换为选区的路径拖曳到该按钮上，即可将当前选择路径转换为选区。

方法二：在【路径】面板中选择需要转换为选区的路径，选择【路径】面板菜单中的【建立选区】命令。

如果路径为开放路径(如图 5-2-33(a)所示)，在进行转换时，Photoshop 自动将距离最近的两个端点以直线连接形成选区，如图 5-2-33(b)所示。如果是只有一条直线的开放路径，则不能将路径转换为选区。

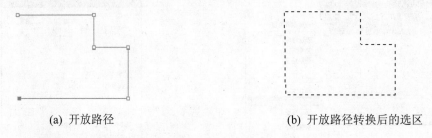

| (a) 开放路径 | (b) 开放路径转换后的选区 |

图 5-2-33　路径转化为选区

② 从选区生成路径

当图像中已有选区，并且需要把选区转换成路径进行进一步编辑修改时，可以使用以下两种方法操作。

方法一：单击【路径】面板中的【从选区生成路径】按钮◠，可以将当前选区转化为工作路径。

方法二：选择【路径】面板菜单中的【建立工作路径】命令(如图 5-2-34(a)所示)，弹出如图 5-2-34(b)所示的【建立工作路径】对话框。在对话框中可进行 0.5～10.0 像素的容差值设置，最后单击【确定】按钮，完成选区到路径的转换。

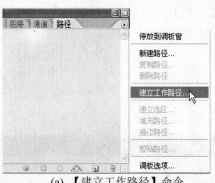

| (a) 【建立工作路径】命令 | (b) 【建立工作路径】对话框 |

图 5-2-34　选区生成路径

(6) 删除路径

删除路径的方法有以下三种。

方法一：选取路径后，单击【路径】面板中的【删除当前路径】按钮，单击【是】按钮，即可将当前选中的路径删除。如果按住 Alt 键同时单击【路径】面板中的【删除当前路径】按钮，则不会弹出确认对话框，路径被直接删除。

方法二：将想要删除的路径拖曳到【删除当前路径】按钮处，删除该路径。

方法三：选取需要删除的路径线，直接使用键盘上的 Del 键删除当前选中的路径。

任务进阶

【进阶任务 1】制作音乐网站标志。

(1) 新建文件。设定文件大小：长宽均为 240 像素，分辨率为 72 像素/英寸，色彩模式选择 RGB 模式，白色背景。

(2) 在工具箱中选择【自定形状工具】，选择载入全部形状。

(3) 选择形状列表中的"八分音符"图形，设置创建方式为形状，填充色为红色(R:255, G:0, B:0)，在画布中创建大小两个音符图形，如图 5-2-35 所示。

(4) 选择其中一个音符所在的形状图层，选择【编辑】|【自由变化路径】命令，调整路径的角度，如图 5-2-36 所示。使用【选择工具】，调整音符的位置，如图 5-2-37 所示。

图 5-2-35　创建音符造型

图 5-2-36　调整角度

(5) 选择工具箱中的【钢笔工具】，设置创建方式为形状，设置填充色为绿色(R:190, G:226, B:20)，在音符下方创建出类似于对勾的多边形造型，如图 5-2-38 所示。

图 5-2-37　调整位置

图 5-2-38　多边形的绘制

(6) 调整图层顺序，把绘制多边形的图层移动到最下方图层位置，并调整图形在画布中的位置，如图 5-2-39 所示。

(7) 使用步骤五的方法创建出若干个三角形，放置在音符上方，设置颜色为橙色(R:238, G:132, B:62)，完成音乐网站标志效果图的制作如图 5-2-40 所示。

图 5-2-39　图层位置的调整　　　　　　　　图 5-2-40　音乐网站标志

【进阶任务 2】制作路径花。

(1) 选择【文件】|【新建】命令，在打开的对话框中将宽度和高度分别设置为 400 和 300 像素，分辨率为 100 像素/英寸，颜色模式为 RGB 颜色，背景为白色。

(2) 选择【视图】|【显示】|【网格】命令，在视图中打开网格显示。

(3) 单击【图层】面板下方的【创建新图层】按钮，新建图层 1。

(4) 在英文输入状态下，选择路径工具组中的【钢笔工具】，打开【路径】面板，利用参考线绘制对称图形，如图 5-2-41 所示。

(5) 选择【转换点工具】，分别对四个锚点进行调节，调整路径后的效果如图 5-2-42 所示。

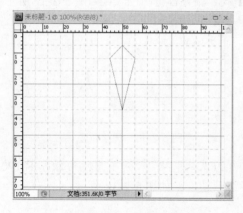
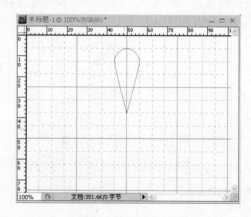

图 5-2-41　绘制对称图形　　　　　　　　　图 5-2-42　调整后的图形

(6) 选择【路径选择工具】，按住 Alt 键并拖动调整后的路径，将其复制。选择【编辑】|【变换路径】|【旋转】命令，对其旋转 180°，并与调整后图形对接，如图 5-2-43 所示。

(7) 选择两条路径，单击工具选项中的【添加到形状区域】按钮，把两条路径合二为一。然后将其复制多个，旋转生成如图 5-2-44 所示的图形。

(8) 选中所有路径，单击工具选项中的【重叠形状区域之外】按钮，同时单击【组合】按钮，将路径组合成一个完整的曲线路径。

(9) 设置前景色颜色为红色(R:255,G:0,B:0)，背景色颜色为绿色(R:0,G:255,B:0)，单击【路径】面板中的【填充路径】按钮。然后交换前景色与背景色，选择【画笔工具】，设置大小为 3 像素，再单击【路径】面板中的【描边路径】按钮，路径花最终效果如图 5-2-45 所示。

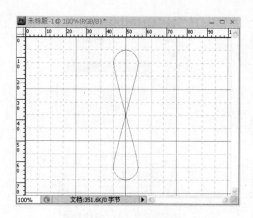

图 5-2-43　对接后图形

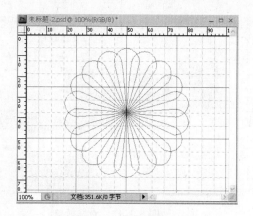

图 5-2-44　复制后图形

图 5-2-45　路径花最终效果图

【进阶任务 3】制作流线字。

(1)　选择【文件】|【新建】命令，在【新建】对话框中设置参数，如图 5-2-46 所示，单击【确定】按钮新建一个文件。

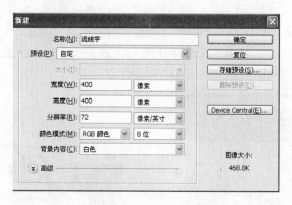

图 5-2-46　【新建】对话框

(2)　选取工具箱中的 T 工具，调整文字属性，输入文字"旋律"，效果如图 5-2-47 所示，系统自动生成"旋律"图层。

(3)　打开【图层】面板，在"旋律"图层上右击，在弹出的快捷菜单中选择【栅格化文字】命令，如图 5-2-48 所示。

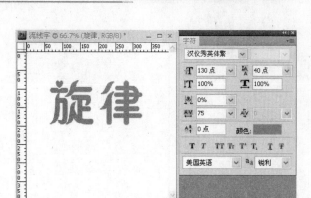
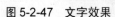

图 5-2-47　文字效果　　　　　　　　　　图 5-2-48　栅格化文字

(4) 按住 Ctrl 键的同时单击"旋律"图层形成选区，然后单击【路径】面板中的 按钮并隐藏文字所在的图层，如图 5-2-49 所示。

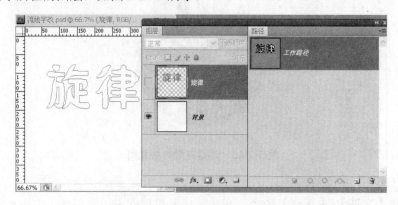

图 5-2-49　生成文字选区

(5) 分别选择 和 两组工具，对"旋律"路径进行编辑，效果如图 5-2-50 所示。

(6) 打开【图层】面板，单击 按钮，新建图层并命名"图层 1"。然后单击【路径】面板中的 按钮形成选区，设置前景色(R:130, G:2, B:255)，按 Alt+Del 组合键对选区填充颜色，并对文字作倾斜处理，效果如图 5-2-51 所示。

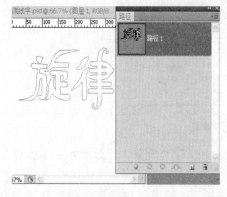

图 5-2-50　编辑路径　　　　　　　　　图 5-2-51　文字效果

【进阶任务4】人物变脸。

(1) 打开素材"素材\项目五\娃娃1.jpg"、"素材\项目五\娃娃2.jpg"文件。下面要将"娃娃1.jpg"图像中娃娃的脸替换成"娃娃2.jpg"图像中娃娃的脸。

(2) 单击工具箱中的【钢笔工具】，在"娃娃2.jpg"中娃娃的头部适当选择描点单击，画出如图5-2-52所示的封闭路径。

(3) 单击工具箱中的【添加锚点工具】，在两个锚点间的直线处单击添加锚点，效果如图5-2-53所示。

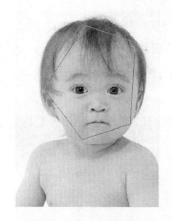

图5-2-52　初始路径

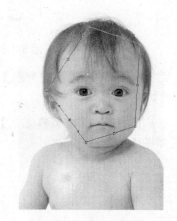

图5-2-53　添加锚点

(4) 单击工具箱中的【转换点工具】，可将刚添加的锚点转换成"平滑点"，拖曳或旋转控制手柄，调整路径至如图5-2-54所示。

(5) 打开【路径】面板，单击【路径】面板下方的【将路径作为选区载入】按钮，将工作路径转换为选区，如图5-2-55所示。

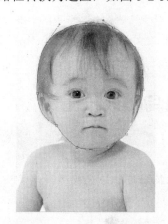

图5-2-54　转换为"平滑点"

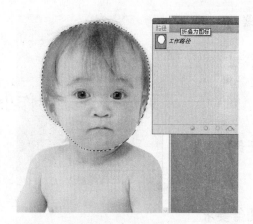

图5-2-55　转换为选区

(6) 使用工具箱中的【移动工具】，将选区中的图像拖到"娃娃1.jpg"文件中，成为"娃娃1.jpg"文件的"图层1"，如图5-2-56所示。

图 5-2-56　移动至"娃娃 1"图片

(7) 选择【编辑】|【自由变换】命令，对"图层 1"进行旋转、缩放操作，效果如图 5-2-57 所示。

(8) 使用工具箱中的【模糊工具】 ，沿头部边缘涂抹，使图像与背景更自然地融合，最终效果如图 5-2-58 所示。

图 5-2-57　自由变换图像　　　　　　　　　　　图 5-2-58　效果图

实践任务　制作小区景观鸟瞰效果图

任务背景

为某一小区设计鸟瞰效果图，主要包括地形的制作及后期环境的制作技巧等。

任务要求

购买者在购买房子时，往往要清楚地了解整个小区的规划，而鸟瞰效果图就是表现建筑规划的一种比较理想的方式。它能比较直观地将小区周围环境、基础设施、整个小区的规划、环境绿化以及采光效果等表现出来。因此，制作出具有专业水准的鸟瞰效果图，对于效果图从业人员来说是非常重要的。

任务分析

使用钢笔工具、添加锚点工具、转换点工具等制作出地形图，然后利用提供的素材图片对后期环境进行处理。在此制作过程中，也可以利用自定义形状工具添加一些修饰，最终美化鸟瞰效果图。

任务素材及参考图

任务素材如图 5-3-1～图 5-3-6 所示，小区设计效果参考图如图 5-3-7 所示。

图 5-3-1 远景图

图 5-3-2 棕榈

图 5-3-3 树木

图 5-3-4 水

图 5-3-5 灌木

图 5-3-6 楼房

图 5-3-7 鸟瞰效果图

职业技能知识考核

一、填空题

1. 在【钢笔工具】选项栏中,单击_____按钮,使用钢笔工具将会创建形状,并以前景色填充所创建的形状;单击_____按钮,使用钢笔工具将会创建工作路径;选中_____复选框,使用钢笔工具在已有路径上单击,则可以增加一个锚点,而使用钢笔工具在已有路径锚点上单击,则可以删除这个锚点。

2. 选择锚点是通过工具箱中的_____工具,选择路径是通过工具箱中的_____工具。

3. 增加锚点是通过工具箱中的_____工具,删除锚点是通过工具箱中的_____工具。

二、选择题

1. 路径是由多个锚点或是线条组成的矢量线条,它具有以下哪些特点?(   )

    A. 执行缩小或是放大操作,不会影响路径的清晰度

    B. 可以为路径填充颜色

    C. 路径可以转化为选区

    D. 可以为路径描边

2. 以下哪些是从状态上划分路径类型?(   )

    A. 开放路径   B. 闭合路径   C. 工作路径   D. 一般路径

3. 使用直接选择工具选取锚点时,如果按住(   )键的同时单击锚点,则可以选取多个锚点。

    A. Shift   B. Ctrl   C. Alt   D. Tab

三、判断题

1. 对于已有路径线上路径点的删除,只能通过删除锚点工具来删除。   (   )

2. 工作路径是一种具有暂存性质的路径,当工作路径绘制完成后要将其保存,否则工作路径中的内容将会丢失。   (   )

四、实训题

1. 练习使用形状工具创建"美丽的森林",如图 5-4-1 所示。

图 5-4-1 美丽的森林

2．使用路径工具把素材图片中的杯子图像从背景中选取出来，如图 5-4-2 所示。

(a) 原图

(b) 把杯子图像从原图中选取出来

图 5-4-2　用路径来选择图像

3．使用形状工具制作中国银行标志，如图 5-4-3 所示。

图 5-4-3　中国银行标志

项目六 产品包装盒制作
——蒙版的使用

项目背景

东方公司为了提高产品形象，扩大茶叶销售量，一方面注重提高茶叶品质，另一方面准备设计一款新包装，提高茶叶档次。

项目要求

应东方公司要求，设计制作一款茶叶包装盒。以展现"东方茶韵"品味为主题，以放入两罐茶叶为大小标准，材质采用铜版纸。设计采用天地盒形式，并完成三维展示效果图。

项目分析

在现代经济社会中，产品包装，已成为商家宣传和促销产品活动中一种不可替代的载体，因此，无论是材质还是图像设计都至关重要。茶叶包装盒的设计，尺寸315mm×215mm×100mm，设计稿图像分辨率300dpi，以 TIFF 格式 CMYK 模式保存。材质主要采用 400g 灰色铜版纸，四色印刷，设计稿制作保证后期印刷要求。本项目茶叶包装盒效果图如图 6-1 所示。

图 6-1 项目效果图

能力目标

1. 能从包装盒的设计要求出发，设计整体思路。
2. 能根据设计思路搜集相关素材。
3. 能使用制作软件进行画面制作、处理，在学习中逐步具备通过软件表达设计意图的能力。
4. 综合运用所学理论知识和技能，通过真实项目的完成提高设计制作的能力
5. 培养独立思考，查阅资料，进行同类设计作品的比对，参考，进行综合分析比较的能力。

软件知识目标

1. 了解图层蒙版。
2. 掌握图层蒙版的创建编辑方法。
3. 掌握剪辑蒙版的使用方法。
4. 掌握快速蒙版的使用方法。

专业知识目标

1. 了解包装的含义及功能。
2. 掌握包装设计印前工艺流程。
3. 掌握使用二维软件制作三维效果图的基本方法。

学时分配

12 学时(讲课 6 学时，实践 6 学时)。

课前导读

本项目主要完成茶叶包盒装的设计，可分解为 3 个任务：制作包装盒顶面设计图，制作包装盒侧面设计图和包装盒效果图。通过本项目的设计制作，熟悉包装设计的基本工作流程，掌握 Photoshop 中蒙版知识在实际工作中的具体应用。

任务 1　设计制作包装盒顶面设计图

任务背景

包装盒顶面设计图是本项目的主要设计部分，选用中式风格，突出茶的清香之感。

任务要求

通过色彩搭配、图文处理，设计出中国风的包装盒顶面设计图。

任务分析

茶叶是中国传统的饮品，因此茶叶产品的包装可以走中式风格路线，在色调上，选择绿色，清新自然，体现包装产品的属性。

重点难点

❶　图层蒙版的使用。
❷　快速蒙版的使用。

任务实施

(1) 打开 Photoshop，在成品尺寸 315mm×215mm×100mm 基础上，根据展开图和制作要求(添加 3mm 出血)，执行【文件】|【新建】命令，创建大小为 521mm×421mm、色彩模

式为 CMYK、分辨率为 300 像素/英寸的文件，命名为"包装盒"，单击【确定】按钮保存文件，如图 6-1-1 所示。

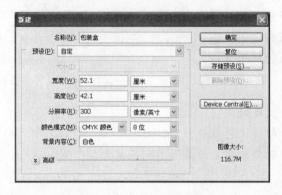

图 6-1-1 【新建】对话框

(2) 参考包装盒展开图，分别在如图 6-1-2 所示的位置处使用参考线对页面进行分割。

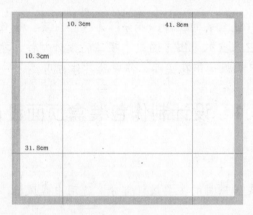

图 6-1-2 参考线设置

(3) 设置前景色为淡黄色(C:5,M:0,Y:20,K:0)，如图 6-1-3 所示。选择【油漆桶工具】，使用前景色填充背景图层。

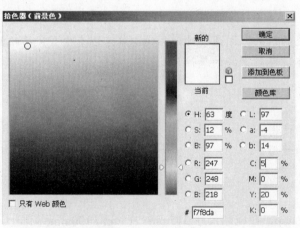

图 6-1-3 颜色设置

(4)　打开素材"素材\项目六\中国画.tif"素材，使用【移动工具】把图像移入包装文件中，命名图层名称为"中国画"。执行【编辑】|【自由变换】命令，修改图像的大小比例，如图 6-1-4 和图 6-1-5 所示。

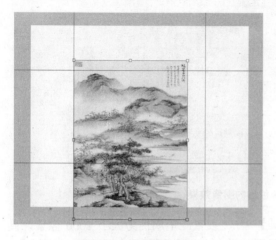

图 6-1-4　调整图像大小

图 6-1-5　"中国画"图层

(5)　选择"中国画"图层，单击【图层】面板下方的【添加图层蒙版】按钮，为"中国画"图层添加图层蒙版，如图 6-1-6 所示。

图 6-1-6　为"中国画"图层添加蒙版

(6)　点击"中国画"图层的蒙版区，使用【矩形选框工具】框选参考线以外的部分图像，如图 6-1-7 所示。使用【油漆桶工具】填充黑色，如图 6-1-8 所示。使参考线以外的部分图像消失，如图 6-1-9 所示。

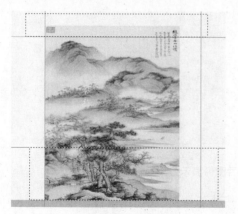

图 6-1-7　创建选区

图 6-1-8　在蒙版区填充黑色

图 6-1-9　填充黑色后的图像效果

　　(7)　设置前景色为黑色，选择【画笔工具】 ✐ ，设置画笔属性为大小 1000 像素，硬度为 0，如图 6-1-10 所示。单击"中国画"图层的蒙版区，使用画笔在图层中进行绘制，如图 6-1-11 所示，使"中国画"图像和背景在视觉效果上逐渐融合。用画笔进行绘制时要注意创造出图像的虚实关系，如图 6-1-12 所示。

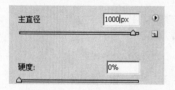

图 6-1-10　画笔属性设置

图 6-1-11　编辑"中国画"图层蒙版

图 6-1-12　编辑蒙版后图像显示效果

　　(8)　打开"素材\项目六\茶壶.jpg"，使用【移动工具】 把图像移至包装盒文件中，图层名称改为"茶壶"，如图 6-1-13 所示。

图 6-1-13　茶壶图像移至文件

(9) 为"茶壶"图层创建图层蒙版。使用【画笔工具】 ✐，设置大小为 1000 像素、硬度为 0，在蒙版中绘制，使茶壶图像的边缘和背景融合，如图 6-1-14 和图 6-1-15 所示。

图 6-1-14　"茶壶"图层蒙版　　　　　　　**图 6-1-15　茶壶图像和背景融合效果**

(10) 打开素材文件"素材\项目六\茶叶.jpg"，使用【移动工具】 ⊕，移动图像至文件中，修改图层名称为"茶叶"，如图 6-1-16 和图 6-1-17 所示。

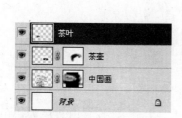

图 6-1-16　"茶叶"图层　　　　　　　**图 6-1-17　"茶叶"图像移至包装盒文件**

(11) 修改"茶叶"图层的【色彩混合模式】为【正片叠底】，茶叶图像与背景融合，如图 6-1-18 和图 6-1-19 所示。

图 6-1-18　图层色彩混合模式　　　　　图 6-1-19　茶叶图像与背景融合

(12) 把"茶叶"图层移至【图层】面板下方的【新建图层】按钮上，复制获得"茶叶 副本"图层，如图 6-1-20 和图 6-1-21 所示。水平移动副本图层，使其和"茶叶"图层的图像相衔接，如图 6-1-22 所示。

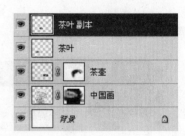

图 6-1-20　移动"茶叶"图层至【新建图层】按钮上　　　图 6-1-21　复制获得"茶叶 副本"图层

图 6-1-22　两个图层的茶叶图像相衔接

(13) 为"茶叶 副本"图层添加蒙版，使用【画笔工具】，设置前景色为黑色，在蒙版上图像的右侧边缘涂抹，使图像边缘和背景融合，如图 6-1-23 所示。

(14) 选择"茶叶"和"茶叶 副本"图层，单击【链接】按钮，链接这两个图层，如图 6-1-24 所示。执行【编辑】|【自由变换】命令，调整其图像大小，如图 6-1-25 和图 6-1-26 所示。

图 6-1-23　将茶叶图像的右侧虚化并和背景融合

图 6-1-24　链接"茶叶"和"茶叶 副本"图层

图 6-1-25　使用【自由变换】命令缩放茶叶图像

图 6-1-26　调整大小后的图像效果

(15) 选择【文字工具】T，设置中国书法字体，输入"东方茶韵"的中英文，进行文字的组合排列，如图 6-1-27 所示。

图 6-1-27　中英文的排列组合

(16) 为文字"东方"图层添加描边样式，如图 6-1-28 所示。使用【渐变色工具】 为文字"茶韵"添加圆形的咖啡色到土黄色的渐变色背景，为文字"茶韵"图层添加【颜色叠加】样式，如图 6-1-29 所示。最终的文字组合效果如图 6-1-30 所示。

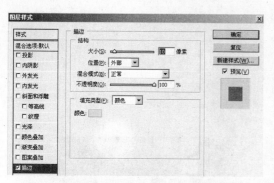

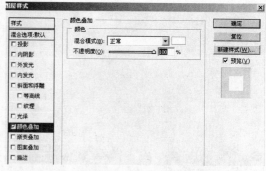

图 6-1-28 【描边】样式参数设置 　　　　　图 6-1-29 【颜色叠加】样式的参数设置

图 6-1-30 文字效果

(17) 打开"素材\项目六\茶叶 2.jpg"文件,使用【裁切工具】 ⊿裁切局部图片,如图 6-1-31 和图 6-1-32 所示。

图 6-1-31 裁切图像 　　　　　图 6-1-32 裁切后获得的图像

(18) 单击工具箱中的【快速蒙版】按钮 ,如图 6-1-33 所示,使编辑模式进入快速蒙版编辑状态。选择【画笔工具】 ,设置如图 6-1-34 所示。设置前景色为黑色,按如图 6-1-35 所示涂抹绿叶的外围区域,当靠近茶叶边缘时可选择直径较小的画笔进行涂抹,使涂抹的边缘和绿叶的边缘吻合。

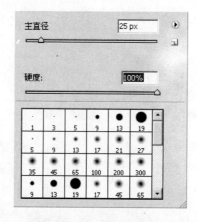

图 6-1-33　【快速蒙版】按钮　　　图 6-1-34　画笔设置　　　图 6-1-35　涂抹绿叶外围区域

(19) 再次单击【快速蒙版】按钮 ▣，从快速蒙版编辑模式退出，图像中出现和绿叶外形吻合的选区造型，如图 6-1-36 所示。

图 6-1-36　绿叶外形的选区

(20) 转换背景层为普通图层，执行【选择】|【反向】命令，按 Delete 键删除绿叶的外围图像，如图 6-1-37 和图 6-1-38 所示。

图 6-1-37　选择【反向】命令　　　　　图 6-1-38　删除绿叶外围图像

(21) 使用【移动工具】把绿叶图像移至包装盒文件中。通过复制图层的方法，复制出若干绿叶，并执行【编辑】|【自由变换】命令修改其大小，排列形成如图 6-1-39 所示的造型。

图 6-1-39　添加绿叶后的效果

相关知识

1. 蒙版

蒙版也是 Photoshop 图层中的一个重要概念，蒙版可以控制图层区域内部分图像隐藏或显示。更改蒙版可以对图层应用各种效果，不会影响该图层上的图像，执行【应用图层蒙版】才可以使更改永远生效。Photoshop 中的蒙版分两类：一是图层蒙版，二是矢量蒙版。

(1) 图层蒙版

在【图层】面板下方单击【图层蒙版】按钮即可新建图层蒙版，在【图层】菜单下选择【添加图层蒙版】|【显示选区】或【隐藏选区】命令即可显示/隐藏图层蒙版。单击【图层】面板中的【图层蒙版缩览图】将它激活，然后就可以选择任意编辑或绘画工具在蒙版上进行编辑。将蒙版涂成白色可以从蒙版中减去并显示图层，将蒙版涂成灰色可以看到部分图层，将蒙版涂成黑色可以向蒙版中添加并隐藏图层。

(2) 矢量蒙版

矢量蒙版是由钢笔工具或形状工具在图层面板中创建的，图层蒙版和矢量蒙版都以附加缩览图显示在图层缩览图的右边。

矢量蒙版可在图层上创建锐边形状，若需要添加边缘清晰分明的图像可以使用矢量蒙版。创建矢量蒙版图层之后，还可以应用一个或多个图层样式。先选中一个需要添加矢量蒙版的图层，使用形状或钢笔工具绘制工作路径，然后选择【图层】|【添加矢量蒙版】|【当前路径】命令即可创建矢量蒙版。

矢量蒙版可以转换为图层蒙版，选择要转换的矢量蒙版所在的图层，然后选择【图层】|【栅格化】|【矢量蒙版】命令即可转换。需要注意的是，一旦删格化矢量蒙版，就不能将它改回矢量对象了。

(3) 删除和停用蒙版

将要删除的蒙版激活，右击，打开快捷菜单，选择【删除图层蒙版】命令，即可删除该蒙版。选择【停用图层蒙版】命令，则该蒙版效果暂时不显示，但蒙版仍然存在，如图 6-1-40 所示。

图 6-1-40　停用或删除图层蒙版

(4) 应用蒙版

选择要应用的蒙版，右击，打开快捷菜单，选择【应用图层蒙版】命令，则图层蒙版会和图像进行合并，如图 6-1-41 所示。注意矢量蒙版必须通过【栅格化矢量蒙版】转换为图层蒙版后才可应用，如图 6-1-42 所示，执行【应用图层蒙版】命令后就不可修改了。

图 6-1-41　应用图层蒙版

图 6-1-42　栅格化矢量蒙版

2. 快速蒙版

快速蒙版是一种临时蒙版，其优点是可以同时看到蒙版和图像。快速蒙版主要应用于图像的抠图，在快速蒙版模式编辑状态下，选择【画笔工具】，设置前景色为黑色或白色，在图像窗口涂抹来添加或删除选取图像区域。例如使用快速蒙版选择花朵图像。

(1) 打开"素材\项目六\花.jpg"文件，单击【以快速蒙版模式编辑】按钮，如图 6-1-43 和图 6-1-44 所示。

图 6-1-43　花朵图像

图 6-1-44　单击【以快速蒙版模式编辑】按钮

(2) 选择【画笔工具】✎，设置画笔的大小为 125 像素、硬度为 100%，设置前景色为黑色，用画笔在花朵部分涂抹，如图 6-1-45 和图 6-1-46 所示。

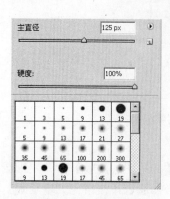

图 6-1-45　画笔设置

图 6-1-46　在蒙版上涂抹花朵效果

(3) 再次单击【以快速蒙版模式编辑】按钮◻，退出快速蒙版编辑模式，此时图像中花朵以外的部分已建立选区，如图 6-1-47 所示。执行【选择】|【反向】命令，即可选中花朵图像，如图 6-1-48 和图 6-1-49 所示。

图 6-1-47　建立花朵图像以外选区

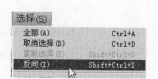

图 6-1-48　选择【反向】命令

图 6-1-49　反向后建立花朵图像选区

任务进阶

【进阶任务】制作水中花。

其设计过程如下。

(1) 打开"素材\项目六\玻璃瓶.jpg"和"素材\项目六\花朵.jpg"文件，使用【移动工具】把花朵图像移至玻璃瓶文件中，如图 6-1-50 所示。

图 6-1-50　把花朵图像移至玻璃瓶文件中

(2) 选择花朵图像所在的图层，单击【添加图层蒙版】按钮，为该图层添加蒙版。选择适当大小的【画笔工具】，设置硬度为 0，在蒙版上进行绘制，使花朵图像的白色背景部分逐渐消失，如图 6-1-51 和图 6-1-52 所示。

图 6-1-51　"花朵"图层蒙版　　　　　图 6-1-52　花朵图像的背景部分消失

(3) 修改"花朵"图层的色彩混合模式为【正片叠底】，使花朵图像和玻璃瓶图像融为一体，就仿佛是放置在玻璃瓶水中的花朵，如图 6-1-53 和图 6-1-54 所示。

图 6-1-53　图层色彩混合模式改为正片叠底　　　图 6-1-54　花朵图像和玻璃瓶图像融合

(4) 执行【编辑】|【自由变换】命令，调整花朵图像的大小，使花朵在玻璃瓶的水面之下，如图 6-1-55 所示。

图 6-1-55　完成后的图像效果

【进阶任务 2】彩色的苹果。

其设计过程如下。

(1) 打开"素材\项目六\苹果.jpg"，单击【以快速蒙版模式编辑】按钮，进入快速蒙版编辑模式。设置前景色为黑色，选择【画笔工具】，如图 6-1-56 所示。设置画笔大小和硬度，在其中一个苹果上进行涂抹，如图 6-1-57 所示。

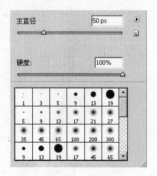

图 6-1-56　画笔设置

图 6-1-57　涂抹其中一个苹果

(2) 再次单击【以快速蒙版模式编辑】按钮，切换为正常编辑状态，获得此苹果以外选区，如图 6-1-58 所示。执行【选择】|【反向】命令，获得此苹果图像的选区，如图 6-1-59 所示。

图 6-1-58　建立此苹果以外选区

图 6-1-59　建立此苹果图像选区

(3) 按图 6-1-60 所示执行【图像】|【调整】|【色相/饱和度】命令，打开【色相/饱和度】对话框，按如图 6-1-61 所示设置参数，调整选中的苹果的颜色，调整后的效果如图 6-1-62 所示。

图 6-1-60 选择【色相/饱和度】命令

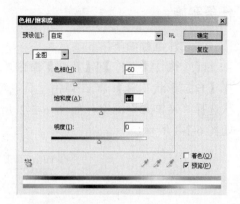

图 6-1-61 【色相/饱和度】对话框

图 6-1-62 调整颜色后的苹果

任务 2 设计制作包装盒侧面设计图

任务背景

已完成包装盒顶面主体画面的设计，需进一步完成包装盒四周侧面设计图的制作。

任务要求

完成茶叶盒包装的侧面设计图的制作。

任务分析

包装盒侧面的设计需要配合主体画面，从色调、画面的设计风格上应当保持一致，另外侧面设计图中可以发布产品信息，如产品名称、产地、原料等；在本项目的设计中，侧面图案选择了中式纹样做底，再结合茶园的实景图片和本产品"东方茶韵"的名称进行设计。

重点难点

剪贴蒙版的应用。

任务实施

其设计过程如下。

(1) 执行【文件】|【新建】命令,按图 6-2-1 所示设置参数,单击【确定】按钮。选择【自定形状工具】,单击工具选项栏中的按钮,设置【填充像素】创建方式,形状选择"装饰 2"图案,如图 6-2-2 所示。设置前景色为绿色,创建绿色的单元图案,如图 6-2-3 所示。

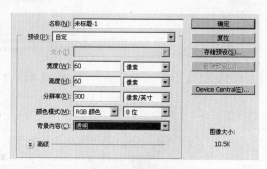

图 6-2-1 新建文件

图 6-2-2 选择形状图案

图 6-2-3 "装饰 2"图案

(2) 执行【编辑】|【定义图案】命令,定义名称为"背景图案",如图 6-2-4 和图 6-2-5 所示。

图 6-2-4 选择【定义图案】命令

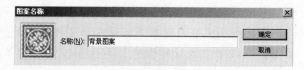

图 6-2-5 设置图案名称为"背景图案"

（3）用【矩形选框工具】，选中包装盒顶部主体画面部分，然后执行【选择】|【反向】命令获得包装盒顶部主体画面以外的选区，如图 6-2-6 所示。

图 6-2-6　选择包装盒顶部主体画面以外的区域

（4）在【图层】面板上单击【新建图层】按钮，在背景层的上方创建新图层，设置名称为"背景图案"，如图 6-2-7 所示。执行【编辑】|【填充】命令，选择填充类型为"图案"，并在下拉列表中选择之前定义的"背景图案"，如图 6-2-8 和图 6-2-9 所示。修改背景图案图层的透明度为 50%，如图 6-2-10 所示。最终完成效果如图 6-2-11 所示。

图 6-2-7　新建"背景图案"图层

图 6-2-8　选择【填充】命令

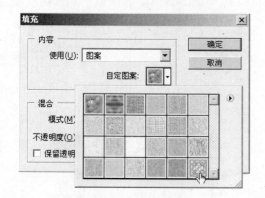

图 6-2-9　设定填充图案

图 6-2-10　设定"背景图案"层的不透明度为 50%

图 6-2-11　填充图案后的效果

(5) 打开素材文件"素材\项目六\茶园.jpg"，使用【移动工具】 移动图像至包装盒文件中，修改图层名称为"茶园"。执行【编辑】|【自由变换】命令，调整图像大小，如图 6-2-12 和图 6-2-13 所示。

图 6-2-12　茶园.jpg

图 6-2-13　添加素材

(6) 为图层"茶园"添加图层蒙版，选择【画笔工具】 ，按如图 6-2-14 所示设置画笔属性，并设置前景色为黑色。在图层蒙版上进行绘制(见图 6-2-15)，使茶园的局部图像慢慢透明并和背景图案融合，如图 6-2-16 所示。

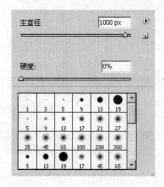

图 6-2-14　画笔设置

图 6-2-15　"茶园"图层蒙版

高职高专立体化教材　计算机系列

图 6-2-16　茶园的局部图像慢慢透明并和背景图案融合

(7)　复制包装盒顶部"东方茶韵"等图像所在的图层，并调整大小，重新组合，放置到包装盒的侧面，如图 6-2-17 所示。

图 6-2-17　包装盒侧面的文字组合

(8)　单击【新建图层】按钮，创建新图层，命名为"侧面标签"，如图 6-2-18 所示。选择【矩形形状工具】，设置【填充像素】创建方式(见图 6-2-19)，在该图层上创建深绿色矩形图形，如图 6-2-20 所示。

图 6-2-18　新建"侧面标签"图层

图 6-2-19　设置【填充像素】创建方式

图 6-2-20　创建深绿色矩形图形

(9) 选择【圆形选框工具】○,,删除矩形填充色的四个角,如图 6-2-21 所示。

(10)打开"素材\项目六\茶壶 2.jpg",移动图像至包装文件中,将图层命名为"茶壶 2"。执行【编辑】|【自由变换】命令调整图片大小,如图 6-2-22 所示。

图 6-2-21　删除矩形图形的四个角　　　　　　图 6-2-22　调整素材"茶壶 2"的大小

(11) 调整图层的顺序,使"茶壶 2"图层移动至"侧面标签"的上方,把鼠标指标移动至两层之间,按下 Alt 键的同时单击,创建剪贴蒙版,如图 6-2-23～图 6-2-25 所示。

图 6-2-23　把鼠标指标移至两层之间　　图 6-2-24　创建剪贴蒙版　图 6-2-25　剪贴蒙版效果

(12) 修改"茶壶 2"图层的色彩混合模式为【明度】,如图 6-2-26 和图 6-2-27 所示。

图 6-2-26　调整图层色彩混合模式

图 6-2-27　调整后的效果

（13）为图层"茶壶 2"添加蒙版，使用黑色画笔进行绘制，使图像边缘逐渐透明，如图 6-2-28 和图 6-2-29 所示。

图 6-2-28　为"茶壶 2"添加蒙版

图 6-2-29　利用蒙版使图像边缘透明

（14）选择【文字工具】，创建文字"品茗新茶"，按如图 6-2-30 和图 6-2-31 设置文字相关属性。

图 6-2-30　添加文字

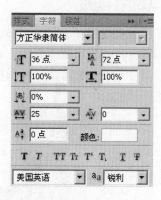

图 6-2-31　设置文字属性

(15) 创建图层序列"顶面设计稿"、"侧面设计稿 1"、"侧面设计稿 2",并把相应的图层移至对应的图层序列中,如图 6-2-32 所示。

图 6-2-32　使用图层序列整理图层

(16) 复制图层序列"侧面设计稿 1"和"侧面设计稿 2",并通过【编辑】|【自由变换】命令把复制后的图像移动至包装盒的另两个侧面,至此完成包装盒设计稿的制作,如图 6-2-33 和图 6-2-34 所示。

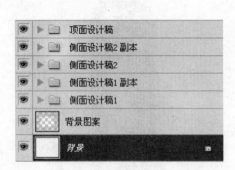

图 6-2-33　复制图层序列

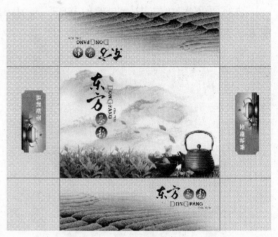

图 6-2-34　完成后的包装设计展开图

相关知识

1. 认识剪贴蒙版

剪贴蒙版是使用下方图层(基底图层)中图像的形状来控制其上方的图层(剪贴图层)图像的显示区域。创建剪贴蒙版后,蒙版中的基底图层名称带有下划线,剪贴图层的缩览图是缩进的,并显示一个剪贴蒙版图标 ,如图 6-2-35 所示,移动基底图层的位置会改变剪贴图层的显示区域。

图 6-2-35　剪贴图层和基底图层

剪贴蒙版中可使用多个剪贴图层，但它们必须是连续的图层，通过一个其底图层来控制多个剪贴图层的显示区域，如图 6-2-36 所示。

图 6-2-36　剪贴蒙版中可应用多个图层

2. 剪贴蒙版的操作

(1) 创建剪贴蒙版

执行下列操作之一可创建剪贴蒙版。

- 按住 Alt 键(Windows) 或 Option 键 (Mac OS)，将鼠标指针放在【图层】面板中剪贴图层和基底图层之间的分割线上，出现 符号时单击，如图 6-2-37 所示。
- 选择【图层】面板中的基底图层上方的第一个图层，并执行【图层】|【创建剪贴蒙版】命令，如图 6-2-38 所示。
- 向剪贴蒙版添加其他剪贴图层时，可使用以上两种方法之一，同时在【图层】面板中向上移动一层。

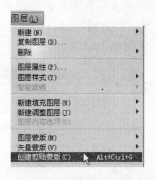

图 6-2-37　使用 Alt 键创建剪贴蒙版　　　图 6-2-38　使用【图层】菜单命令创建剪贴蒙版

提示：如果在剪贴蒙版中的图层之间创建新图层，或在剪贴蒙版中的图层之间拖动未剪贴的图层，该图层将成为剪贴蒙版的一部分。基底图层的不透明度和模式属性控制剪贴图层的效果。

(2) 释放剪贴蒙版

执行下列操作之一可释放剪贴蒙版中的图层。

- 按住 Alt 键(Windows) 或 Option 键 (Mac OS)，将鼠标指针放在【图层】面板中剪贴蒙版图层的分隔线上，指针变为 时单击，如图 6-2-39 所示，可从剪贴蒙版中释放该剪贴图层及其上方其他剪贴图层。
- 在【图层】面板中，选择剪贴蒙版中的某一剪贴图层，执行【图层】|【释放剪贴

蒙版】命令，可从剪贴蒙版中释放该剪贴图层及其上方其他剪贴图层，如图 6-2-40 所示。

图 6-2-39 使用 Alt 键释放剪贴蒙版　　　　图 6-2-40 使用菜单命令释放剪贴蒙版

任务进阶

【进阶任务 1】使用图层剪辑组制作图像。

其设计过程如下。

(1) 打开图像文件"素材\项目六\荷花.jpg"，使其成为当前文件窗口。

(2) 双击背景层，把背景层转换为"图层 0"，如图 6-2-41 所示。选择【自定形状工具】，设置【填充像素】创建方式，选择花朵形状，如图 6-2-42 所示，单击【图层】面板上【新建图层】按钮，新建"图层 1"，在"图层 1"上创建形状；图层及形状效果如图 6-2-43 和图 6-2-44 所示。

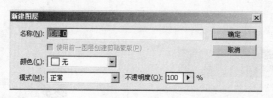

图 6-2-41 转换"背景"层为"图层 0"

图 6-2-42 形状工具设置

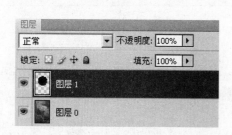

图 6-2-43 新建图层 1　　　　　　　图 6-2-44 绘制的黑色花朵形状

（3）将"图层 0"移至"图层 1"的上方，把鼠标指针移至两层之间，如图 6-2-45 所示，按下 Alt 键的同时单击鼠标，创建剪贴蒙版后的图像效果如图 6-2-46 所示。

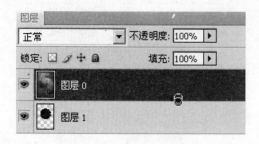

图 6-2-45　创建剪贴蒙版

图 6-2-46　剪贴蒙版图像效果

（4）选择"图层 0"，执行【编辑】|【自由变换】命令，调整荷花的大小以适应形状图形。再创建一新图层，移动至所有图层的下方，填充白色，作为背景色，用裁切工具裁切图像，最终效果如图 6-2-47 所示。

图 6-2-47　最终效果

【进阶任务 2】使用剪贴蒙版制作图案文字。

其设计过程如下。

（1）打开图像文件"素材\项目六\花海.jpg"，使其成为当前文件窗口。

（2）选择【文字工具】T，输入"花海"，如图 6-2-48 所示，按如图 6-2-49 所示设置文字属性。

图 6-2-48　创建文字

图 6-2-49　设置文字属性

（3）双击背景层，把背景层转换为"图层 0"，如图 6-2-50 所示，移动"图层 0"至文字图层的上方，如图 6-2-51 所示。把鼠标指针移至两层之间，按下 Alt 键的同时单击鼠标，创建剪贴蒙版，剪贴蒙版图层及图像效果如图 6-2-52 和图 6-2-53 所示。

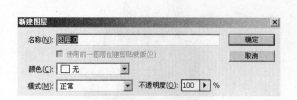

图 6-2-50　转换"背景"层为"图层 0"

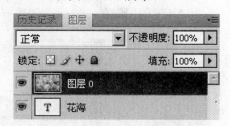

图 6-2-51　调整图层顺序

图 6-2-52　剪贴蒙版图层

图 6-2-53　剪贴蒙版图像效果

(4) 新建图层，填充白色，移至图层面板的最下方，最终效果图如图 6-2-54 所示。

图 6-2-54　最终完成效果

任务 3　设计制作包装盒展示效果图

任务背景

包装的平面设计稿已经完成，需要完成立体效果图以供客户审阅。

任务要求

根据包装盒实际的长、宽、高比例，使用现有平面方案，制作立体效果图。

任务分析

包装盒的整体结构是长方体，因此可以考虑采用展示长方体的视角进行包装盒效果的设计。

重点难点

自由变换命令在制作三维立体效果中的应用。

任务实施

(1) 执行【图层】|【合并图层】命令，把"包装盒"文件中的所有图层合并。并新建"效果图"文件，设置大小为 20cm×20cm，分辨率为 300 像素/英寸，色彩模式为 RGB，背景为白色。

(2) 用【矩形选框工具】框选"包装盒"文件图像中间部分，移至"效果图"文件中，执行【编辑】|【自由变换】命令调整图像的大小和透视角度，如图 6-3-1 和图 6-3-2 所示。

图 6-3-1　框选图像中间部分　　　　　　图 6-3-2　执行【自由变换】命令

(3) 用【矩形选框工具】框选"包装盒"侧面部分，移至"效果图"文件中，执行【编辑】|【自由变换】命令调整大小和透视角度，如图 6-3-3 所示。

图 6-3-3　效果图侧面部分

(4) 单击【新建图层】按钮创建新图层，命名为"投影"，并移动至最底层，使用【画笔工具】和【渐变色工具】制作包装盒投影，【图层】面板及效果图投影效果如图 6-3-4 和图 6-3-5 所示。

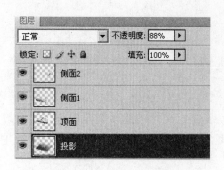

图 6-3-4　新建"投影"层

图 6-3-5　添加投影后的效果图

(5) 选择"背景"层,选用【渐变色工具】 ▣ ,设置渐变色为灰色到白色;设置线性渐变,在"背景"层上创建渐变色,如图 6-3-6 和图 6-3-7 所示。

图 6-3-6　渐变色设置

图 6-3-7　添加渐变色背景后的效果

(6) 使用【裁切工具】 ⌀ 裁除画面上多余的空白部分,并保存完成的效果图。

相关知识

1. 包装的含义及功能

包装是为了在流通过程中保护产品,方便储运,促进销售而采用的容器、材料及辅助物的总体名称。包装功能可细分为以下三方面。

(1) 保护功能

保护功能是包装所有功能中最基本的功能,在运输过程中,包装不仅避免商品质量和数量上的损失,而且还可以防止外界环境对包装物造成危害。例如包装中的内衬和隔板的设计,就是为了防止在流通过程中,使一些易受损害的物品受到震荡和挤压。

(2) 便捷功能

科学的包装设计更利于用户使用产品。例如一些食品包装,为了便于开封而添加的锯齿设计。此外包装设计还应考虑产品在运输过程中的堆放和排列,要便于产品合理排列、拆分、组装等,由此降低产品的运输成本。例如饮料等包装设计就要考虑卖场货架的尺度,使同一层货架上能摆放更多的产品。

(3) 塑造产品整体形象的功能

产品之外的包装不仅能保护产品还能从视觉上提升产品的整体形象,激发消费者的购买欲望,使其产生购买行为;同时还起到了宣传的效应,从而促进销售。

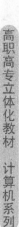

2．包装设计印前工艺流程

包装设计在印刷前需要进行电脑设计，其工作流程如下。

(1) 明确设计及印刷要求，接受客户资料。

(2) 根据客户资料进行包装设计：输入文字、图像、创意、排版。

(3) 打印设计稿件(黑白或彩色校稿)，让客户修改确认。

(4) 根据客户的修改稿修改文件。

(5) 再次打印校稿，让客户修改，直到定稿。

(6) 让客户签字后出印刷胶片。

(7) 印前打样。

(8) 送交印刷打样稿，让客户再次确认并签字。

3．图像的变换与变形

【编辑】|【变换】下拉菜单中包含各种变换命令，如图 6-3-8 所示，可以对选区内的图像、路径和矢量形状进行变换操作。执行这些命令时，图像上会出现定界框、中心点和控制点，如图 6-3-9 所示。

图 6-3-8　【变换】级联菜单　　　　　　　　　　图 6-3-9　定界框

定界框的四周的小方块是控制点，拖动控制点可以进行变换操作；中心点位于对象的中心，它用于定义对象的变换中心，拖动它就可以移动它的位置；把光标放置在定界框的角点上，出现旋转图标后，移动鼠标可以旋转图像，如图 6-3-10 所示。【编辑】|【变换】命令除了可以旋转、缩放图像以外，还可以斜切、扭曲、透视、变形图像，如图 6-3-11~图 6-3-14 所示。

图 6-3-10　旋转图像　　　　　图 6-3-11　斜切图像　　　　　图 6-3-12　扭曲图像

图 6-3-13 透视图像   图 6-3-14 变形图像

任务进阶

【进阶任务】制作水杯图案。

其设计过程如下。

(1) 打开图像文件"素材\项目六\水杯.jpg"和"素材\项目六\水杯图案.jpg"文件。

(2) 选择【移动工具】,把"水杯图案"移至"水杯.jpg"文件中。

(3) 对"水杯图案"所在图层执行【编辑】|【变换】|【缩放】命令,调整大小,如图6-3-15所示。

图 6-3-15 缩放图像

(4) 执行【编辑】|【变换】|【变形】命令,调整图案与杯子造型一致,如图 6-3-16所示。

(5) 设置图案所在图层混合模式为【正片叠底】,如图 6-3-17 所示,完成水杯图案制作,效果如图 6-3-18。

图6-3-16　调整图案和水杯造型一致　　图6-3-17　　修改图层混合模式　　图6-3-18　　完成水杯图案制作

实践任务　设计制作咖啡包装盒

任务背景

为"后谷咖啡"品牌设计制作咖啡包装盒一款。

任务要求

"后谷咖啡"是中高档速溶咖啡的知名品牌，因此其产品包装采用天地盖礼盒形式，包装成品尺寸为315mm×215mm×100mm，设计要能体现高品质、高档次，且能激发消费者的消费欲望。

任务分析

设计稿背景色采用渐变色绘制，包装中的图像部分主要应用提供的素材文件和图层蒙版来实现。操作方法可参考项目六中的任务1、任务2，在完成包装展开图的制作后，参考项目六中的任务3，应用【自由变换】命令和【画笔工具】制作包装效果图。

任务素材及参考图

任务素材如图6-4-1～图6-4-6所示，包装盒平面展开效果参考图如图6-4-7所示。

图6-4-1　咖啡1　　　　　　　图6-4-2　咖啡2　　　　　　　图6-4-3　咖啡3

图 6-4-4　咖啡 4　　　　　　图 6-4-5　咖啡 5　　　　　　图 6-4-6　咖啡 Logo

图 6-4-7　包装展开图和效果图

职业技能知识考核

一、选择题(多选)

1. 下面对图层蒙版的显示、关闭和删除的描述哪些是正确的？（　　　）

   A. 按住 Shift 键的同时单击【图层】面板中的蒙版缩略图就可关闭蒙版，使之不在图像中显示

   B. 若【图层】面板的蒙版缩略图上出现一个黑色的×形记号，表示将图层蒙版暂时关闭

   C. 图层蒙版可以通过【图层】面板中的垃圾桶图标进行删除

   D. 图层蒙版创建后就不能删除

2. 关于图层蒙版下列哪些说法是正确的？（　　　）

   A. 用黑色的毛笔在图层蒙版上涂抹，图层上的像素就会被遮住

   B. 用白色的毛笔在图层蒙版上涂抹，图层上的像素就会显示出来

   C. 用灰色的毛笔在图层蒙版上涂抹，图层上的像素就会出现渐隐的效果

   D. 图层蒙版一旦建立，就不能修改

3. 下列关于蒙版的描述哪些是正确的？（　　　）

   A. 快速蒙版的作用主要是用来进行选区的修饰

   B. 图层蒙版和图层矢量蒙版是不同类型的蒙版，它们之间是无法转换的

   C. 图层蒙版可转换为浮动的选择区域

   D. 当创建蒙版时，在通道面板中可看到临时的和蒙版相对应的 Alpha 通道

二、填空题

1．当在【图层】面板的蒙版缩略图上出现一个黑色的×形记号时，表示将图像蒙版_____。

2．在蒙版中黑色部分对应的图像会_____，白色部分对应的图像会_____，灰色部分对应的图像会_____。

3．图层蒙版可以通过【图层】面板中的_____图标进行删除。

4．当按住_____键单击【图层】面板中的蒙版缩略图时，图像中就会显示蒙版。

5．创建剪贴蒙板时，把鼠标指针移到剪贴图层和基底图层之间，按_____键时会出现 符号。

三、判断题

1．图层蒙版创建后就不能删除。 （　　）

2．在图层上建立的蒙版只能是白色的。 （　　）

3．背景层不可以设置图层蒙版，只有将其转换为普通图层才可设置蒙版。 （　　）

4．快速蒙版是创建选区的一种方法。 （　　）

5．文本层不可添加图层蒙版。 （　　）

四、实训题

1．应用素材文件(见图 6-5-1 和图 6-5-2)，完成"瓶中荷花"的制作，效果如图 6-5-3 所示。

图 6-5-1　荷花

图 6-5-2　玻璃瓶

图 6-5-3　瓶中荷花

2．应用【文字工具】、【渐变工具】和剪贴蒙版，制作彩虹字，如图 6-5-4 所示。

图 6-5-4　彩虹字

项目七　图书封面设计制作
——通道的综合运用

项目背景

该项目来源于一个广告公司，为某一出版社的《都市生活》图书设计封面。

项目要求

封面设计的色彩要含蓄而不晦涩，设计要新颖独特，大气简约，格调高雅，有文化内涵，有亲和力，同时具有很好的视觉感染效果，给读者以美的享受。

项目分析

封面设计规格为 203mm × 280 mm，包含封皮的正面、书脊和封底三部分。封面打印输出时分辨率设置为 300dpi，颜色模式为 CMYK。本项目效果图如图 7-1 所示。

图 7-1　项目效果图

能力目标

1. 掌握【通道】面板的使用方法。
2. 能完成利用通道来调整图像的色彩操作。

3. 能熟练完成通道与选区的互换、通道的编辑、运算等操作。

软件知识目标

1. 了解通道的概念和组成。
2. 了解通道和选区的关系。
3. 了解通道与图像色彩之间的关系。

专业知识目标

1. 了解封面的构成。
2. 了解封面设计的纸张种类。
3. 了解封面设计的大小要求。

学时分配

4 学时(讲课 2 学时，实践 2 学时)。

课前导读

本项目主要完成图书封面的设计，这个项目又可细分为两个任务。通过本项目的设计制作，掌握通道的两种用法，一是使用色彩通道分离图像的方法，二是使用 Alpha 通道制作选区的方法。

任务 1 设计制作图书封面底图

任务背景

设计制作《都市生活》图书的封面底图。

任务要求

图书的封面图案应与图书的内容相统一，符合读者年龄、职业、文化程度的要求。

任务分析

设计制作图书封面时，图像文件分辨率设置为 300dpi，颜色模式为 RGB，输出前转换为 CMYK 模式。要求封面的上下左右各放出血 3mm，书脊的宽度为 10mm。封面包含作者姓名以及图书名称，封底应有条形码，无勒口。

重点难点

❶ 利用通道抠取图像。
❷ Alpha 通道的编辑。
❸ 颜色通道的使用。

任务实施

其设计过程如下。

(1) 按 Ctrl+N 组合键，打开【新建】对话框，如图 7-1-1 所示。

(2) 按 Ctrl+R 组合键，显示标尺，然后在封面的上下左右距边缘 3mm 处各拖出一条参考线，标示出血参考线；在水平标尺 143mm 和 153mm 处各放置一条垂直参考线，标示出书脊，如图 7-1-2 所示。

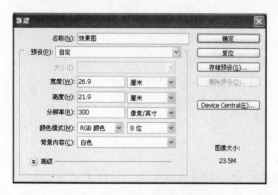

图 7-1-1　设置新文件参数

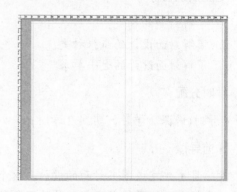

图 7-1-2　图书封面布局

(3) 按 Ctrl+R 组合键，隐藏标尺。设置前景色为白色，背景色为淡蓝色(#bbd4ef)。选择【渐变工具】，在其属性栏中单击【线性渐变】按钮，并设置【前景到背景】的渐变样式，然后利用该工具在图像窗口单击且从左向右拖动，绘制前景到背景的线性渐变色。

(4) 选择【滤镜】|【纹理】|【纹理化】命令，打开【纹理化】对话框，进行如图 7-1-3 的参数设置。

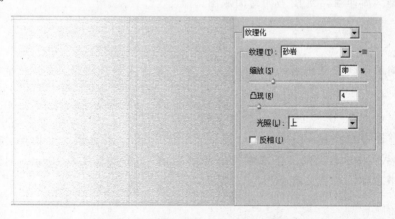

图 7-1-3　对图像应用"纹理化"滤镜

(5) 打开素材文件"素材\项目七\柳条"，选择【窗口】|【通道】命令，打开【通道】面板。将"绿"通道拖至面板底部的【创建新通道】按钮上，复制出"绿副本"通道，并将该通道置为当前通道，如图 7-1-4 所示。

图 7-1-4　复制"绿"通道

（6）将前景色设置为白色，背景色设置为黑色。在【通道】面板中将"绿副本"通道作为当前通道，选择【画笔工具】　，在其工具属性栏中设置合适的笔刷属性，然后在"绿通道"内容中沿着柳枝涂抹，将柳枝显示出来，如图 7-1-5 所示。

(a) 修改前　(b) 修改后

图 7-1-5　涂抹柳枝

（7）选择【图像】|【调整】|【色阶】命令，打开【色阶】对话框，分别拖动【输入色阶】下方的黑色和白色滑块，将"绿副本"通道内容调整成如图 7-1-6 所示的效果。

图 7-1-6　设置【色阶】参数

(8) 打开【通道】面板，选择"绿通道"副本，单击【通道】面板底部的【将通道作为选区载入】按钮，创建该通道的选区。

(9) 单击 RGB 通道，切换到原图像编辑状态，将选取的内容拖到"效果图"图像窗口中，并放置在合适位置。

(10) 选择【图像】|【调整】|【反相】命令，将柳条图像反相，然后将柳条所在图层的混合模式设置为【明度】，并将填充不透明度设置为 55%，如图 7-1-7(a)所示。

(11) 改变柳条的大小，并单击【图层】面板底部的【添加图层蒙版】按钮，为该层添加一个空白蒙版。然后利用【画笔工具】，涂抹柳条的下方，使其与背景图像融合在一起，效果如图 7-1-7(b)所示。

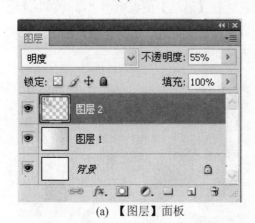

(a) 【图层】面板

(b) 图层蒙版效果

图 7-1-7　图像反相并设置【图层】面板参数

(12) 打开"素材\项目七\飞鸟"图片，然后用【磁性套索工具】选取飞鸟，并将其移动到"效果图"图像窗口中，此时系统自动生成"图层 3"。

(13) 在【图层】面板中设置"图层 3"的【混合模式】为【线形加深】，【不透明度】设置为 60%，同时将飞鸟所在图层复制并缩小，此时系统自动生成"图层 3 副本"，如图 7-1-8 所示。

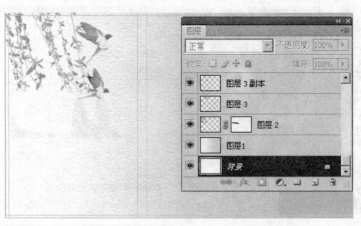

图 7-1-8　设置【图层】属性并复制图像

(14) 打开"素材\项目七\墨迹.psd"图片，选择图层"墨迹"，利用【移动工具】选取图像，并将其拖至"效果图"图像窗口中，系统自动生成图层"墨迹"，并调整该图层与飞鸟图层的顺序。这样，图书的底图就制作完成了，如图 7-1-9 所示。

图 7-1-9　图书的底图

相关知识

1．封面设计常识

要想制作出好的封面，首先要了解图书封面的构成、常用的书籍开本，以及纸张的选择，这些是制作一个好作品的前提，也是每一个设计者所必须掌握的知识。

(1) 封面构成

通常情况下，一个完整的图书封面由封面(封皮的正面)、封底、书脊和勒口组成，如图 7-1-10 所示。

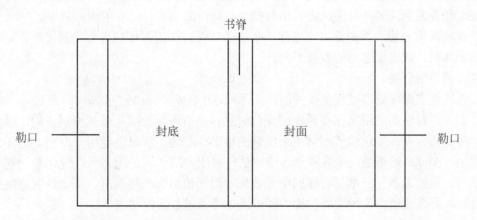

图 7-1-10　封面构成

- 封面：是整个设计中最为重要的部分，书籍的名称、设计的图形、作者名及出版社名称等主要信息都集中在这里。
- 封底：是封面设计的一个补充，它是用来放置书籍介绍、条形码、书号以及定价的地方。

- 书脊：书脊在整个封面中的作用举足轻重，如果将书放置到书架上，书脊就成了浓缩的封面，在该位置一般放置书名、作者名、出版社名称等。
- 勒口：是用来连接内封和坚固封面的，在该位置可以放置作者的简历和书籍的宣传语等。不过，现在大部分图书都不设勒口。

(2) 纸张种类

在制作封面前，设计者要先根据书的需要(内容、成本及读者群)选择不同的纸张和开本，出版用的纸张种类繁多，如胶版纸、古版纸、打字纸、铜版纸、包装用纸和特种纸等，其中特种纸一般用于包装、书帧装潢、文件资料的封皮及垫衬用。对于封面设计者来说，设计思想一定要与所选的纸张达成一致，这样才能制作出完美的作品。

(3) 书籍开本

书籍的开本，是指书籍的幅面大小。确定开本是封面设计的基础，一个合格的封面设计者必须掌握书籍印刷中一些常用开本的尺寸，以便在进行设计、绘制草稿及正稿时把握精确的画面大小。

常用的书籍开本规格如下所示：

4K	390mm×540 mm		大 4K	440 mm×590 mm
8K	390 mm×270 mm		大 8K	420 mm×285 mm
16K	185 mm×260 mm		大 16K	210 mm×285 mm
32K	185 mm×130 mm		大 32K	210 mm×140 mm

2．通道的基本概念

(1) 认识通道

通道是图像处理中不可缺少的利器，利用它既能调整图像的色彩、创建用户的专色通道，还能创建复杂选区并对选区进行运算操作，从而做出各种特殊的图像效果。

在使用通道之前，首先要树立这样一个概念：任何一幅图都包含有"通道"，只不过不同的图像模式决定了通道的数目不同。

(2) 通道的分类

根据通道在图像处理过程中发挥的作用不同，可分成三种：原色通道、专色通道、Alpha 通道。其中，原色通道用来保存图像的颜色信息，是由图像的颜色模式来决定的，以默认通道的形式而存在；专色通道则常用于图像的输出，是为了满足创建用户专门颜色需求的一种通道；Alpha 通道是用来保存选区信息的一种用户通道，使用最为广泛，利用它来做诸如渐隐、阴影文字、三维等特殊的图像效果。但无论是哪一种通道，都是以灰度图的形式而存在。有关通道的各种功能与操作都可通过【通道】面板完成。

3．【通道】面板

选取【窗口】|【通道】命令，打开【通道】面板，如图 7-1-11 所示。【通道】面板与【图层】面板相似。

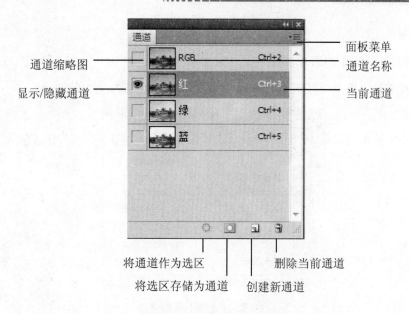

图 7-1-11　【通道】面板

【通道】调板中主要选项按钮的含义如下。

(1)　通道缩略图：用于显示通道中的内容，利用它可以迅速辨别每个通道。当对某一个通道的内容进行编辑时，相应的缩略图也将会随之改变。

(2)　通道名称：每一个通道都有一个名称，紧跟在通道缩略图之后。双击或右击可以改变通道的名称，但主通道(复合通道)及原色通道不可以改变名称。

(3)　显示/隐藏图标：通道面板上每一个通道都有一个显示/隐藏相应通道的图标，只需用鼠标单击即可。有眼睛标识为显示相应通道，反之为隐藏相应通道。显示通道不等于选定该通道，选定某通道亦可以不显示。另外，当显示主通道时，由于主通道(RGB/CMYK通道)是对各个原色的综合作用，故相对应的原色通道均处于显示状态。但可以单独显示某单个原色通道。

(4)　当前通道：这是一个动态概念，即当前操作的对象通道。设定当前通道的方法是单击通道缩略图，其表现方式是其所在通道用蓝色背景显示。注意区分当前通道与被显示的通道。

(5)　将通道作为选区载入按钮：单击此按钮可将当前通道的内容转换为选择区域。转换过程通常是白色部分表示选区之内的部分，黑色部分表示选区之外的部分，灰色部分表示有一定的羽化值。将通道转换为选区的其他操作方法还有：将当前通道拖曳到该按钮上，或按住 Ctrl 单击通道，或选择【选择】|【载入选区】命令。

(6)　将选区存储为通道按钮：单击此按钮，可以将已有的选区以 Alpha 的形式保存下来，以便以后调用。原来选中的区域在通道中用白色表示，未选中的区域用黑色表示，有羽化值的用灰度表示。保存选区还可以选择【选择】|【存储选区】命令。

(7)　创建新通道按钮：单击此按钮，可以快速创建一个新的空白 Alpha 通道，通道为全黑色，表示什么都没有选中。将已有的通道拖到此按钮上，可以复制一个完全相同的 Alpha 类通道。

(8)　删除当前通道按钮：单击此按钮可以删除当前通道，也可以将当前通道拖曳到该按钮上进行删除。

　　4．【通道】调板中的菜单操作

　　单击【通道】面板菜单按钮可打开通道面板菜单，如图 7-1-12 所示。

图 7-1-12　【通道】面板菜单

各选项作用如下。

　　(1)　新建通道

　　单击【通道】面板菜单，将打开如图 7-1-13 所示的对话框，其功能是建立用来保存选区的用户通道。

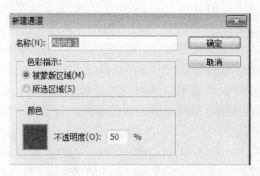

图 7-1-13　【新建通道】对话框

　　【新建通道】对话框中各选项介绍如下。

- 　　【名称】文本框：所建用户通道的名称，默认为 Alpha1、Alpha2…
- 　　【色彩指示】选项区域：主要用于指定显示通道时颜色所表示的是选区还是非选区。
- 　　【颜色】选项区域：用于设定上述的具体颜色。默认的颜色为红色。

　　(2)　复制通道

　　当在【通道】面板中选中单个通道时，可以用面板菜单中的【复制通道】命令，将打开如图 7-1-14 所示的对话框。需要特别说明的是：原色通道复制后产生的副本只能作为用户通道使用，即用来保存选区；复制的通道还可以放入另一个文档中。(将通道复制到另一个文档还可以使用拖曳操作)

图 7-1-14　【复制通道】对话框

(3)　删除通道

对于那些不需要的专色通道或者 Alpha 通道，在保存图像之前可将其删除，这样也可以避免空闲的 Alpha 通道占用较多的磁盘空间。选择【通道】面板菜单中的【删除通道】命令即可删除当前通道，也可以直接把通道拖到【删除当前通道】按钮 🗑 上完成删除。

如果在【通道】面板中删除一个原色通道，则原图像的颜色模式将变为多通道颜色模式。

(4)　新建专色通道

专色通道往往应用在图像的输出方面，可以简单地理解为黄、品、青、黑 4 种原色油墨之外的其他印刷颜色。

通常，彩色印刷品是通过黄、品、青、黑 4 种原色油墨印制而成。但由于印刷油墨本身存在一定的颜色偏差，印刷品在再现一些纯色，如红、绿、蓝等颜色时会出现很大的误差。因以，在一些高档的印刷品制作中，人们往往在黄、品、青、黑 4 种原色油墨以外加印一些其他的颜色，以便更好地再现其中的纯色信息，这些加印的颜色就是所说的"专色"。另外，有时为了在印刷品上制作一些特殊变化，会使用专门的金、银等油墨来进行印刷，这些金、银油墨也是一种专色油墨。另外一些单色或双色印刷中，也会采用黄、品、青、黑 4 种原色油墨以外的专配颜色。

在印刷时，每种专色油墨都对应着一块印版，而 Photoshop 的专色通道便是为了制作相应的专色色版而设置的。

选择【通道】面板菜单中的【新建专色通道】命令，将打开如图 7-1-15 所示的对话框。单击对话框中的颜色块，在弹出的拾色器中单击【色库】按钮，在不同的颜色色谱中选定所需专色，【新建专色通道】对话框中的名称就变成色谱中的颜色名称(见图 7-1-16)。

在 Photoshop 的制作过程中，可以根据需要在图像中添加相应的专色内容，如各种纯色颜色的变化；也可直接将图像的一部分以专色的形式复制，以得到更好的印刷效果。

(5)　合并专色通道

选取【通道】面板菜单中的【合并专色通道】，专色被转换为颜色通道并与颜色通道合并。从面板中删除专色通道。

合并专色通道可以拼合分层图像。合并的复合图像反映了预览专色信息，包括"密度"设置。例如，密度为 50% 的专色通道与密度为 100%的同一通道相比，可生成不同的合并效果。

此外，专色通道合并的结果通常不会重现与原专色通道相同的颜色，因为 CMYK 油墨无法呈现专色油墨的色彩范围。

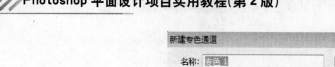

图 7-1-15　【新建专色通道】对话框

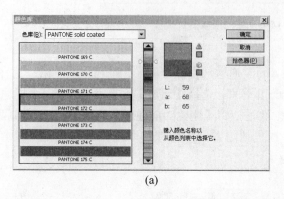

(a)

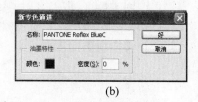

(b)

图 7-1-16　设置专色通道对话框

5．Alpha 通道

Alpha 通道是 Photoshop 处理图像最常用的一个用户通道，其作用一是用来保存选区，二是在【滤镜】|【渲染】|【光照效果】命令中做纹理通道。用户既可以将已有的选区以 Alpha 通道的形式保存下来，还可以先创建一个 Alpha 通道，然后利用绘图工具、滤镜、选区、形状工具等在通道中反向编辑选区。

(1)　新建 Alpha 通道

创建 Alpha 通道的方法有以下三种。

- 选择【选择】|【存储选区】命令：将已有的选区保存为 Alpha 通道。
- 单击【通道调板】按钮 ：新建一个空白的 Alpha 通道。
- 【将已有通道拖曳到】按钮 ：复制产生一个非空白的 Alpha 通道；只有颜色通道及 Alpha 通道复制以后产生一个新的 Alpha 通道，而专色通道复制以后生成的仍然是一个专色通道。

(2) 编辑 Alpha 通道

我们知道，Alpha 通道中只能表现出黑、白、灰的层次变化，而且其中的黑色表示非选中的区域，白色表示选中的区域，而灰色则表示具有一定透明度的选择区域。所以，可以通过 Alpha 选区通道内的颜色变化来修改 Alpha 选区通道的形状。

当然，最简单的方法就是用各种绘图工具在 Alpha 选区通道中绘制不同层次的黑白灰色，或使用各种填充、描边或滤镜的方法来改变 Alpha 选区通道的形状，从而最终改变它所代表的选择区域。除此之外，常用的还有以下一些方法。

① 通道的扩张与收缩——选区的扩展与收缩

对于选区来说，要对已有的选区改变形状，可以使用【选择】|【修改】|【扩展】或【收缩】命令。而对于单独选中的一个 Alpha 选区通道，则可以使用【滤镜】|【其他】|【最大

值】或【最小值】命令来完成对它的扩张或收缩。但在选取此命令时，若原有选区，要将选区取消。

② 通道的模糊——羽化

选择区域可以制作出羽化的效果，将这样的选择区域存储成通道时，通道中白色部分的边缘会出现一些灰色的层次，来表示选择区域的羽化效果。

对于一个没有羽化过的选择区域，将其存储为一个 Alpha 选区通道后，可以使用【滤镜】|【模糊】命令来制作羽化效果。或者在选区之内填充某种渐变效果，当模糊半径设置得足够大时，则两种羽化效果比较接近。

任务进阶

【进阶任务 1】利用颜色通道调整图像色彩。

(1) 选取【文件】|【打开】命令，在打开的对话框中选定"素材\项目七\宝宝 1.jpg"，如图 7-1-17(a)所示。

(a) 原图

(b) 提亮红色通道后的效果图

图 7-1-17　调整红色通道前后的效果图

(2) 打开【通道】面板，单击红色通道的通道缩略图以选定红色通道，效果如图 7-1-18(a)所示。

(3) 选择【图像】|【调整】|【曲线】命令，在打开的【曲线】对话框中的预设如图 7-1-18(b)所示。

(a) 选择红色通道

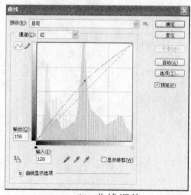
(b) 曲线调整

图 7-1-18　选定红色通道及利用曲线调整通道

(4) 单击【确定】按钮后，红色通道的效果如图 7-1-19(b)所示。

     (a) 原红色通道   (b) 利用曲线提亮后的红色通道

图 7-1-19　红色通道调整前后的效果图

(5)　单击 RGB 通道的通道缩略图以选定主通道，调整后的效果如图 7-1-17(b)所示。

颜色通道除了能保存颜色信息外，还有两个作用：一是加载颜色通道的选区，二是做【滤镜】|【光照效果】中的纹理通道。

利用颜色通道做选区是个常用的操作技巧，既可以在原颜色通道中直接利用一定的工具选取对象，还可以复制颜色通道，但复制后得到的单色副本不再是颜色通道，而是用户通道——Alpha 通道。对其进一步调整(色彩的调整或使用滤镜)，以方便选到目标对象。

【进阶任务 2】创建"玫瑰"选区。

(1)　选择【文件】|【打开】命令，打开"素材\项目七\玫瑰.jpg"文件，如图 7-1-20 所示。

(2)　要选中整个菊花，如果直接在背景图层中利用套索或魔棒工具都可以选中，但比较麻烦。

(3)　打开【通道】面板，仔细观察各个原色通道，可以发现其中红色通道中的颜色对比度比较大。

(4)　单击红色通道的通道缩略图以选定红色通道，效果如图 7-1-21 所示。

      图 7-1-20　玫瑰图   **图 7-1-21　选定玫瑰图的红色通道**

(5)　选取工具箱中的【魔棒工具】 ，设置其工具选项栏如图 7-1-22 所示。

图 7-1-22　【魔棒工具】选项栏设置

(6)　在红色通道中的白颜色处单击就可以选中整个玫瑰的花朵。

(7)　选取工具箱中的【椭圆选框工具】，设置其选项栏如图 7-1-23 所示。

图 7-1-23　【椭圆选框工具】选项栏

(8)　点击玫瑰的其他部分，以选中整个玫瑰，效果如图 7-1-24 所示。

(9)　单击 RGB 通道的通道缩略图以选定主通道，做好的选区效果如图 7-1-25 所示。

图 7-1-24　在红色通道中快速选中玫瑰花

图 7-1-25　选中玫瑰后的效果图

【进阶任务 3】利用通道抠取图像。

(1)　打开"素材\项目七\宝宝 2.jpg"图片，选择【通道】面板，复制蓝色通道，如图 7-1-27 所示。

(a)　原图

(b)　效果图

图 7-1-26　原图及案例效果

(2)　选取【图像】|【调整】|【反相】命令，改变图像的颜色，如图 7-1-28 所示。

图 7-1-27　复制蓝色通道　　　　　　　　　　　　　图 7-1-28　反相调整

(3) 选取【图像】|【调整】|【色阶】命令，再次调整图像亮度，如图 7-1-29 所示。

(4) 选取画笔工具，设置背景色为白色，再擦除人物身体部分，最终效果如图 7-1-30 所示。

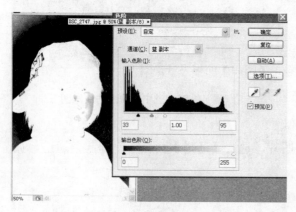

图 7-1-29　色阶调整　　　　　　　　　　　　　图 7-1-30　画笔效果

(5) 单击【通道】面板中的【将通道作为选区载入】按钮，选取 RGB 复合通道，人物已经被选中，如图 7-1-31 所示。

图 7-1-31　载入选区

(6) 选择移动工具，将人物直接拖动到另一张图片上，最终效果如图 7-1-26(b)所示。

【进阶任务 4】制作国画效果图。

(1) 执行【文件】|【新建】命令，打开【新建】对话框，如图 7-1-32 所示。

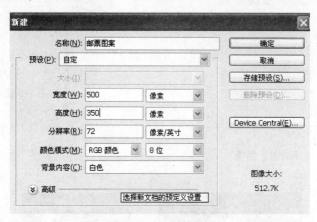

图 7-1-32 【新建】对话框

(2) 设置前景色颜色为粉色(R:255,G:208,B:193)，执行【编辑】|【填充】命令，打开【填充】对话框，填充前景色。

(3) 新建图层，用黑白渐变自上而下填充图层。

(4) 执行【滤镜】|【渲染】|【云彩】命令，【图层】面板及滤镜效果如图 7-1-33 所示。

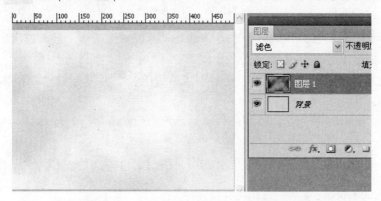

图 7-1-33 【图层】面板及滤镜效果

(5) 打开"素材/项目七/梅花 1.jpg"文件，打开【通道】面板，复制"绿色"通道为"绿副本"，如图 7-1-34 所示。

(6) 选择"绿副本"通道，执行【图像】|【调整】|【曲线】命令，调整曲线如图 7-1-35 所示。

(7) 执行【图像】|【调整】|【反相】命令，效果如图 7-1-36 所示。

图 7-1-34 【通道】面板

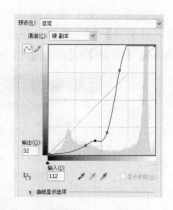

图 7-1-35 曲线调整

图 7-1-36 图像调整后

(8) 执行【选择】|【载入选区】命令，选择"绿副本"通道，载入选区，返回"RGB通道"模式，执行【编辑】|【复制】命令。

(9) 切换到"邮票图案"文件，复制刚才所选区域，并复制到"邮票图案"中，如图 7-1-37 所示。

(10) 打开"素材/项目七/梅花 2.jpg"文件，用上面的方法进行处理，并复制到"邮票图案"中。

(11) 在左上角输入"梅"并合并所有的可见图层，再将文件保存为"邮票图案.jpg"，如图 7-1-38 所示。

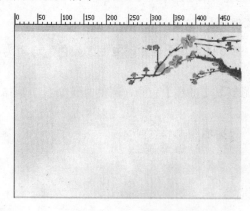

图 7-1-37 梅花 1 效果

图 7-1-38 邮票图案

(12) 执行【文件】|【新建】命令，新建一个大小为 20 像素×20 像素的文件，用【画笔工具】在图像上绘制一个 15 像素×15 像素的圆，如图 7-1-39 所示。

(13) 执行【编辑】|【定义图案】命令，定义名称为"孔"，如图 7-1-40 所示。单击【确定】按钮定义一个图案，关闭这个文件。

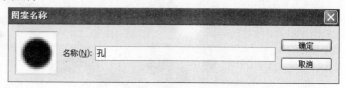

图 7-1-39   圆形图   图 7-1-40   定义图案

(14) 创建一个文件，名称为"邮票"，大小为 300 像素×200 像素，背景色为白色。

(15) 打开文件"邮票图案.jpg"，将图片复制到邮票文件中。

(16) 用【自由变换】命令调整复制的邮票素材图形为 280 像素×180 像素，调整至中心位置。

(17) 打开【通道】面板，新建一个 Alpha1 通道，如图 7-1-41 所示。

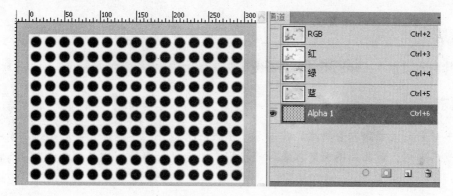

图 7-1-41   填充通道

(18) 单击【矩形选框工具】，画一个如图 7-1-42 所示的矩形选区，并填充白色。

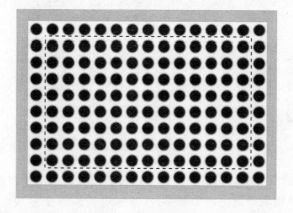

图 7-1-42   填充矩形

(19) 将该 Alpha1 通道再次转换为选区，并执行【选择】|【反选】命令，切换至【图层】

面板，按 Delete 键删除即可，效果如图 7-1-43 所示。

图 7-1-43　效果图

任务 2　设计制作图书封面图像与文字

任务背景

设计制作《都市生活》图书的封面图像与文字。

任务要求

图书封面的文字除包含书名、作者名、出版社名称外，还应加入一些精炼的关于作品的简介或广告词。封面的图像可以来源于摄影、图案、插图等，但是需要采用"写意"的图像。

任务分析

封面文字多采用印刷体，图像应选择与图书内容相关的图片。

重点难点

❶　通道的合并与分离。

❷　通道的计算。

❸　应用图像命令。

任务实施

(1)　在图书封面的右上部画椭圆，打开【通道】面板，单击【将选区存储为通道】按钮，按 Ctrl+D 组合键取消选区，如图 7-2-1 所示。

(2)　在【通道】面板中单击"Alpha1 通道"，选择【滤镜】|【模糊】|【高斯模糊】命令，打开【高斯模糊】对话框，如图 7-2-2 所示设置参数。

图 7-2-1　【通道】面板

图 7-2-2　【高斯模糊】滤镜

（3）选中"Alpha1 通道"，选择【滤镜】|【画笔描边】|【喷色描边】命令，打开【喷色描边】对话框，如图 7-2-3 所示设置参数。

(a)　【喷色描边】参数设置

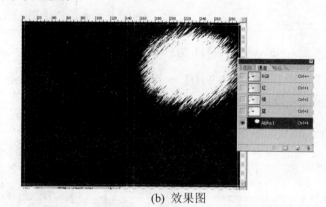

(b)　效果图

图 7-2-3　滤镜参数设置及滤镜效果

（4）单击【通道】面板底部的【将通道作为选区载入】按钮 ，创建该通道的选区。然后选择 RGB 通道，切换到原图像编辑状态。

（5）打开"素材\项目七\城市.jpg"图片，按 Ctrl+A 及 Ctrl+C 组合键进行全选。然后选中"效果图"，并选择【编辑】|【贴入】命令，使城市.jpg 图像放入到合适的位置，如图 7-2-4 所示。

图 7-2-4　贴入城市.jpg 图像效果

（6）选择【横排文字工具】，在工具选项栏中设置合适的文字属性，并在图像窗口中输入"都"字，然后为"都"字添加"投影"和"描边"效果，参数设置及效果分别如图 7-2-5 和图 7-2-6 所示。

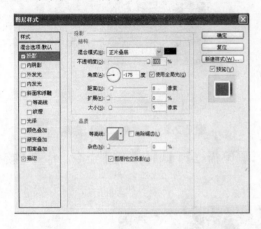

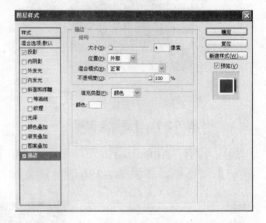

图 7-2-5　设置【投影】图层样式参数　　　　图 7-2-6　设置【描边】图层样式参数

（7）用【横排文字工具】输入"市生活"三个字并添加"投影"和"描边"效果，参数设置如步骤 6，效果如图 7-2-7 所示。

图 7-2-7　添加文字后的效果

（8）在书的正面，利用【横排文字工具】输入其他文字。

（9）利用提供的素材图片，完成封面剩余部分的制作，最终效果图如 7-1 所示。

相关知识

1．通道的合并与分离

在进行图像编辑时，有时需要单独地对每个通道中的图像进行处理，此时可将图像进行通道分离，然后便可以很方便地在单一的通道上编辑，以便制作出特殊的图像效果。

选择【通道】面板菜单中的【分离通道】命令，可以将一个图像中的各个通道分离出来。Photoshop 将把图像的每个通道分离成各自独立的灰度图，并关闭原图像。对于这些分离出来的灰度图可以分别进行存储，也可以单独修改每个灰度图像。如果图像中存在非背景图层，则先要拼合成背景图层，再进行分离。

分离后的文件占用的存储空间较大，所以在编辑完每个单独通道图像后应该进行通道合并，把经过编辑的通道重新合并成一个图像。此时选择【通道】面板菜单中的【合并通道】命令，将打开如图 7-2-8(a)所示的对话框。从中设置你想要的模式、通道数，单击【好】按钮将打开一个如图 7-2-8(b)所示的对话框。由于左边选择了 RGB 模式，那么在右图中则出现合并 RGB 通道对话框。分别设置红、绿、蓝三原色通道各自的源文件，注意三者之间不能有相同的选择。三原色选定的源文件不同将直接关系到合并后的图像效果。

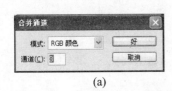
(a)
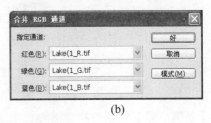
(b)

图 7-2-8　【合并通道】对话框

2．通道运算

选择区域间可以进行诸如加、减、相交等不同的布尔运算。Alpha 选区通道是存储起来的选择区域，同样可以利用计算的方法来实现其各种复杂的效果，制作出新的选择区域形状。

【图像】|【计算】命令是 Photoshop 中一个比较复杂的命令，它直接以不同的 Alpha 选区通道进行计算，以生成一些新的 Alpha 选区通道，也就是一个新的选择区域。在图 7-2-9 所示的【计算】对话框中，我们可以将前两个区域中的源 1、源 2 看做两个不同的数字 1、2，那么第三个区域中的混合方式则可以看做前两个数字的运算符号，此处的运算方式有正常、叠加、变暗等，运算得到的结果可以是生成一个新的通道或选区。其中参与计算的源 1、源 2 可以来自同一个图像文件，也可以来自不同的图像文件。若来自不同的图像文件，则要求两个图像文件具有相同的尺寸与分辨率。

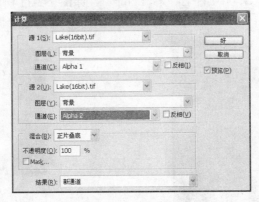

图 7-2-9　【计算】对话框

3．【应用图像】命令

选择【图像】|【应用图像】命令可以将"源"图像的图层和通道与"目标"图像的图

层和通道混合。"源"图像与"目标"图像的大小应匹配。【应用图像】对话框如图 7-2-10
所示。

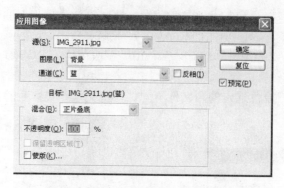

图 7-2-10 【应用图像】对话框

【应用图像】对话框中主要参数的含义如下。

● 源：选取要与"目标"图像混合的"源"图像、图层和通道。若要使用"源"图像中的所有图层，【图层】下拉列表框中选择【合并图层】选项。
● 反相：在计算中使用"通道"内容的负片，反转通道的蒙版区域和未蒙版区域。
● 预览：在图像窗口中预览效果。
● 混合：选取图像混合模式，包含正常、变暗、正片叠底等 22 种模式。
● 保留透明区域：选中此复选框，只将效果应用到结果图层的不透明区域。
● 蒙版：选中此复选框，可通过"蒙版"应用混合，同时要选择包含蒙版的图像、图层和通道。

任务进阶

【进阶任务 1】利用【计算】命令为图片添加相框。
其设计过程如下。

(1) 打开素材文件"素材|项目七|素材 4.bmp"，如图 7-2-11 所示。在【通道】面板中新建一个新通道"Alpha1"，并利用形状工具绘制图形，【通道】面板如图 7-2-12 所示。

图 7-2-11 "宝宝"原图

图 7-2-12 绘制形状后的【通道】面板

(2) 选择【滤镜】|【模糊】|【高斯模糊】命令，为图形添加模糊效果，再选择【滤镜】|【画笔描边】|【喷色描边】菜单命令，为图形添加描边效果，如图 7-2-13 所示。

图 7-2-13　绘制图形【喷色描边】效果

(3) 再新建一个通道"Alpha2"，在其中输入文字"photoshop"。调整文字的位置，效果如图 7-2-14 所示。对应的【通道】面板如图 7-2-15 所示。

图 7-2-14　文字通道

图 7-2-15　输入文字后的【通道】面板

(4) 选择【图像】|【计算】命令，弹出【计算】对话框，由于运算对象是同一个图像文件中的两个不同的通道，因此在对话框中分别选择"Alpha1 通道"与"Alpha2 通道"，运算结果为"选区"，对话框设置如图 7-2-16 所示。

(5) 设置完毕后，选择主通道(单击 RGB 通道缩览图)，单击【图层】面板，在图像窗口中显示了运算后产生的选区，如图 7-2-17 所示。

图 7-2-16　【计算】对话框

图 7-2-17　"计算"后产生的选区

(6) 选择【图层】|【新建】|【通过拷贝的图层】命令，设置投影效果，并将下层图层用白色填充，达到如图 7-2-18 所示的效果。

图 7-2-18　效果图

【进阶任务2】利用通道的分离与合并命令调整图像。

其设计过程如下。

(1) 打开素材文件"素材|项目七|素材 5.jpg"，如图 7-2-19 所示。打开【通道】面板，单击面板右上角的三角按钮，在弹出的菜单中选择【分离通道】命令，如图 7-2-20 所示。

图 7-2-19　素材 5 原图

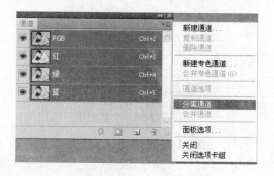

图 7-2-20　选择【分离通道】命令

(2) 将"素材 5.jpg"文件分成三个单独的灰度文件，如图 7-2-21 所示。

图 7-2-21　通道分离后的图像

（3）再次单击面板右上角的三角按钮，在弹出的菜单中选择【合并通道】命令，弹出【合并通道】对话框，参数设置如图 7-2-22 所示。

（4）单击【确定】按钮，弹出【合并 RGB 通道】对话框，调换 R 通道和 G 通道的位置，如图 7-2-23 所示。

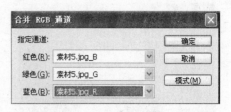

图 7-2-22　【合并通道】对话框　　　　图 7-2-23　【合并 RGB 通道】对话框

（5）单击【确定】按钮，三个灰度图像合并成一个 RGB 文件，最终效果如图 7-2-24 所示。

图 7-2-24　效果图

实践任务　设计制作《秋语》图书封面

任务背景

应邀为某一杂志社的《秋语》图书设计制作封面图片。

任务要求

图书封面，设计要求色彩搭配合理，符合阅读群体特征，同时应突显图书的主旨内容。在封面上还应包含作者、出版社、条形码等部分，图书的分辨率及颜色模式在输出时应分别设置为 300dpi、CMYK。

任务分析

利用通道抠出素材图片，并对其进行自由变换改变其大小，且拖放至合适位置。然后书写相应的图书信息，具体制作过程可以参考上述实例。

任务素材及参考图

《秋语》图书封面设计任务素材如图 7-3-1 和图 7-3-2 所示，参考效果图如图 7-3-3 所示。

图 7-3-1　素材 1

图 7-3-2　素材 2

图 7-3-3　参考效果图

职业技能知识考核

一、选择题

1. 通道的主要用途是(　　)。
   A. 保存颜色信息　　　　　　　　　　B. 保存选区
   C. 保存蒙版　　　　　　　　　　　　D. 修饰图像

2. 在【通道】面板中我们可以对通道进行(　　)操作。
   A. 新建通道　　　　　　　　　　　　B. 删除通道
   C. 重命名通道　　　　　　　　　　　D. 复制通道

3. Photoshop 不允许用户删除主通道，但是删除原色通道后，该图像的色彩模式会变成(　　)模式。
   A. 专色通道　　　　　　　　　　　　B. 多通道
   C. Alpha 通道　　　　　　　　　　　D. 复制通道

4. (　　)模式无须通道控制面板，就可以将选区作为蒙版进行编辑。它可以将一个(　　)快速变成一个(　　)，然后进行编辑，再转换为选区使用。

A. 快速蒙版　　　　　　　　　B. 标准编辑

C. 选区　　　　　　　　　　　D. 蒙版

二、实训题

1. 利用通道与蒙版技术对 PS 自带的图做出"撕裂"效果，如图 7-4-1 和图 7-4-2 所示。

图 7-4-1　原素材图

图 7-4-2　"撕裂"效果

2. 利用纹理通道的编辑功能，做出如图 7-4-3 所示的具有凹凸效果的立体文字。

3. 利用通道蒙版对图 7-4-4 进行抠图——选中花朵。

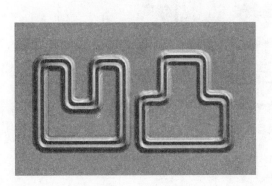

图 7-4-3　凹凸文字

图 7-4-4　花朵

项目八　相册的设计与制作
——色彩的基本应用

项目背景

"宝贝可爱儿"摄影工作室为一个宝宝拍了一系列照片，现在需要设计制作相册。

项目要求

设计制作儿童相册，要展现出儿童的可爱，所以整个效果以卡通为主，表现出儿童的天真烂漫。

项目分析

图像大小设置为 1024 像素 × 768 像素，使用渐变工具以及云彩、添加杂色、波浪等滤镜命令，图像输出方式为打印制作相册。项目效果如图 8-1 所示。

图 8-1　项目效果图

能力目标

1. 学会修饰照片。
2. 学会制作相册。

软件知识目标

1. 学会使用色彩调整命令。
2. 掌握滤镜的应用。
3. 掌握修饰工具的应用。

专业知识目标

1. 学会不同类型相册的设计方法。

2. 学会调整照片的方法。

学时分配

12 学时(讲课 4 学时，实践 8 学时)。

课前导读

本项目主要完成儿童相册的设计制作，可分解为两个任务。通过本项目的设计制作，掌握修饰照片的方法和制作相册的方法。

任务 1　修饰照片

任务背景

从照片中选出 3 张照片，要放入相册，在放入之前先进行修饰。

任务要求

用修饰工具修饰照片，使之适合放入相册。

任务分析

打开 3 张照片后，可以看出，照片 1 有些发青，照片 2 有些发灰，照片 3 中孩子的脸不够白皙，因此，要对这 3 张照片分别进行调整，可以用调整菜单中的色彩平衡、亮度/对比度命令，以及模糊、减淡工具进行调整。

重点难点

❶　色彩平衡。

❷　亮度/对比度。

❸　模糊工具。

❹　减淡工具。

任务实施

其设计过程如下。

(1) 选择【文件】|【打开】命令，打开素材文件"素材\项目八\照片 1.jpg"，如图 8-1-1 所示。

(2) 这张照片有些发青，所以要调整色彩平衡，选择【图像】|【调整】|【色彩平衡】命令，首先在下面【色调平衡】选项区中选择【阴影】单选按钮，然后，将色阶设为(19，0，0)；然后，再在下面【色调平衡】选项区中选择【高光】单选按钮，将色阶设为(13，0，

−15)，效果如图 8-1-2 所示。

图 8-1-1　素材照片 1

图 8-1-2　调整色彩平衡

　　(3) 调整肤色。选择【放大镜工具】，在脸上单击数次，放大照片。再选择【减淡工具】，设置画笔大小为 35 像素，在脸上和手上单击多次，使肤色变白。保存照片为照片 1.psd，效果如图 8-1-3 所示。

图 8-1-3　照片 1 减淡效果

　　(4) 选择【文件】|【打开】命令，打开素材文件"素材\项目八\照片 2.jpg"，如图 8-1-4 所示。

　　(5) 照片 2 明显发灰，因此需要调整亮度/对比度，选择【图像】|【调整】|【亮度/对比度】命令，将亮度值调为 50，对比度值调为 23，如图 8-1-5 所示。

　　(6) 选择【减淡工具】，画笔大小为 100 像素，在脸上和手上单击多次，使肤色变白，保存为照片 2.psd，如图 8-1-6 所示。

　　(7) 选择【文件】|【打开】命令，打开素材文件"素材\项目八\照片 3.jpg"，如图 8-1-7 所示。

图 8-1-4　打开照片 2

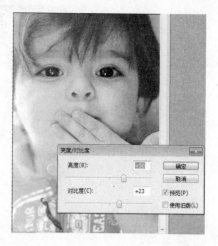

图 8-1-5　调整亮度/对比度

图 8-1-6　照片 2 调整后效果

（8）照片 3 中，孩子的肤色不够白皙，所以选择【图像】|【调整】|【曲线】命令，进行适当的调整，如图 8-1-8 所示。

图 8-1-7　打开照片 3

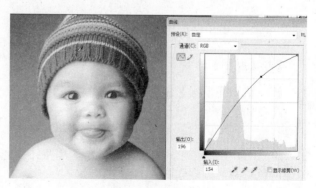

图 8-1-8　调整曲线

（9）选择【减淡工具】，画笔大小为 100 像素，在孩子的脸上和身上单击多次，保存为照片 3.psd，效果如图 8-1-9 所示。

图 8-1-9　照片 3 调整后的效果

相关知识

1. 【去色】命令

(1) 认识【去色】命令

【去色】命令可以去除图像中的彩色，使图像变成无彩色，即灰度图像。去色之后的图像模式并不发生改变。

(2) 学会使用【去色】命令

① 打开图像文件"素材\项目八\照片 13.jpg"，可以看到这是一张彩色照片，如图 8-1-10 所示。

② 选取【图像】|【调整】|【去色】命令，即可去掉图像中的彩色，将彩色照片变成黑白照片，效果如图 8-1-11 所示。

图 8-1-10　照片 13　　　　　　　　　　　图 8-1-11　去色效果

2. 【反相】命令

(1) 认识【反相】命令

【反相】命令可以反转图像中的色彩，即取原色彩的补色。如果两种颜色相混合后，可以得到中性灰色，那么这两种颜色就互为补色。如红色的补色是绿色，黄色的补色是紫色，蓝色的补色是橙色。【反相】命令正是两补色之间的互相转换，如果再次执行此命令，图像的色彩即可恢复到原来的样子。

(2) 学会使用【反相】命令

① 打开图像文件"素材\项目八\鲜花.jpg"图片，如图 8-1-12 所示。

② 选择【图像】|【调整】|【反相】命令，即可得到反相图像的效果，橙色的花朵部分变成了蓝色，黄绿色相间的背景则变成了红紫色。在照片中可以做出底片的效果，效果

如图 8-1-13 所示。

图 8-1-12　打开图片　　　　　图 8-1-13　使用【反相】命令后的图像效果

3.【色调均化】命令

(1) 认识【色调均化】命令

【色调均化】命令能够重新分布图像中像素的亮度值，更均匀地调整整个图像的亮度。在执行此命令时，Photoshop 查找图像中最亮和最暗的值，最亮的值表示白色，最暗的值表示黑色。然后对亮度进行色调均化处理，即在整个灰度范围内均匀分布中间像素值。

当扫描图像时，如果扫描得到的图像显得比原稿暗，我们想得到较亮的效果时，就可以使用【色调均化】命令。

在执行【色调均化】命令时，定义选区和没有定义选区的效果是不一样的。没有定义选区时，直接执行此命令，而定义了选区时，在执行之前会弹出一个对话框，如图 8-1-14 所示。

图 8-1-14　【色调均化】对话框

【色调均化】对话框中主要参数的含义如下。

● 仅色调均化所选区域：仅均匀地分布选区的像素。

● 基于所选区域色调均化整个图像：基于选区中的像素均匀分布整个图像的像素。

(2) 学会使用【色调均化】命令

① 打开图像文件"素材\项目八\史努比.jpg"图片，如图 8-1-15 所示。

② 选择【图像】|【调整】|【色调均化】命令，系统自动调整亮度，直接执行。效果如图 8-1-16 所示。

图 8-1-15　打开图片

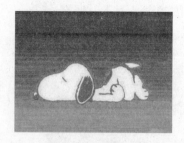

图 8-1-16　色调均化

③　恢复图像，选择工具箱中的【椭圆选框工具】，制作一个椭圆选区，如图 8-1-17 所示。

④　选择【图像】|【调整】|【色调均化】命令，弹出如图 8-1-18 所示的对话框。

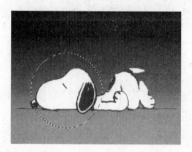

图 8-1-17　制作选区

图 8-1-18　【色调均化】对话框

⑤　选择【仅色调均化所选区域】单选按钮，单击【好】按钮确定，效果如图 8-1-19 所示。

⑥　恢复图像到椭圆选区状态，再次选择【图像】|【调整】|【色调均化】命令，在弹出的对话框中选择【基于所选区域色调均化整个图像】单选按钮。单击【好】按钮确定，效果如图 8-1-20 所示。

图 8-1-19　仅均化选区效果

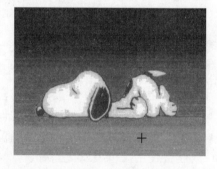

图 8-1-20　均化整个图像

4．【阈值】命令

(1)　认识【阈值】命令

利用【阈值】命令可以制作黑白图像，此命令是根据用户定义的图像中某个亮度值为阈值。将比该阈值亮的像素转换为白色，比该阈值暗的像素转换为黑色。

（2）学会使用【阈值】命令

① 打开图像文件"素材\项目八\照片.jpg"图片，如图 8-1-21 所示。

② 选择【图像】|【调整】|【阈值】命令，打开【阈值】对话框，效果如图 8-1-22 所示。

图 8-1-21 打开图片

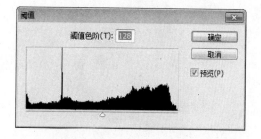

图 8-1-22 【阈值】对话框

（3）按照默认值 128，单击【好】按钮确定，效果如图 8-1-23 所示。

（4）恢复图像，将阈值改为 90，单击【好】按钮确定，效果如图 8-1-24 所示。

（5）恢复图像，将阈值改为 180，单击【好】按钮确定，效果如图 8-1-25 所示。

图 8-1-23 阈值为 128

图 8-1-24 阈值为 90

图 8-1-25 阈值为 180

5.【色调分离】命令

（1）认识【色调分离】命令

【色调分离】命令可以减少图像中的色调级别，将邻 色调的像素合并。【色调分离】对话框如图 8-1-26 所示。

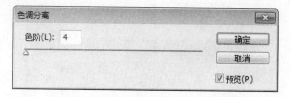

图 8-1-26 【色调分离】对话框

其中，只有【色阶】一个选项，该值用于设置色调级别的多少，值越小，色调级别越少，图像的变化也就越大。

(2) 学会使用【色调分离】命令

① 打开图像文件"素材\项目八\漫画.jpg"图片，如图 8-1-27 所示。

② 选择【图像】|【调整】|【色调分离】命令，打开【色调分离】对话框，设置色阶值为 2，单击【好】按钮确定，效果如图 8-1-28 所示。

图 8-1-27　打开图片　　　　　　　　　　　图 8-1-28　色阶值为 2

③ 恢复图片。选择【图像】|【调整】|【色调分离】命令，打开【色调分离】对话框，设置色阶值为 8，单击【好】按钮确定，效果如图 8-1-29 所示。

④ 恢复图片。选择【图像】|【调整】|【色调分离】命令，打开【色调分离】对话框，设置色阶值为 20，单击【好】按钮确定，效果如图 8-1-30 所示。

图 8-1-29　色阶值为 8　　　　　　　　　　图 8-1-30　色阶值为 20

6.【渐变映射】命令

(1) 认识【渐变映射】命令

【渐变映射】命令将相等的图像灰度范围映射到指定的渐变填充色，使用该命令可以为图像添加渐变映像效果。【渐变映射】对话框如图 8-1-31 所示。

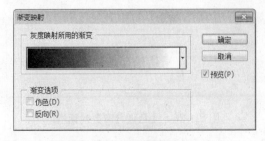

图 8-1-31　【渐变映射】对话框

【渐变映射】对话框中主要参数的含义如下。

● 灰度映射所用的渐变：单击右边的三角形可以选择所需要的渐变样式；单击渐变
条可以打开渐变编辑器。

● 仿色：添加随机杂色以平滑渐变填充的外观并减少带宽效果。

● 反向：切换渐变填充的方向以反向渐变映射。

(2) 学会使用【渐变映射】命令

① 打开图像文件"素材\项目八\首饰.jpg"图片，如图 8-1-32 所示。

② 选择【图像】|【调整】|【渐变映射】命令，打开对话框，单击三角形选择 copper
渐变样式，单击【好】按钮确定，效果如图 8-1-33 所示。

图 8-1-32　打开图片

图 8-1-33　渐变样式

③ 恢复原图，仍选择 copper 渐变样式，同时选中【反向】复选框，单击【好】按钮
确定，效果如图 8-1-34 所示。

④ 恢复原图，选择"黑白"渐变样式，单击【渐变映射】对话框中的渐变条，打开
渐变编辑器，改变渐变条下方的颜色中点的位置(见图 8-1-35)，可得到不一样的效果。

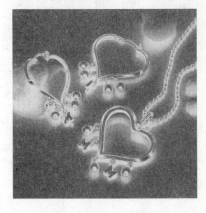

图 8-1-34　反向效果

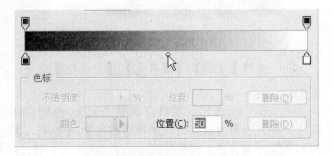

图 8-1-35　调整中点位置

⑤ 中点位置为 50%时的效果如图 8-1-36 所示。

⑥ 中点位置为 90%时的效果如图 8-1-37 所示。

图 8-1-36　中点位置为 50%　　　　　　图 8-1-37　中点位置为 90%

任务进阶

【进阶任务】调整图像色彩。

其设计过程如下。

(1) 打开图像文件"素材\项目八\卡通.jpg"图片，如图 8-1-38 所示。

(2) 制作背景。

① 选择工具箱中的【魔棒工具】，在背景中单击，制作背景选区。

② 打开图像文件"素材\项目八\背景.jpg"图片，如图 8-1-39 所示。

图 8-1-38　卡通

图 8-1-39　背景

③ 选择【滤镜】|【像素化】|【晶格化】命令，将单元格大小设置为 55，如图 8-1-40 所示。

④ 按 Ctrl+A 组合键将背景图片全选，再按 Ctrl+C 组合键复制背景图片。回到"卡通"图片，使之成为当前窗口，选择【编辑】|【粘贴入】命令，即可将晶格化后的背景图片作为卡通图片的背景，效果如图 8-1-41 所示。

图 8-1-40　背景晶格化

图 8-1-41　添加背景

(3) 调整色彩。

① 调整衣服的色彩。利用磁性套索工具和魔棒工具选取卡通娃娃的衣服，如图 8-1-42 所示。

② 选择【图像】|【调整】|【色彩平衡】命令，在打开的对话框中拖动下面的三个滑块，分别得到色阶值为 100、-100、50，如图 8-1-43 所示。

③ 单击【确定】按钮，得到如图 8-1-44 所示的效果。

图 8-1-42　制作选区

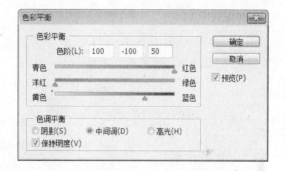

图 8-1-43　设置色彩平衡

④ 选择工具箱中的【磁性套索工具】，将卡通娃娃胸前的蝴蝶结选中，选择【图像】|【调整】|【变化】命令，打开【变化】对话框，单击 4 次"加深红色"，4 次"加深蓝色"。如图 8-1-45 所示。

图 8-1-44　调整衣服颜色

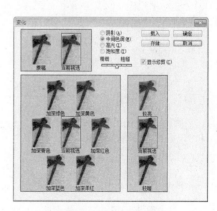

图 8-1-45　【变化】对话框

⑤ 单击【确定】按钮，得到如图 8-1-46 所示的效果。

⑥ 调整头发颜色。选择工具箱中的【磁性套索工具】，制作头发选区，如图 8-1-47 所示。

图 8-1-46 调整蝴蝶结颜色

图 8-1-47 制作头发选区

⑦ 选择【图像】|【调整】|【渐变映射】命令，单击【渐变映射】对话框中的黑色三角形，在渐变样式中选择 Chrome 样式，如图 8-1-48 所示。卡通娃娃的头发变成了如图 8-1-49 所示的样子。

⑧ 在渐变条上单击，打开渐变编辑器。单击左下角蓝色的色标，更改颜色为 (R:56,G:6,B:124)，如图 8-1-50 所示。

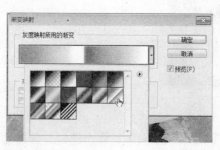

图 8-1-48 【渐变映射】对话框

图 8-1-49 调整头发

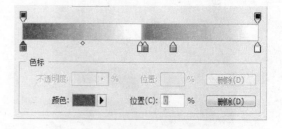

图 8-1-50 更改颜色

⑨ 单击【确定】按钮,得到如图 8-1-51 所示的效果。

(4) 调整眼睛的亮度。利用魔棒工具选择眼睛选区,如图 8-1-52 所示。

图 8-1-51 更改后的颜色

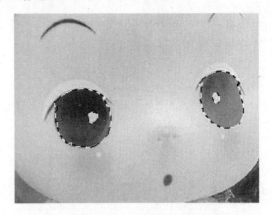

图 8-1-52 制作眼睛选区

① 选择【图像】|【调整】|【亮度/对比度】命令,将亮度调整为-58,设置如图 8-1-53 所示。

② 单击【确定】按钮,得到最终效果,如图 8-1-54 所示。

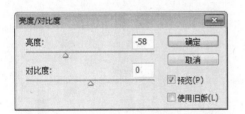

图 8-1-53 【亮度/对比度】对话框

图 8-1-54 最终效果

任务 2 设计制作相册

任务背景

照片已经修饰好,现在设计制作相册。

任务要求

设计制作适合儿童的相册,主题为卡通型。

任务分析

儿童相册以可爱卡通为主,因此,在相册左侧绘制一棵树,树上结着星星、月亮等,右侧有一个大大的照片位置,中间有两个小照片的位置,分别以小花和小苹果进行装饰;同时对图层样式进行设置。

重点难点

❶ 渲染滤镜。

❷ 添加杂色滤镜。

❸ 波浪滤镜。

任务实施

其设计过程如下。

(1) 选择【文件】|【新建】命令,新建一个 1024 像素×768 像素的文件,分辨率为 300 像素/英寸。

(2) 设置相册背景。前景色设置为(R:181, G:130, B:97),背景色设置为(R:168, G:237, B:235),选择【滤镜】|【渲染】|【云彩】命令,效果如图 8-2-1 所示。

(3) 调整背景颜色。选择【图像】|【调整】|【色彩平衡】命令,将色阶值设置为 35、94、-83,如图 8-2-2 所示。

图 8-2-1 设置相册背景

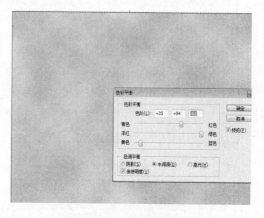

图 8-2-2 调整色彩平衡

(4) 调整饱和度。选择【图像】|【调整】|【色相/饱和度】命令,降低饱和度值为-36,如图 8-2-3 所示。

(5) 绘制小树。新建图层,前景色设置为 (R:174,G:123,B:91),背景色设置为 (R:88,G:50,B:26)。选择【矩形工具】,在工具栏中选择"填充像素"模式,绘制一个长长的矩形,选择【滤镜】|【渲染】|【纤维】命令,设置差异为 16、强度为 4,效果如图 8-2-4 所示。

(6) 选择【编辑】|【变换】|【透视】命令,将树的顶端向中间靠拢,效果如图 8-2-5 所示。

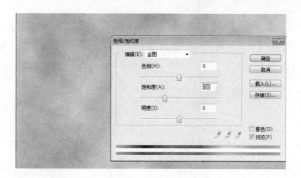

图 8-2-3　调整饱和度

(7) 选择【矩形选框工具】，将树干上方的尖尖部位复制，旋转成树枝，将所有树枝图层和树干图层合并，并在【图层】面板下方单击【添加图层样式】按钮，设置图层样式为投影，参数设置如图 8-2-6 所示。

图 8-2-4　纤维效果

图 8-2-5　变形树干

图 8-2-6　复制树枝

(8) 新建图层，并将新图层拖到树枝图层的下方，选择【自定义形状工具】，在工具栏中单击"形状"后面的下拉箭头，选择"云彩 1"，将前景色设置为草绿色(R:216, G:239, B:112)，背景色设置为深绿色(R:123, G:166, B:15)，绘制出树的样子，如图 8-2-7 所示。

(9) 选择【滤镜】|【杂色】|【添加杂色】命令，并为图层添加投影样式，如图 8-2-8 所示。

图 8-2-7　绘制绿树

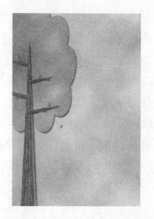

图 8-2-8　添加杂色和投影

(10) 选择【图像】|【调整】|【曲线】命令，调整曲线如图 8-2-9 所示。

(11) 新建图层。选择【自定义形状工具】，给树上添加些月亮、星星等图形，并设置投影效果，如图 8-2-10 所示。

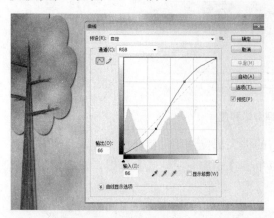 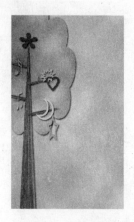

图 8-2-9　调整曲线　　　　　　　　　　图 8-2-10　添加形状

12. 新建一个图层。设置前景色为(R:243,G:238,B:238)，选择【圆角矩形工具】，绘制一个大大的圆角矩形，如图 8-2-11 所示。

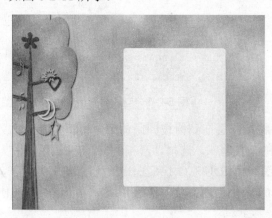

图 8-2-11　绘制圆角矩形

(13) 选择【滤镜】|【扭曲】|【波浪】命令，设置如下：生成器数为 10；波长为 50，50；波幅为 30，30；比例为 11，11。单击【确定】按钮，效果如图 8-2-12 所示。

(14) 为图层添加"斜面和浮雕"样式，并将波浪矩形旋转一定的角度。

(15) 打开素材文件"素材\项目八\小花和苹果.psd"。用【移动工具】将小花拖到相册.psd中，放在波浪的左上角，再复制一个，效果如图 8-2-13 所示。

(16) 新建一个图层。绘制一个小的圆角矩形，再将前景色设置为黑色，在圆角矩形的内部再画一个更小的圆角矩形，如图 8-2-14 所示。

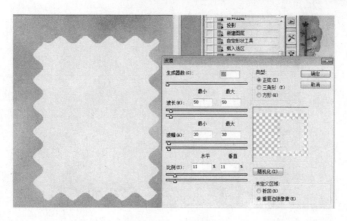

图 8-2-12 波浪效果

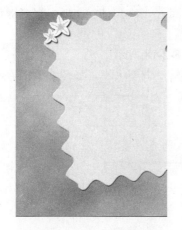

图 8-2-13 添加小花

图 8-2-14 绘制圆角矩形

(17) 选择【魔棒工具】，在黑色上面单击并删除，现在只剩下一个边框，为边框添加【斜面和浮雕】图层样式，如图 8-2-15 所示。

(18) 将此矩形框复制一个，并调整大小和位置，如图 8-2-16 所示。

图 8-2-15 删除内部添加样式

图 8-2-16 复制矩形

(19) 在打开的素材小花和苹果.psd 中，选择小花和小苹果装饰相册，至此相册做好了，效果如图 8-2-17 所示。

图 8-2-17　相册效果

(20) 将照片放入相册中。打开任务 1 中保存过的照片 1.psd，按 Ctrl+A 组合键选择照片，再按 Ctrl+C 组合键复制照片。

(21) 回到相册文件中，制作一个矩形选区，如图 8-2-18 所示。

(22) 选择【选择】|【变换选区】命令，将选区旋转，调整大小，如图 8-2-19 所示。

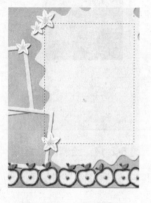

图 8-2-18　制作选区

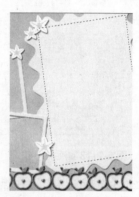

图 8-2-19　变换选区

(23) 选择【编辑】|【贴入】命令，将照片 1 贴入到选区中，如图 8-2-20 所示。

(24) 按 Ctrl+T 组合键旋转照片，并调整大小和位置，如图 8-2-21 所示。

图 8-2-20　贴入照片 1

图 8-2-21　调整照片

(25) 打开任务 1 中保存过的照片 2.psd，按 Ctrl+A 组合键选择照片，再按 Ctrl+C 复制照片。

(26) 回到相册.psd，找到小矩形所在的图层，选择【魔棒工具】在矩形内单击，选中矩形内的选区，如图 8-2-22 所示。

(27) 选择【编辑】|【贴入】命令，将照片 2 贴入到选区中，按 Ctrl+T 组合键旋转照片，并调整大小和位置，如图 8-2-23 所示。

图 8-2-22　制作选区

图 8-2-23　贴入照片

(28) 用同样的方法，将照片 3.psd 贴入另一个矩形选框内，效果如图 8-2-24 所示。

(29) 最后，添加文字 Sweet Heart 红色，在【样式】面板中选择"红色回环"。至此，整个相册就做完了，效果图如图 8-2-25 所示。

图 8-2-24　贴入照片 3

图 8-2-25　最后效果图

相关知识

1. 二次构图

在我们制作相册之前，都要对原始照片进行修改，在报刊、杂志、摄影画报中看到的作品绝大多数都是经过了二次构图的。二次构图简单地说就是后期对照片的裁剪。

2. 为什么要进行二次构图

在拍摄过程中绝大多数数码相机视窗中看到的画面与实际拍摄所得的画面往往是有区别的。照相机的取景范围总是比实际拍摄的画面要小一些，一般为 90%～100%之间。目前，能达到 100%取景范围的多是专业型单反相机。因此，在取景器中看好的画面，拍摄出来后会发生位移，后期裁剪即二次构图就成了必不可少的步骤。

还有的摄影者可能缺乏美术基础，对构图比例不很了解，因此拍摄的照片主次不分明，比例不合适，也需要进行二次构图，通过二次构图能够给照片第二次生命，可以加强照片的空间感和透视感，可以丰富照片的层次，进一步突出主体。

另外，在进行相册排版设计时，根据版面的要求也要进行二次构图，有时候需要裁减，有时候需要添加，无论采用哪种方法，最后能够展现一个很好效果的就是成功的二次构图。

3. 二次构图的方法

(1) 加法二次构图

加法二次构图是添加空间或素材是原始照片的构图合理。一般可以通过增大画布来扩大空间和尺寸。

(2) 减法二次构图

减法二次构图即利用裁剪工具将原始照片进行裁剪，以达到合理的构图。

(3) 合成法二次构图

合成法二次构图就是将两张构图不合理的照片合成一张照片，达到构图合理。

(4) 实际应用法二次构图

实际应用法就是在设计相册时，根据版面的需要，综合运用裁剪、添加、合成等方法对照片进行二次构图，使版面呈现出完美的效果。

任务进阶

【进阶任务】减法二次构图。

其设计过程如下。

(1) 打开图像文件"素材\项目八\人像.jpg"，如图 8-2-26 所示。

(2) 主体是要表现海边捡石头的孩子。影像视觉不好的因素有上方的人群杂乱容易抢夺视线，裁剪上方之后，下方也要适当地裁剪，并且孩子不应放在正中间的位置，可以将右边也裁剪一些。

(3) 因此，选择【裁剪工具】，拉出裁剪框，如图 8-2-27 所示。

图 8-2-26　打开图像"人像.jpg"

图 8-2-27　裁剪图片

（4）在裁剪框内双击鼠标确定，得到效果图如图8-2-28所示。

（5）调整图像颜色。我们可以看到这张照片颜色有些发灰。在【图层】面板下方，选择【创建新的填充或调整图层】|【色阶】命令，将黑白滑块均向内拖到，如图8-2-29所示。

图 8-2-28　减法二次构图

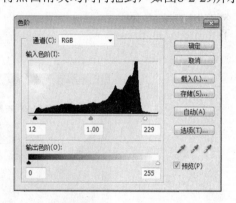

图 8-2-29　调整色阶

（6）在【图层】面板下方，选择【创建新的填充或调整图层】|【曲线】命令，略加调整，如图8-2-30所示。

（7）最终效果如图8-2-31所示。

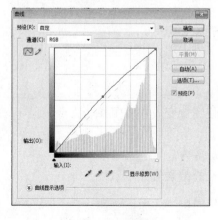

图 8-2-30　调整曲线

图 8-2-31　最终效果

实践任务　设计制作个人写真相册

任务背景

设计制作自己的个人写真相册。

任务要求

选择自己的照片，修饰后放入相册中。设计制作个人写真相册。

任务分析

选择自己日常拍摄的照片，进行色彩调整，修饰照片。在相册中色调选择咖啡色，显得高贵，现代感强。桃心形适合女孩的相册，男孩可以用矩形放置照片。

任务素材及参考图

任务素材取自己日常写真照片，相册参考图如图 8-3-1 所示。

图 8-3-1　个人写真相册

职业技能知识考核

一、填空题

1. _____命令可以去除图像中的彩色，可以使图像变成灰度图像。
2. 利用_____命令可以制作黑白图像。
3. 利用_____命令可以将图像精确地填充到选区内。
4. 使用_____命令可以重新分配图像中各像素的像素值。
5. 使用_____工具可以使照片中的肤色显得白皙。

二、选择题

1. 能够去除图像的色彩使之变成相同颜色模式的灰度图像的命令是(　　)。

    A.【去色】命令　　　　　　　　B.【阈值】命令

    C.【变化】命令　　　　　　　　D.【色彩平衡】命令

2. 能够制作出黑白图像的命令是(　　)。

    A.【去色】命令　　　　　　　　B.【阈值】命令

    C.【变化】命令　　　　　　　　D.【色彩平衡】命令

3. 利用(　　)命令能够生产原图的负片，就像我们传统相机中的底片。

    A.【去色】命令　　　　　　　　B.【阈值】命令

    C.【变化】命令　　　　　　　　D.【反相】命令

4. (　　)命令可以定义色阶的多少。此命令可用于在灰阶图像中减少灰阶数量，形成一些特殊的效果。

    A.【去色】命令　　　　　　　　B.【阈值】命令

    C.【色调分离】命令　　　　　　D.【反相】命令

5. 制作树皮的效果，要用到滤镜中的(　　)命令。

    A.【波浪】命令　　　　　　　　B.【纤维】命令

    C.【云彩】命令　　　　　　　　D.【添加杂色】命令

三、实训题

利用【色彩平衡】命令和【渐变映射】命令，将图 8-4-1 和图 8-4-2 合成如图 8-4-3 所示的效果图。

图 8-4-1　素材 1

图 8-4-2　素材 2

图 8-4-3　效果图

项目九　室内效果图设计
——色彩的高级应用

项目背景

通常情况下，用 3D 软件做出室内效果图之后，还需要用 Photoshop 软件来进行后期处理，这其中包括整体画面的基调、亮度、对比度、色彩平衡的调节及适当的绿植、装饰品的配景，尽可能给业主呈现出一副合理、精美的室内效果图。现有一张卧室的效果图，需要用 Photoshop 进行后期处理。

项目要求

本项目中的业主是中年夫妇，事业有成，因此效果图要显得沉稳、大气，符合业主的身份和年龄。

项目分析

图像大小为 1200 像素×900 像素，主要进行色调、色彩平衡、亮度的调节，并且添加适当的装饰。

其效果如图 9-1 所示。

图 9-1　后期处理效果图

能力目标

1. 学会用 Photoshop 对室内设计进行后期处理。
2. 学会使用各种色彩调整命令。

软件知识目标

1. 掌握室内校色的方法。

2. 掌握 Photoshop CS4 软件的色彩高级应用。

专业知识目标

1. 调整与填充图层。
2. 其他调整命令。
3. 相关滤镜命令。

学时分配

8 学时(讲课 4 学时，实践 4 学时)。

课前导读

本项目主要完成室内效果图设计的后期处理，可分解为两个任务。通过本项目的设计制作，掌握调整与填充图层、专业校色、信息调板、其他调整命令、相关滤镜命令的使用方法，学会分析效果图的不足，学会掌握后期处理的工具和方法。

任务 1 调 整 图 像

任务背景

对室内效果图进行后期处理。

任务要求

调节效果图的亮度、色调，符合业主的身份和年龄。

任务分析

此效果图经过 3D 渲染后，整个色调有些偏灰，需要调整。因业主夫妇是中年人，事业有成，因此，色调取棕色，但图中的颜色不够深，因此要适当加深，房顶本应是白色，但现在有些偏灰，也需要调整。

重点难点

❶ 曲线的应用。
❷ 色彩平衡的应用。

任务实施

其设计过程如下。

(1) 选择【文件】|【打开】命令，打开素材文件"素材\项目九\卧室.jpg"，如图 9-1-1 所示。

图 9-1-1　打开素材

(2) 调整深色墙面的颜色。选择【通道】面板，可以看到在蓝色通道中墙面的颜色比较突出，因此，单击蓝色通道，在蓝色通道中制作出深色墙面的选区，如图 9-1-2 所示。

图 9-1-2　制作选区

(3) 单击 RGB 通道，回到【图层】面板，选择【图像】|【调整】|【色彩平衡】命令，进行设置，色阶为 15、0、-16，如图 9-1-3 所示。

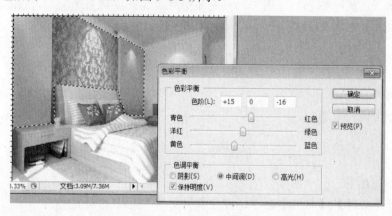

图 9-1-3　设置色彩平衡

(4) 调整墙面亮度。选择【图像】|【调整】|【亮度/对比度】命令，设置亮度为-50，对比度为 45，如图 9-1-4 所示。

图 9-1-4　调节亮度/对比度

　　(5) 为了搭配床头墙面的颜色，要把浅色的墙面也调整成同一色系的浅色。选择多边形工具，制作浅色墙面的选区，如图 9-1-5 所示。

　　(6) 选择【图像】|【调整】|【色彩平衡】命令，进行设置，色阶为 11、0、-32，如图 9-1-6 所示。此时，浅色墙面与深色墙面已经是同一色系了，这样看起来色彩比较协调。

图 9-1-5　选择浅色墙面

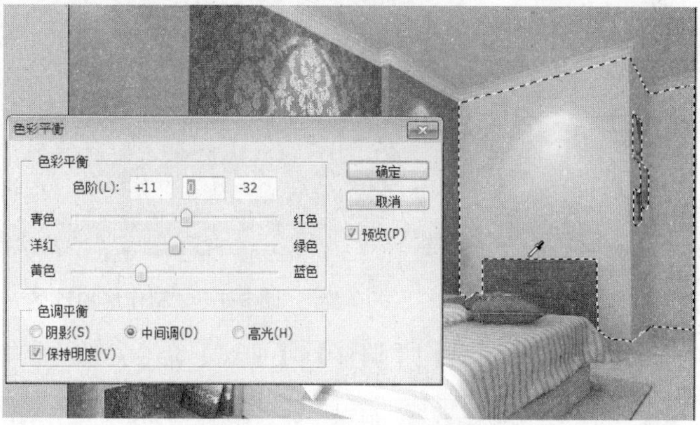

图 9-1-6　调整色彩平衡

　　(7) 调整地板和床板的颜色。选择【魔棒工具】，将容差值设置为 15，在地板上单击，并在工具栏上单击【添加到选区】按钮，继续制作选区，如图 9-1-7 所示。

图 9-1-7　制作地板选区

(8) 选择【图像】|【调整】|【曲线】命令，适当调整，如图 9-1-8 所示。

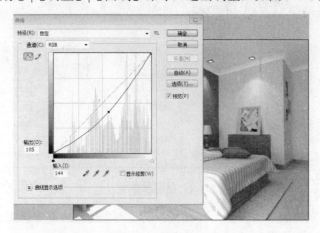

图 9-1-8　调整曲线

(9) 调整房顶。用魔棒工具制作出房顶和顶角线的选区，如图 9-1-9 所示。

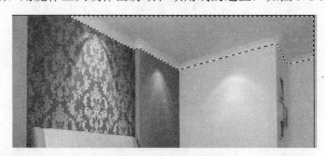

图 9-1-9　制作房顶选区

(10) 选择【图像】|【调整】|【曲线】命令，适当调整，如图 9-1-10 所示。

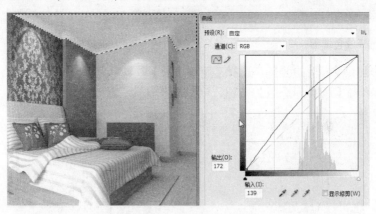

图 9-1-10　调整曲线

(11) 至此，整个图像色彩和亮度调整完成，保存图像为"卧室.psd"，效果如图 9-1-11 所示。

图 9-1-11　效果图

相关知识

1. 【亮度/对比度】命令

(1) 认识【亮度/对比度】命令

有时一幅图片可能会较暗或者是对比度较弱，图像显得模糊，主次不分明，这时我们就可以使用【亮度/对比度】命令来调节图像的明暗度和对比度。当然对于一幅曝光过度的照片，我们可以降低其亮度和对比度。选择【图像】|【调整】|【亮度/对比度】命令，打开如图 9-1-12 所示的对话框。

图 9-1-12　【亮度/对比度】对话框

【亮度/对比度】对话框中主要参数的含义如下。

- 亮度：用来调整图像的明暗程度，值越大亮度越高。
- 对比度：用来调整图像的对比度，值越大对比度越大。

(2) 学会使用【亮度/对比度】命令

① 打开图像文件"素材\项目九\风景 1.jpg"图片，如图 9-1-13 所示。

② 选择【图像】|【调整】|【亮度/对比度】命令，打开【亮度/对比度】对话框，将亮度值调整为 20，对比度调整为 13，单击【确定】按钮，效果如图 9-1-14 所示。

图 9-1-13　打开图片　　　　　　　图 9-1-14　调整亮度/对比度后的效果图

2. 【色彩平衡】命令

(1) 认识【色彩平衡】命令

使用【色彩平衡】命令可以更改图像的总体颜色混合，还可以对图像中的某一个色阶进行单独调整。此命令可用来制作艺术照片效果。【色彩平衡】对话框如图 9-1-15 所示。

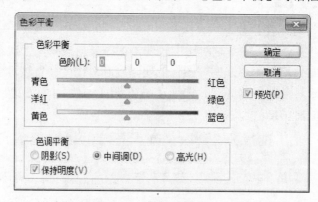

图 9-1-15　【色彩平衡】对话框

【色彩平衡】对话框中主要参数的含义如下。

- 色阶：用于显示红色、绿色和蓝色通道的颜色变化值。范围从-100~+100。
- 色阶滑竿：滑块拖向某一颜色表示在图像中增加该色，拖离表示减少该色。
- 色调平衡："暗调"、"中间调"或"高光"，选择要着重调整的色调范围。
- 保持亮度：选择该复选框以防止图像的亮度值随颜色的更改而改变。该选项可以保持图像的色调平衡。

(2) 学会使用【色彩平衡】命令

① 打开图像文件"素材\项目九\客厅.psd"图片，如图 9-1-16 所示。

② 制作出沙发的选区，如图 9-1-17 所示。

高职高专立体化教材　计算机系列

图 9-1-16　客厅素材

图 9-1-17　制作沙发选区

③　在【图层】面板下方，单击【创建新的填充或调整图层】按钮，在弹出的菜单中选择【色彩平衡】命令，打开【色彩平衡】对话框，进行参数设置，沙发变成咖啡色，效果如图 9-1-18 所示。

图 9-1-18　参数设置及沙发变色效果

3.【色阶】命令

(1) 认识【色阶】命令

Photoshop 中的【色阶】命令，可以通过调整图像的暗调、中间调和高光等强度级别，校正图像的色调范围和色彩平衡、纠正色偏。它将每个颜色通道中的最亮和最暗像素定义为白色和黑色，然后按比例重新分布中间像素值。利用【色阶】命令可以修改图像的曝光度。例如，如果照片看起来很昏暗，缺乏对比度，或者有色痕时，可以使用此命令来进行校正。【色阶】对话框如图 9-1-19 所示。

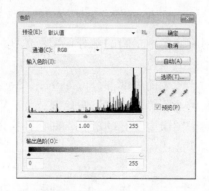

图 9-1-19　【色阶】对话框

【色阶】对话框中主要参数的含义如下。

- 通道：在此可以选择需要调整色调的通道。其中有 4 个选项：RGB、红、绿、蓝。
- 输入色阶：输入色阶选项中包含 3 个编辑框，从左到右分别对应下方直方图中的三个滑块。
    - 最左边的编辑框和滑块用于调整图像的暗调部分，取值范围为 0～253。当取值 253 时，图像将变成黑色。
    - 中间的编辑框和滑块用于调整图像的中间色调部分，取值范围为 0.10～9.99。向左移动可使图像变亮，向右移动可使图像变暗。
    - 右侧的编辑框和滑块用于调整图像的亮调部分，取值范围为 2～255。当取值 2 时，图像将变成白色。
- 输出色阶：用于设定图像的亮度范围。此选项中包含两个编辑框，从左到右分别对应下方的"黑场输入"滑块和"白场输入"滑块。移动"黑场输入"滑块会将其位置处或其下方的所有图像值映射到"输出色阶"黑场(默认情况下，设置为 0 或纯黑)。移动"白场输入"滑块会将其位置处或其上方的图像值映射到"输出色阶"白场(默认情况下，设置为 255 或纯白)。如将"输入白场"滑块向左移动，图像会变暗。
- 自动：此按钮用于自动调整暗调和高光。
- 选项：单击此按钮，可以打开【自动颜色校正选项】对话框，如图 9-1-20 所示。

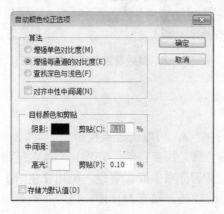

图 9-1-20 【自动颜色校正选项】对话框

- 吸管工具
    - 黑色吸管：针对于图像中最暗的部分，即黑色区域。用此吸管在图像中暗部单击，可将暗部变成黑色。
    - 灰色吸管：针对于图像的中部部分，即介于黑白之间的中性灰色区域。用此吸管在图像中灰色部分单击，可将灰色部分变成中性灰色。
    - 白色吸管：针对于图像中最亮的部分，即白色区域。用此吸管在图像中亮部单击，可将亮部变成白色。

(2) 学会使用【色阶】命令

① 打开图像文件"素材\项目九\照片 1.jpg"，如图 9-1-21 所示。

② 可以看到，这张图片整体偏灰，不清晰，因此我们需要调整它的色阶。在【图层】

面板下方，单击【创建新的填充或调整图层】按钮，在弹出的菜单中选择【色阶】命令，打开【色阶】对话框，如图 9-1-22 所示。可以看到，此图像的色调集中在中间部分，两端很少，导致图片发灰。

图 9-1-21　打开图片

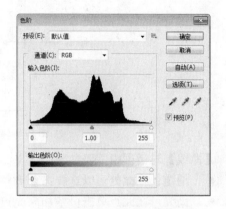

图 9-1-22　【色阶】对话框

③　因此，可将黑色滑块和白色滑块分别向中间拖动，即可调整图像，使之看起来比较清晰，调整好后将图像保存，如图 9-1-23 所示。

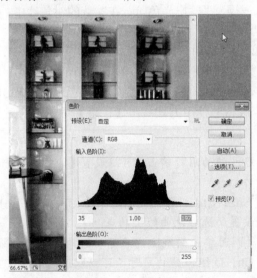

图 9-1-23　调整色阶

4．【曲线】命令

(1)　认识【曲线】命令

【曲线】命令与【色阶】命令一样，也可以调整图像的整个色调范围。但是，【曲线】命令在调整色调时不是只使用三个变量(高光、暗调、中间调)，而是可以调整 0～255 范围内的任意点，同时保持 15 个其他值不变。也可以使用【曲线】命令对图像中的个别颜色通道进行精确的调整。【曲线】对话框也与【色阶】对话框类似，如图 9-1-24 所示。

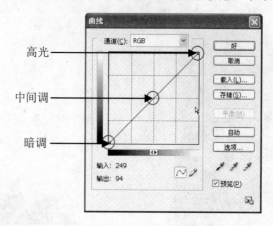

图 9-1-24 【曲线】对话框

【曲线】对话框中主要参数的含义如下。

- 通道：在此处可以选择需要调整的通道。
- 高光：在此点单击可增加高光点，进行高光部分的调整。
- 中间调：在此点单击可增加中间调点，进行中间调部分的调整。
- 暗调：在此点单击可增加暗调点，进行暗调部分的调整。
- 图表的水平轴：表示 "输入" 色阶。
- 图表的垂直轴：表示 "输出" 色阶。在默认的对角线中，所有像素有相同的"输入"和"输出"值。
- 　：在曲线上单击并拖动点调整。
- 　：用铅笔直接画出一条曲线。
- 自动：单击该按钮以使用【自动校正选项】对话框中指定的设置调整图像。
- 　：这三个吸管的使用方法参考【色阶】命令中的三个吸管。

> 提示：
> ① 在图像中按住 Ctrl 键的同时单击，可以设置【曲线】对话框中指定的当前通道中曲线上的点。
> ② 在图像中按住 Shift+Ctrl 组合键的同时单击，可以在每个颜色成分通道中(但不是在复合通道中)设置所选颜色曲线上的点。
> ③ 按住 Shift 键的同时单击曲线上的点可以选择多个点。所选的点以黑色填充。
> ④ 在网格中按住 Ctrl+D 组合键的同时，可以取消选择曲线上的所有点。
> ⑤ 按住 Ctrl 键的同时单击曲线上的点，可以删除该点。
> ⑥ 按箭头键可移动曲线上所选的点。
> ⑦ 若要使"曲线"网格更精细，只需按住 Alt 键的同时单击网格，网格就变小变密。再次按住 Alt 键，然后单击可以使网格变大。

(2) 学会使用【曲线】命令
① 再次打开图像文件"素材\项目九\照片 1.jpg"，经过刚才色阶的调整，这个图片

已经不再发灰，但是它的房顶却有些发红，需要进一步调整。

②　用魔棒工具制作出屋顶的选区，单击【创建新的填充或调整图层】按钮，在弹出的菜单中选择【曲线】命令，打开【曲线】对话框，进行适当调整，效果如图9-1-25所示。

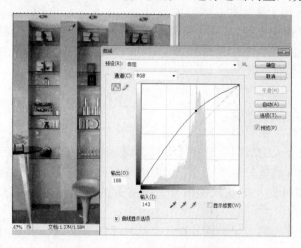

图9-1-25　调整曲线屋顶效果

5.【变化】命令

(1)　认识【变化】命令

通过【变化】命令可以很直观地调整图像的色彩平衡、对比度和饱和度。【变化】对话框如图9-1-26所示。

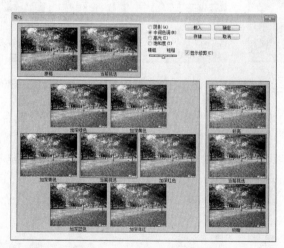

图9-1-26　【变化】对话框

【变化】对话框中主要参数的含义如下。

- 原稿：显示原图片，当进行了一些调整后，单击原稿图片即可撤销调整。
- 当前选择：显示当前调整的效果。
- 暗调：调整图像中暗调部分的像素。
- 中间色调：调整图像中中间色调部分的像素。
- 高光：调整图像中高光部分的像素。

- 饱和度：用于更改图像中的色相度数。如果超出了最大的颜色饱和度，则颜色可能被剪切。当选择此选项后，下方窗口将出现"低饱和度"和"饱和度更高"可供选择。
- 精细/粗糙：用于确定每次调整的数量。
- 下方窗口中的 7 个图像：中间一幅是"当前挑选"显示当前效果。其余 6 幅均是某一种颜色的缩览图，只需单击任一幅图，即可加深该图所对应的颜色，效果会显示在"当前挑选"中。
- 较亮/较暗：用于调整图像的明暗度。

(2) 学会使用【变化】命令

① 打开图像文件"素材\项目九\风景.jpg"，如图 9-1-27 所示。

② 将图片变成春天的效果。选择【图像】|【调整】|【变化】命令，打开【变化】对话框。单击 3 次"加深黄色"、单击 2 次"加深青色"、单击 2 次"加深绿色"，其他选项按照默认设置，即可将一幅秋天的图片变成春天的效果。单击【确定】按钮，效果如图 9-1-28 所示。

③ 将图片变成傍晚的效果。恢复图片，选择【图像】|【调整】|【变化】命令，打开【变化】对话框，单击 3 次"加深蓝色"、单击 3 次"加深青色"，然后单击"较暗"缩览图，即可将图片变成傍晚的效果。单击【确定】按钮给予确定，如图 9-1-29 所示。

图 9-1-27　打开图片　　　　图 9-1-28　春天效果　　　　图 9-1-29　傍晚效果

④ 增加饱和度。恢复图片，选择【图像】|【调整】|【变化】命令，打开【变化】对话框，选中【饱和度】单选按钮，【变化】对话框即变成如图 9-1-30 所示。单击 4 次"饱和度更高"缩览图，即可增加图片的饱和度。单击【确定】按钮，结果如图 9-1-31 所示。

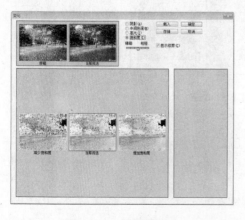　　　　　　　　

图 9-1-30　设置饱和度　　　　　　　　图 9-1-31　增加饱和度

6. 【色相/饱和度】命令

(1) 认识【色相/饱和度】命令

【色相/饱和度】命令用来调整图像中的色相和饱和度，可以对图像进行整体调整，也可以调整单个颜色，例如单调整红色像素。【色相/饱和度】对话框如图9-1-32所示。

【色相/饱和度】对话框中主要参数的含义如下。

- 编辑：在此下拉列表中可以选择需要调整的像素，其中有【全图】表示所有像素，即整体调整。还有【红色】、【黄色】、【绿色】、【青色】、【蓝色】、【洋红】，分别表示调整图像中对应的像素。
- 色相：可以直接输入值或拖动滑块得到需要的颜色。数值范围从-180～+180。
- 饱和度：可直接输入值或拖动滑块改变饱和度，滑块向右拖动为增加饱和度，向左拖动为减少饱和度。
- 明度：可直接输入值或拖动滑块改变明度，滑块向左拖动为降低明度，向右拖动为提高明度。数值范围从-100～+100。
- 下方的两个颜色条：上面的颜色条显示调整前的颜色，下面的颜色条显示调整后的颜色。
- 着色：此选项可使图像变成单一色相。
- 三个吸管工具：当编辑范围为单色时可用。利用吸管工具可以从图像中选取颜色到编辑范围，带"+"号的吸管工具可以将吸取的颜色添加到编辑范围，带"-"号的吸管工具可以从编辑范围中减去吸取的颜色。

(2) 学会使用【色相/饱和度】命令

① 打开图像文件"素材\项目九\餐厅.psd"，如图9-1-33所示。

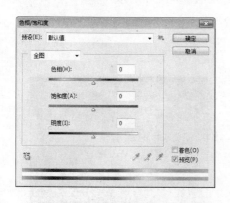
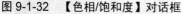

图9-1-32　【色相/饱和度】对话框　　　　图9-1-33　餐厅

② 选择【图像】|【调整】|【色相/饱和度】命令，打开【色相/饱和度】对话框，将色相设置为1，饱和度为53，明度为-1，效果如图9-1-34所示。

图 9-1-34　效果图

7. 【替换颜色】命令

(1) 认识【替换颜色】命令

【替换颜色】命令可以替换图像中的颜色，在图像中基于特定颜色创建蒙版，然后替换。可以设置蒙版区域内的色相、饱和度和明度。【替换颜色】对话框如图 9-1-35 所示。

【替换颜色】对话框中主要参数的含义如下。

- 选区：在预览框中显示蒙版。被蒙版区域是黑色，未蒙版区域是白色。部分被蒙版区域会根据不透明度显示不同的灰色色阶。
- 图像：在预览框中显示图像。在图像或预览框中单击鼠标可以选择未蒙版的区域。
- 替换：可以更改图像的色相、饱和度和明度。

(2) 学会使用【替换颜色】命令

① 打开图像文件"素材\项目九\餐厅.psd"，如图 9-1-36 所示。

图 9-1-35　【替换颜色】对话框　　　　　图 9-1-36　餐厅

② 选择【图像】|【调整】|【替换颜色】命令，打开【替换颜色】对话框。

③ 将颜色容差值改为 30，在图像中单击紫色的桌布，再选择带"+"的吸管工具单

击扩大范围，将它们也添加到蒙版中。

　　④　在【替换】区域的【结果】色块上单击，选取红色，单击【确定】按钮，效果如图 9-1-37 所示。

图 9-1-37　替换颜色效果

任务进阶

　　【进阶任务】利用【变化】命令制作红皮鸡蛋。

　　其设计过程如下。

　　(1)　新建文件。选择【文件】|【新建】命令，新建一个文件，将宽度和高度分别设置为 400 像素和 300 像素。

　　(2)　设置前景色为蓝色(R:7,G;125,B:208)，按 Alt+Del 组合键填充前景色。

　　(3)　绘制椭圆。新建一个图层，命名为"鸡蛋层"。选择工具箱中的【椭圆选框工具】，在窗口中拖出一个椭圆形选框，如图 9-1-38 所示。

　　(4)　填充渐变。选取工具箱中的【渐变工具】，在渐变样式中选择"黑色到白色"的渐变，并在选项栏中选中【反向】复选框。用鼠标在椭圆选框中拖出渐变线，得到立体效果，如图 9-1-39 所示。

图 9-1-38　绘制椭圆

图 9-1-39　填充渐变

(5) 变形鸡蛋。此时绘制的图形只是一个椭圆形，还没有鸡蛋的形状，我们需要对其进行变形。选择【编辑】|【变换】|【变形】命令，将鸡蛋的左边框向内收缩，并适当拉宽，如图 9-1-40 所示。

(6) 确定变形。设置好变形后，在变形框内双击，确定变形。此时，窗口中会有多余的线条，按 Ctrl+Shift+I 组合键进行反选，按 Del 键可删除。最后按 Ctrl+D 组合键取消选区。效果如图 9-1-41 所示。此时，已经有了鸡蛋的形状。

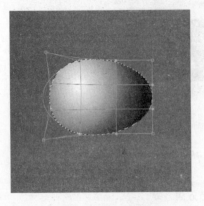 

图 9-1-40　变形鸡蛋　　　　　　　　图 9-1-41　变形后的效果

(7) 选择"鸡蛋层"，然后选择【图像】|【调整】|【变化】命令，打开【变化】对话框，在下方窗口中，单击 1 次"加深黄色"、单击 2 次"加深红色"，效果如图 9-1-42 所示。

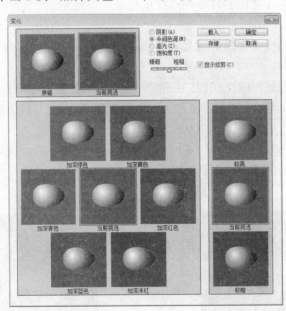

图 9-1-42　在【变化】对话框中调整颜色

(8) 单击【确定】按钮，得到红皮鸡蛋的效果，如图 9-1-43 所示。

(9) 新建一个图层，命名为"阴影层"，选择【椭圆选框工具】，在鸡蛋下方制作一个椭圆选区，如图 9-1-44 所示。

(10) 选择【选择】|【修改】|【羽化】命令，将羽化值设置为 5 像素。

(11) 单击前景色，将其设置为灰色(R:69,G:67,B:67)，并按 Alt+Del 组合键填充阴影。

(12) 将"阴影层"放置在"鸡蛋层"的下方，效果如图 9-1-45 所示。

(13) 将鸡蛋复制两个并摆放好位置，效果如图 9-1-46 所示。

(14) 保存文件。选择【文件】|【存储】命令，将文件命名为"实例 1"。

图 9-1-43　红皮鸡蛋效果

图 9-1-44　制作椭圆选区

图 9-1-45　阴影效果

图 9-1-46　最终效果

任务 2　增加光源和装饰物

任务背景

对处理过的室内效果图添加光源和装饰物。

任务要求

在有光照的上方添加光源，在卧室中摆放装饰物，要与整体风格一致。

任务分析

经过后期的处理调整，整个房间看上去已经很漂亮了，找到合适的装饰物添加到房间里，包括床头的画、床头柜上的台灯等。

重点难点

变形工具的应用。

任务实施

其设计过程如下。

(1) 添加顶灯。打开图像文件"素材\项目九\顶灯.psd",如图 9-2-1 所示。

图 9-2-1 顶灯

(2) 打开图像文件"素材\项目九\卧室.psd"。

(3) 选择【移动工具】,将顶灯拖至卧室.psd 图像中,放置在光线上方的房顶上,添加多个顶灯,如图 9-2-2 所示。

图 9-2-2 添加了光源

(4) 添加壁画。打开图像文件"素材\项目九\壁画.psd",如图 9-2-3 所示。

图 9-2-3 壁画

(5) 将较大的一幅壁画拖至床头上方,按 Ctrl+T 组合键进行自由变形,在按住 Ctrl 键的同时调整 4 个角点。同样,将较小的一幅壁画拖至五斗橱的上方进行变形,效果如图 9-2-4 所示。

图 9-2-4　添加壁画

　　(6)　为壁画添加投影。在【图层】面板中选中床头壁画所在的图层，单击【图层】面板下方的【添加图层样式】按钮，采用默认设置。

　　(7)　选中五斗橱上的壁画所在的图层，在该图层的下方新建一个图层，命名为"阴影"，选择【多边形工具】，在壁画的右后下方绘制一个阴影的选区，如图 9-2-5 所示。

　　(8)　选择【选择】|【修改】|【羽化】命令，将羽化值设置为 5 像素。前景色设为黑色，按 Alt+Delete 组合键填充，适当地移动阴影的位置，使之看起来更真实些。效果如图 9-2-6 所示。

图 9-2-5　建立选区

图 9-2-6　制作阴影

　　(9)　添加台灯。打开图像文件"素材\项目九\台灯.psd"。选择【移动工具】，将台灯拖至两个床头柜上，分别调整大小，效果如图 9-2-7 所示。

图 9-2-7　添加台灯后的效果

(10) 至此，后期处理完成，保存为"卧室.jpg"。

相关知识

1．后期处理

后期处理，主要是对前期渲染图的亮度、色调、对比度等进行调整，对渲染时留下的瑕疵进行修饰。在 3D 或其他的软件最后的渲染输出后，如多么高的材质参数，多么优秀的灯光和细分，多么美的场景，渲染出来后还是会有不尽如人意的地方。输出的图像必须经过后期处理才能成为一幅完美的效果图作品。后期处理是一个非常重要的工作环节。

另外，补充前期未制作的物体，如花草、人物、雕塑、盆景、装饰物等。

2．后期处理要注意的几点

(1) 先全局后局部。先把整体的感觉处理好，再分别处理局部。

(2) 画面纯度不宜过高。后期处理应控制好画面各色块的纯度，尤其是大的色块，纯度一定不能太高。

(3) 协调一致。后期加入的物体、灯光等要与前期渲染图保持一致。

3．处理渲染后发灰的效果图

在 Photoshop 后期处理时，对于一些常见的问题，我们可以进行以下的修改。

用色阶、曲线进行提亮，修正画面偏暗；

用色相/饱和度提高纯度，修正发灰；

复制一个图层，将图层的混合模式改为"滤色(屏幕)"，也可以提亮画面。

任务进阶

【进阶任务】修正图片的灰色。

其设计过程如下。

(1) 打开图像文件"素材\项目九\客厅 2.jpg"，如图 9-2-8 所示。图片经渲染之后发生明显发灰。

(2) 可以通过调整其复制图层简单的操作来达到很好的效果。双击图层后面的小锁，解锁图层，并将图层复制，然后再将图层混合模式改为"滤色"，并将不透明度改为 80%，如图 9-2-9 所示。

图 9-2-8　打开客厅 2.jpg

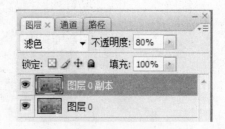

图 9-2-9　复制图层并修改

(3) 此时，可以看到图片已经明显变亮，如图 9-2-10 所示。

图 9-2-10 修改效果

实践任务 设计修改客厅风格

任务背景

业主比较年轻，喜欢清新时尚的感觉，因此需要将原图的风格进行更改。

任务要求

更改沙发、沙发靠垫、电视柜、地板、电视墙上壁纸的颜色，调整墙面、屋顶的亮度和房间整体亮度。

任务分析

在此任务中，主要使用曲线、色彩平衡、颜色替换、亮度/对比度等命令。

任务素材及参考图

任务素材和参考效果如图 9-3-1 和图 9-3-2 所示。

图 9-3-1 素材原图

图 9-3-2 参考效果图

职业技能知识考核

一、填空题

1. 利用_____命令可以很直观地调整图像的色彩平衡、对比度和饱和度。

2. 使用_____命令可以为图像添加渐变映像效果。

3. 色相就是色彩所呈现出来的_____，即颜色。对色相的调整就是对_____的改变。

4. 饱和度就是色彩的_____，即鲜浊程度，色彩浓度越高，颜色的纯度越高，饱和度也就越高。调整饱和度就是对_____的调整。

5. 亮度就是色彩的_____，白色的亮度最_____，黑色亮度最_____，二者之间有一系列的_____。调整亮度就是调整色彩的_____。

6. 对比度就是_____的颜色放置在一起产生的_____。对比度越大，颜色之间的共同点就越少。调整对比度，就是调整颜色之间的_____。

7. 使用_____命令来调节图像的明暗度和对比度。

8. 使用_____命令可以更改图像的总体颜色混合，可以对图像中的某一个色阶进行单独调整。

二、选择题

1. 可以用来校正图像的色调范围和色彩平衡、纠正色偏的命令是(　　)。
   A.【色阶】命令　　　　　　　　　　B.【曲线】命令
   C.【色彩平衡】命令　　　　　　　　D.【替换颜色】命令

2. 可以调整图像的整个色调范围,而且可以调整0～255 范围内的任意点的命令是(　　)。
   A.【色阶】命令　　　　　　　　　　B.【曲线】命令
   C.【色彩平衡】命令　　　　　　　　D.【替换颜色】命令

3. 可以减少图像中的色调级别,将邻近色调的像素合并的命令是(　　)。
   A.【阈值】命令　　　　　　　　　　B.【色彩平衡】命令
   C.【色调均化】命令　　　　　　　　D.【色调分离】命令

三、实训题

修饰刚刚制作好的卫生间效果图。原图如图 9-4-1 所示，效果如图 9-4-2 所示。所用到的素材有"素材\项目九\花瓶.jpg"和"素材\项目\树.jpg"。

图 9-4-1　原图

图 9-4-2　效果图

项目十　建筑效果图设计
——滤镜工具的使用

项目背景

某房地产公司，要求设计制作该公司承建的某单位办公楼的外观效果图。

项目要求

建筑效果图整体要和谐美观，场景要饱满，能反映主题、最大化展现最佳画面效果，看上去不能凌乱，但画面要厚实，同时应尽量真实，给人的第一感觉要非常舒服。

项目分析

在建筑效果图后期制作过程中，建筑在画面中的主体地位需要画面中的其他元素来烘托，配景一般包括天空、云彩、人、车、树、绿化、建筑小品或辅助建筑等。为了保持画面中环境的真实性，配景不能粗制滥造，还要考虑与主题建筑的统一，每幅建筑效果图中的配景要用心揣摩、推敲，以确保整体画面的和谐。本项目效果图如图10-1所示。

图 10-1　项目效果图

能力目标

1. 能够掌握各种滤镜命令的使用方法。
2. 能够掌握各种滤镜参数的设置方法。
3. 能够掌握滤镜的使用规则和技巧。

软件知识目标

1. 掌握滤镜的基本知识。
2. 了解滤镜的原理和作用。
3. 掌握各种滤镜的使用范围。

专业知识目标

1. 了解计算机建筑效果图的用途。
2. 理解掌握效果图的艺术效果的表现形式。
3. 理解掌握效果图中光线和色彩的使用。

学时分配

8 学时(讲课 4 学时，实践 4 学时)。

课前导读

本项目主要完成建筑效果图的设计，可分解为 3 个任务。通过本项目的设计制作，掌握滤镜的使用方法和技巧，能够熟练使用滤镜对图像进行特殊效果的处理，快速、准确地创作出生动精彩的图像效果。

任务 1　设计制作建筑效果图背景

任务背景

设计制作日景环境下的建筑效果图背景。

任务要求

建筑效果图整体要和谐美观，背景要做出清新自然、天气晴朗的暖色调。

任务分析

日景下的建筑效果图背景要做出暖色调的效果，要考虑到色调与天气、建筑的固有色、周边配景物以及光源的颜色都有着直接的关系。所以在设计背景时运用了蓝天白云、风和日丽、绿树成荫等景象来表现背景效果。

重点难点

❶　图像的编辑。
❷　滤镜的操作。
❸　滤镜的使用技巧。
❹　特殊功能滤镜的应用。

任务实施

其设计过程如下。

(1) 运行 Photoshop CS4 软件。按 Ctrl+N 组合键，打开【新建】对话框，设置如图 10-1-1 所示。单击【确定】按钮，可以看到新建的画布。

图 10-1-1　新建文件对话框

(2)　按 Ctrl+O 组合键，打开素材文件"素材\项目十\建筑.jpg"。选择【滤镜】|【抽出】命令，弹出【抽出】对话框，设置如图 10-1-2 所示。

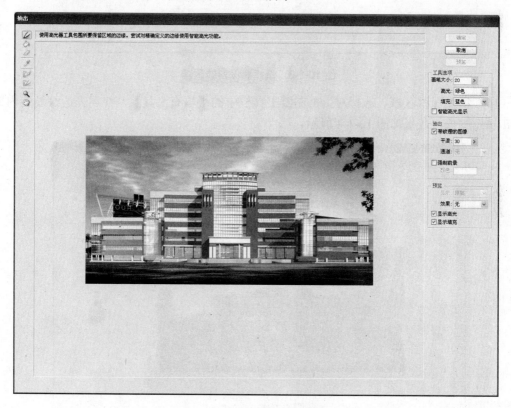

图 10-1-2　【抽出】对话框

(3)　选择要保留的区域。选择对话框左侧工具栏中的【边缘高光器工具】，在建筑物周边单击或拖动鼠标制作出边缘线，并用对话框左侧工具栏中的【橡皮擦工具】对边缘进行修整，效果如图 10-1-3 所示。

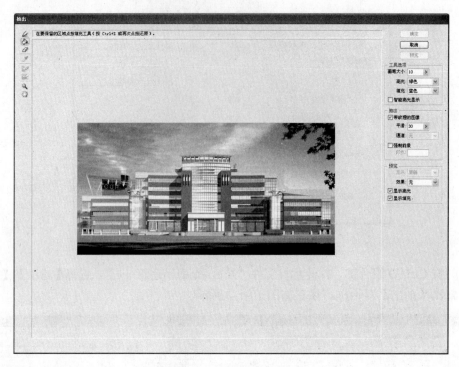

图 10-1-3　选择要保留的区域

(4) 填充保留区域。选择对话框左侧工具栏中的【填充工具】，在高光边缘线的内部单击填充颜色，效果如图 10-1-4 所示。

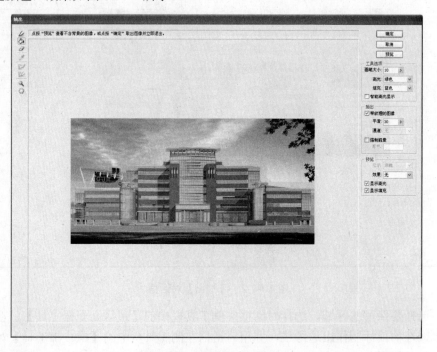

图 10-1-4　填充要保留的区域

(5) 预览。单击【确定】按钮，预览效果，如图 10-1-5 所示。可以看到在所选取对象的背景中还有些像素未擦除干净。

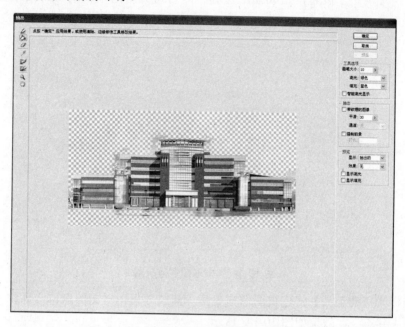

图 10-1-5　预览效果

（6）擦除多余像素。选取【清除工具】，在建筑以外多余的部分拖动鼠标，使之变得透明。

（7）选取【边缘修饰工具】，在建筑的边缘部分拖动鼠标，清除边缘以外多余的像素。此工具在拖动时，可以清楚地区分边缘内、外的像素，只擦除外部像素而保留内部像素，效果如图 10-1-6 所示。

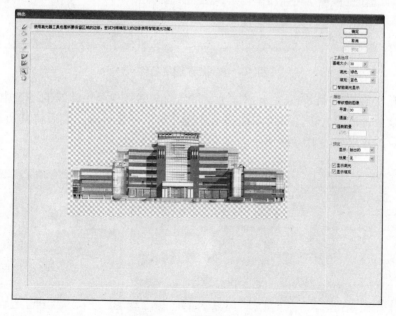

图 10-1-6　清除多余像素

(8) 单击【确定】按钮，完成抽出操作，即可得到所选取的对象，效果如图 10-1-7 所示。

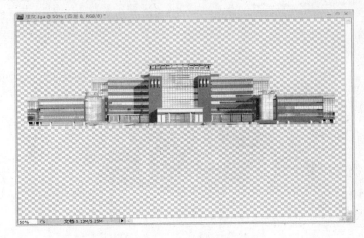

图 10-1-7　抠取建筑效果图

(9) 选择【移动工具】将建筑图像拖曳到"建筑效果图"文件窗口，并将其所在图层重命名为"主建筑"，效果如图 10-1-8 所示。

图 10-1-8　修改图层名称

(10) 打开"素材\项目十\天空.jpg"文件，将当前文件拖曳至主建筑的场景中，按 Ctrl+T 组合键，调整至合适的大小，将该图层拖至"主建筑"图层下方，然后将其所在的图层命名为"天空"，效果如图 10-1-9 所示。

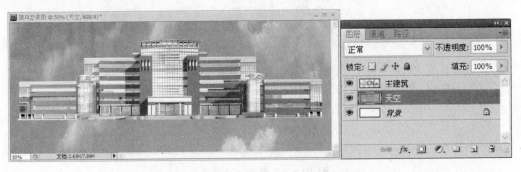

图 10-1-9　为"主建筑"添加天空背景

（11）为当前场景添加草地地面。打开"素材\项目十\草地地面.psd"文件，将当前文件图层拖曳至主建筑的场景中，然后将其所在的图层命名为"草地"。

（12）按 Ctrl+T 组合键，调节草地的大小。在【图层】面板中将"草地"图层拖曳到"主建筑"图层下面，并在场景中调整"主建筑"的位置，将其放置在"草地"的上方，如图 10-1-10 所示。

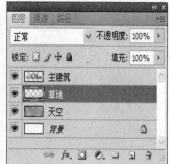

图 10-1-10　调整"草地"的大小和其图层的位置

相关知识

1. 建筑效果设计常识

通过建筑效果图可以把想象向现实靠拢，想象是通向现实的桥梁，使用计算机图形图像来表现建筑效果可以更加快速、灵活、随心所欲。要想设计制作出好的建筑效果图，首先要了解建筑效果图光线、色彩的使用以及配景对象选择，这些是制作一个好作品的前提，也是每一个设计者所必须掌握的知识。

（1）布光的原则

光线的设置方法会根据每个人的习惯不同而有很大的差异，这也是光线布置难于掌握的原因之一。在添加光线或灯光效果时，需要遵守以下几个原则。

- 不要将光线或灯光设置太多、太亮，否则会使整个场景没有一点层次和变化，而使渲染效果显得生硬。
- 不要随意设置添加光线或灯光效果，应有目的地去添加光线效果。
- 每一处光线效果都要有实际的使用价值，对于一些效果微弱、可有可无的光线尽量不去使用。

（2）色彩的视觉感受

在效果图设计中，色彩的温度感可以起到更好地创造特定空间气氛的作用。一个空间中应该有一个主色调，而中性色则在展示设计中能起到调和的作用；利用色彩的距离感能够改善空间的大小和形态；利用色彩的重量感有助于表现展示对象的性格；利用色彩的体积特性可以改善空间的尺度和体积，从而使各部分间的关系更为协调。

（3）配景植物的添加

绿色是象征生命、生机的颜色。在建筑效果图中如果有了绿色植物的点缀能孕育出富有生命力的空间质感。

2．滤镜基础知识

(1) 认识滤镜

在 Photoshop 中有一个专门的菜单项就是【滤镜】，它提供了所有的内置滤镜。通过单击【滤镜】菜单中的某一项滤镜命令打开相应的属性设置框，进行滤镜的设置。【滤镜】菜单如图 10-1-11 所示，菜单被分为 6 部分，并已用横线划分开。

图 10-1-11　【滤镜】菜单

第一部分为最近一次使用的滤镜，没有使用滤镜时，此命令为灰色，不可选择。使用任意一种滤镜后，需要重复使用这种滤镜时，只要直接选择这种滤镜或按 Ctrl+F 组合键，即可重复使用。

第二部分为转换为智能滤镜，智能滤镜可随时进行修改操作。

第三部分为 5 种 Photoshop CS4 特殊功能滤镜，每个滤镜的功能都十分强大。

第四部分为 13 种 Photoshop CS4 滤镜组，每个滤镜组中都包含多个子滤镜。

第五部分为 Digimarc 滤镜。

第六部分为浏览联机滤镜。

(2) 滤镜的操作

① 使用滤镜的快捷键

Ctrl+F——再次使用最近一次用过的滤镜。

Ctrl+Alt+F——打开最近一次用过的滤镜的对话框，调整参数设置。

Ctrl+Shift+F——设置不透明度和模式，渐隐最近一次用过的滤镜或调整的效果。

② 滤镜的一些使用技巧

● 【滤镜】菜单的第一行会记录上次滤镜操作的情况，单击即可重复执行，也可以按 Ctrl+F 组合键，重复使用滤镜。

● 如果在图像中定义了选区，如图 10-1-12 所示，则只对所选择的区域进行处理，对选区添加【球面化】滤镜效果后如图 10-1-13 所示。如果没有定义选区，则对整个图像进行处理。

图 10-1-12　椭圆选区选取图像局部　　　　　　图 10-1-13　【球面化】滤镜效果

- 如果选择的是某一图层或某一通道，则只对当前图层或通道起作用。
- 滤镜的处理效果以像素为单位，因此，滤镜的处理效果与图像的分辨率有关。相同的参数处理不同分辨率的图像，效果会不同。
- 文字图层必须栅格化后才能用滤镜。
- RGB 的模式里可以使用所有滤镜；位图、索引模式和 16 位模式下不能使用滤镜，在 CMYK 和 Lab 模式下，有些滤镜不可用；处理灰阶图像时可以使用任何滤镜。
- 在【图层】面板上可对已执行滤镜后的图层调整色彩混合模式和不透明度等。
- 只对选定区域进行滤镜效果处理时，为了使处理后的选区能够和原图很好地融合，减少突兀的感觉，可以对选取的范围进行羽化。

3．特殊功能滤镜

（1）【抽出】滤镜

要想将一个前景对象从它的背景中分离出来，通常情况下可以用套索、魔棒等工具，但遇到背景较复杂而且与前景颜色不太好区分的图像时，使用上述几种工具可能就不好处理了，此时可以使用【滤镜】|【抽出】命令。【抽出】对话框如图 10-1-14 所示。

图 10-1-14　【抽出】对话框

【抽出】对话框中主要参数的含义如下。

- 边缘高光器工具 ：标记所要保留区域的边缘。
- 填充工具 ：填充要保留的区域。
- 橡皮擦工具 ：擦除边缘高光。
- 吸管工具 ：当强制前景打开时，挑出所要保留的颜色。
- 清除工具 ：在预览窗口中擦除多余的区域，使之变得透明。
- 边缘修饰工具 ：可擦除绿色高光边缘下方的残留像素。
- 缩放工具 ：缩放图像的大小，直接点击图像放大，按住 Alt 键单击图像缩小。
- 抓手工具 ：当图像放大后，可用此工具在窗口中拖动图像以查看不同部位。
- 工具选项：有四个选项。其中，画笔大小：设置边缘高光器、橡皮擦、清除工具和边缘修饰工具输入的大小；高光：指定边缘高光器所使用的颜色，默认为绿色；填充：指定填充工具所使用的颜色，默认为蓝色；智能高光显示：选择此选项，高光加亮明确的边缘时，只使用足够的高光颜料覆盖此边缘。
- 抽出：有五个选项。其中，带纹理的图像：如果前景或背景为杂色或带有纹理，则应选择此选项；平滑：设置平滑值，使边缘消除锯齿变得柔和；通道：用于选择通道；强制前景：在高光显示区域内取出具有与强制前景色相似颜色的区域；颜色：设置强制前景色。
- 预览：有四个选项。其中，第一个显示：显示原图像还是抽出后的图像；第二个显示：显示去除背景色之后显示背景区域的方式；显示高光：是否显示边缘高光色；显示填充：是否显示填充颜色。

(2) 【液化】滤镜

使用【液化】滤镜可以模拟液体流动的逼真效果，我们可以利用此滤镜制作弯曲、漩涡、收缩、扩展等效果。而且【液化】滤镜还被应用于一些平面广告的制作上，电视上很多的减肥丰胸广告都会用到此滤镜。【液化】对话框如图 10-1-15 所示。

图 10-1-15 【液化】对话框

【液化】对话框中主要参数的含义如下。

- 向前变形工具 ：单击并拖动鼠标，可使图像产生弯曲变形效果。
- 重建工具 ：利用此工具，可以将变形的图像部分或全部地恢复。
- 顺时针旋转扭曲工具 ：按住鼠标不动，即可使图像成漩涡状。
- 褶皱工具 ：可收缩像素。
- 膨胀工具 ：可扩展像素。
- 左推工具 ：单击并拖动鼠标，将在垂直于光标移动的方向上移动像素，从左向右拖动，像素将向上移动；从右向左拖动，像素将向下移动；从上向下拖动，像素将向右移动；从下向上拖动，像素将向左移动。
- 镜像工具 ：单击并拖动鼠标，可以复制与之垂直方向上的像素，产生类似水中倒影的反射效果。从左向右拖动鼠标，镜像上方的图像；从右向左拖动鼠标，镜像下方的图像；从上向下拖动鼠标，镜像右边的图像；从下向上拖动鼠标，镜像左边的图像。
- 湍流工具 ：单击并拖动鼠标，可使图像弯曲。按住鼠标不动，可使鼠标下方的像素平滑流动。
- 冻结蒙版工具 ：如果用此工具进行涂抹，可使被涂抹部分冻结，不受其他变形工具的影响。
- 解冻蒙版工具 ：对冻结的部分进行解冻。
- 工具选项：设置画笔的大小、压力、流速等。
- 重建选项：可选择一种模式，部分或全部地恢复图像。
- 蒙版选项：在此可以设置冻结的通道，或者对冻结区域进行反选。
- 视图选项：对预览区中的图像显示进行设置。

(3) 【图案生成器】滤镜

【图案生成器】滤镜可以在图像中选择图案样本区域，根据区域内的像素创建很多不同的图案效果。它的原理是将取样区域的像素解构后重组，进行重新安排以创建新的拼贴效果，并且每一个效果图都是不可预见的。可以在图像中选取一个区域，也可以将整个图像作为一个选区。拼贴后的图案可以是多个图案重复构成，也可以是只有一个图案构成，这取决于拼贴图案大小的设置。利用【图案生成器】滤镜，还可以将创建的图案存储为预设图案。

【图案生成器】滤镜对话框如图 10-1-16 所示。

【图案生成器】对话框中主要参数的含义如下。

- 矩形选框工具 ：用于拖出要用作图案样本的区域。
- 拼贴生成：设置拼贴生成图案属性。
    - 使用剪贴板作为样本：选中此复选框可使用剪贴板内容作为图案样本。
    - 使用图像大小：单击此按钮，使用该图像大小作为拼贴大小。
    - 宽度/高度：设置拼贴图案的大小。
    - 位移/数量：设置拼贴网格位移的方向/数量。
- 预览：设置图案预览属性。
    - 显示：选择原稿或效果，可显示原稿图像还是图案预览。按 X 键可进行切换。

◆ 拼贴边界：选中此复选框可在图案预览中显示拼贴边界。

● 拼贴历史记录：此选项中有一个图案预览窗口，并且有前后箭头随时可以查看每一个效果图。保存按钮用于将图案存储为预设图案，删除按钮用于删除一个图案。

图 10-1-16 　【图案生成器】对话框

(4) 【消失点】滤镜

在【消失点】滤镜出现之前，设计师基本上无法完美地修复具有透视角度的图像，但使用此命令可以在保持图像透视角度不变的情况下，对图像进行复制、修复及变换等操作，选择【滤镜】|【消失点】命令即可弹出其对话框，如图 10-1-17 所示。

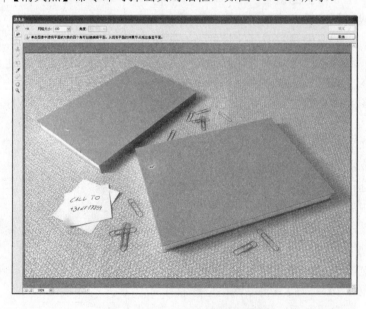

图 10-1-17 　【消失点】对话框

【消失点】对话框中主要参数的含义如下。

- 编辑平面工具 ：选择、编辑、移动平面和调整平面的大小。
- 创建平面工具 ：使用该工具可以绘制透视网格来确定图像的透视角度，在工具选项区中的【网格大小】文本框中可以设置每个网格的大小。
- 选框工具 ：使用该工具可以在透视网格内绘制选区，以选中要复制的图像，而且所绘制的选区与透视网格的透视角度是相同的。
- 图章工具 ：按住 Alt 键使用该工具可以在透视网格内定义一个源图像，然后在需要的地方进行涂抹即可。在其工具选项区域中可以设置仿制图像时的画笔直径、硬度、不透明度及修复选项等参数。
- 变换工具 ：由于复制图像时，图像的大小是自动变化的，当对图像大小不满意时，即可使用此工具对图像进行放大或缩小操作。选择其工具选项区域中的【水平翻转】和【垂直翻转】选项后，则图像会被执行水平和垂直方向上的翻转操作。
- 【羽化】和【不透明度】：选中【选框工具】后，可以在工具选项区域中的【羽化】和【不透明度】文本框中输入数值，以设置选区的羽化和透明属性。
- 【修复】：在【修复】下拉菜单中选择【关】选项，则可以直接复制图像；选择【亮度】选项，则按照目标位置的亮度对图像进行调整；选择【开】选项，则根据目标位置的状态自动对图像进行调整。

任务进阶

【进阶任务 1】利用【抽出】滤镜抠取图像。

其设计过程如下。

(1) 打开"素材\项目十\小孩.jpg"图片，如图 10-1-18 所示。

(2) 选择【滤镜】|【抽出】命令，弹出【抽出】对话框，如图 10-1-19 所示。从中选择【缩放工具】将图像放大。

图 10-1-18　"小孩"素材

图 10-1-19　【抽出】滤镜对话框

(3) 选择要保留的区域。选择左侧的【边缘高光器工具】 ，在右边的参数设置区中将【画笔大小】设为 14，在图像的周围拖动鼠标制作出边缘线，并利用【橡皮擦工具】对边缘线进行修整，效果如图 10-1-20 所示。

(4) 填充保留区域。选择【填充工具】，在高光边缘线的内部单击填充颜色，效果如图 10-1-21 所示。

图 10-1-20　利用【边缘高光器工具】绘制边缘　　　　图 10-1-21　利用【填充工具】填充

(5) 预览。单击【预览】按钮，预览效果，如图 10-1-22 所示。可以看到在所选取对象的背景中还有些像素未擦除干净。

(6) 擦除多余像素。选取【清除工具】，在人物以外多余的部分拖动鼠标，使之变得透明。

(7) 选取【边缘修饰工具】，在人物的边缘部分拖动鼠标，清除边缘以外多余的像素。此工具在拖动时，可以清楚地区分边缘内外的像素，只擦除外部像素而保留内部像素。效果如图 10-1-23 所示。

图 10-1-22　预览效果　　　　　　　　　图 10-1-23　擦除多余像素后的效果

(8) 单击【确定】按钮，完成抽出，即可得到所选取的对象，效果如图 10-1-24 所示。

图 10-1-24　抽出图像的最终效果

【进阶任务 2】利用【液化】滤镜修饰图像。

其设计过程如下。

(1)　打开"素材\项目十\卡通美女.jpg"图片，如图 10-1-25 所示。

(2)　选择【滤镜】|【液化】命令，打开【液化】对话框。

(3)　选择【褶皱工具】，将【画笔大小】设置为 80 像素。在娃娃的眼睛上单击，得到如图 10-1-26 所示的褶皱效果。

(4)　选择【膨胀工具】，将【画笔大小】设置为 80 像素。在娃娃的眼睛上单击，得到如图 10-1-27 所示的膨胀效果。

图 10-1-25　打开图片

图 10-1-26　褶皱效果

图 10-1-27　膨胀效果

(5)　选择【左推工具】，在画面的右下角，从右向左拖动鼠标，可将头发从上向下拉长拉直，效果如图 10-1-28 所示。

(6)　选择【冻结蒙版工具】，在娃娃的脸部单击进行冻结，以防止脸部变形，效果如图 10-1-29 所示。

(7)　选择【湍流工具】，在娃娃的头发和衣服帽子部位进行单击或拖动以产生弯曲效果，再选择【解冻蒙版工具】，在娃娃脸部拖动鼠标进行解冻，效果如图 10-1-30 所示。

图 10-1-28 左推效果   图 10-1-29 冻结蒙版效果   图 10-1-30 湍流效果

【进阶任务 3】使用【消失点】滤镜制作图书封面。

其设计过程如下。

(1) 打开 "素材\项目十\书本.jpg" 图片,如图 10-1-31 所示。

图 10-1-31 书本图像

(2) 按 Ctrl+Alt+V 组合键或选择【滤镜】|【消失点】命令以调出【消失点】对话框,单击【放大镜工具】按钮 🔍,对图像进行放大。

(3) 使用【创建平面工具】🖫沿左上方封面模型的封底的四角单击,以绘制一个透视网格,如图 10-1-32 所示。

(4) 此时,已经绘制完成了封底的透视网格,但还要继续绘制书脊位置的网格。继续使用【创建平面工具】🖫,将光标置于透视网格右侧中间的控点上,如图 10-1-33 所示。

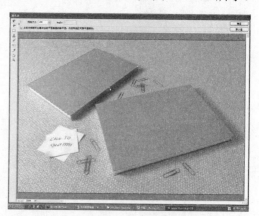

图 10-1-32 绘制透视网格   图 10-1-33 光标状态

(5)　此时按下 Ctrl 键拖动该控点以延展出新的透视网格，直至覆盖书脊区域，如图 10-1-34 所示。

(6)　按照第(3)步的操作方法，在图书模型的正面绘制透视网格，如图 10-1-35 所示。然后单击【确定】按钮。

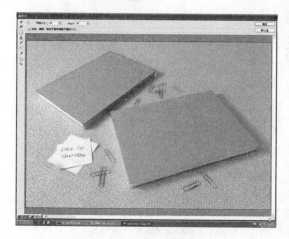

图 10-1-34　延展透视网格

图 10-1-35　绘制另外一个透视网格

(7)　打开"素材\项目十\封面.jpg"图片，如图 10-1-36 所示。按 Ctrl+A 组合键执行【全选】操作，按 Ctrl+C 组合键执行【复制】操作，然后重新调出【消失点】对话框。

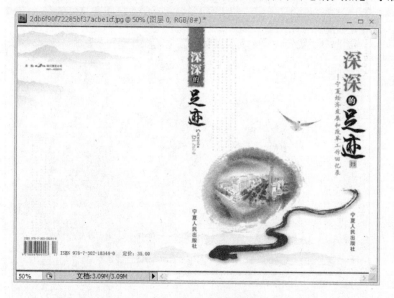

图 10-1-36　素材图像

(8)　按 Ctrl+V 组合键执行【粘贴】操作，从而将复制的封面图像粘贴至对话框中，如图 10-1-37 所示。

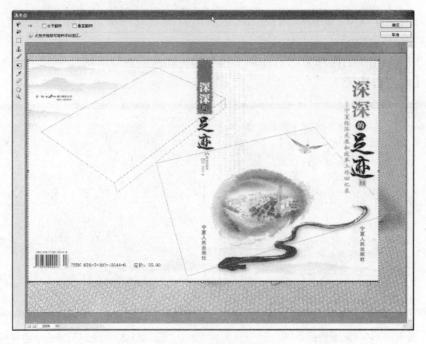

图 10-1-37　粘贴图像

(9)　使用【选框工具】□ 拖动该封面图像至左上方透视网格中，如图 10-1-38 所示。

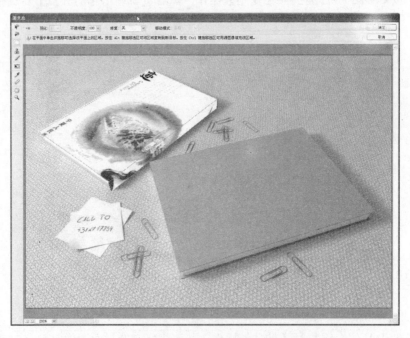

图 10-1-38　将图像拖至透视网格

（10）选择【变换工具】，然后向右侧拖动封面图像，直至将其一角显示出来为止，如图 10-1-39 所示。这样才可以对其进行变换操作。

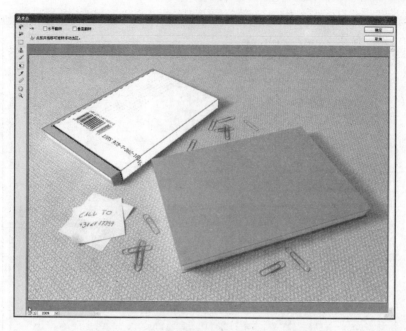

图 10-1-39 调整图像位置以准备进行缩放

(11) 按住 Shift 键等比例缩小图像即可，直至使封底及书脊图像完全显示出来为止，如图 10-1-40 所示。

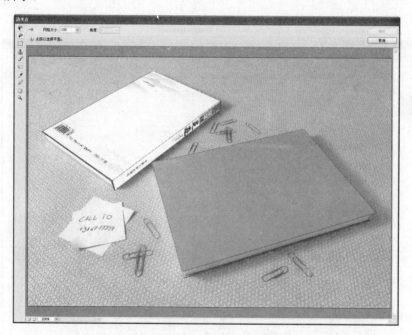

图 10-1-40 缩放图像后的状态

(12) 下面为另一个透视网格增加封面图像。按住 Ctrl 键使用【矩形选框工具】拖动封面图像至右下方封面模型的透视网格中，以将封面图像复制到其中，如图 10-1-41 所示。

图 10-1-41　复制封面图像

(13) 按照第(11)步的操作方法将图像缩放至与透视网格相同的大小，并完全显示出封面图像，如图 10-1-42 所示。

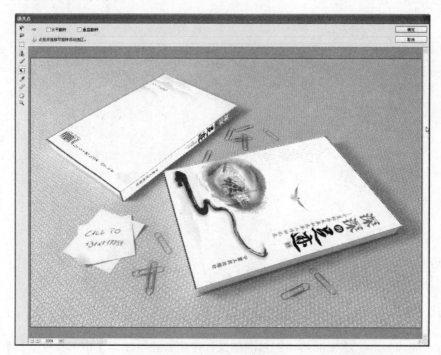

图 10-1-42　调整图像位置及大小

(14) 单击【确定】按钮，效果如图 10-1-43 所示。

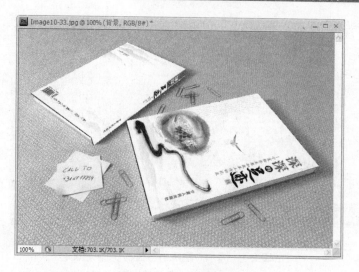

图 10-1-43　最终效果

任务 2　近景物的添加与修饰

任务背景

为建筑效果图添加近景物。

任务分析

添加近景物，使建筑效果图场景充实而又逼真。

任务分析

在效果图的制作中，添加配景物可以起到烘托环境和充实空间的作用，配景物分为近景物和远景物。近景物的添加与修饰，主要是对树木、草丛、行人、车辆等对象的处理。首先对近景物的大小、位置、透视角度、透明度等编辑处理，结合图层样式和艺术效果滤镜制作出逼真的情景效果。

重点难点

❶　滤镜的操作。
❷　艺术效果滤镜参数的设置。
❸　艺术效果滤镜的灵活应用。

任务实施

其设计过程如下。

(1)　在【图层】面板底部单击【创建新组】按钮▢，新建图层组，在新建的图层组上双击，重命名为"建筑前植物和路灯"。

(2) 打开"素材\项目十\灌木.psd"文件，选择【移动工具】，将其拖曳到场景中，并将其所在的图层命名为"建筑前右植物01"，效果如图10-2-1所示。

图 10-2-1 添加"建筑前右植物01"对象

(3) 选择【魔棒工具】 ，选择"建筑前右植物01"对象的白色区域，按 Delete 键删除白色区域，按 Ctrl+D 组合键取消选区。按 Ctrl+T 组合键调整至合适大小并选择【编辑】|【变换】|【扭曲】命令调整至如图10-2-2所示的形状，放置在"主建筑"门前右侧。

图 10-2-2 调整"建筑前右植物01"的大小和位置并扭曲

(4) 选择"建筑前右植物01"对象，将其进行复制得到"建筑前左植物01"，选择【编辑】|【变换】|【水平翻转】命令，然后调整至主建筑门左侧的花坛上，如图10-2-3所示。

图 10-2-3 复制"建筑前左植物01"对象并调整其所在位置

(5) 打开"素材\项目十\葵花.tif"文件，选择【魔棒工具】 ，单击"葵花"对象的蓝色区域，按 Ctrl+Shift+I 组合键进行反选，利用【移动工具】拖曳到主场景中，并将其所在的图层命名为"建筑前右植物 02",按 Ctrl+T 组合键调整至合适大小并放置在合适的位置,如图 10-2-4 所示。

图 10-2-4 缩小"建筑前右植物 02"对象

(6) 在【图层】面板中选择"建筑前右植物 02"图层,将其【不透明度】设置为 30%,然后选择【多边形套索工具】,设置【羽化】值为 0 像素,单击将多余部分选中,如图 10-2-5 所示。按 Delete 键删除多余的部分,最后将"建筑前右植物 02"的【不透明度】设置为 100,如图 10-2-6 所示。

图 10-2-5 选中"建筑前右植物 02"多余部分

图 10-2-6 删除"建筑前右植物 02"多余部分

(7) 选择"建筑前右植物 02"对象,将其复制并命名图层为"建筑前左植物 02",选择【编辑】|【变换】|【水平翻转】命令,然后调整至主建筑门左侧的花坛上,如图 10-2-7 所示。

图 10-2-7 调整"建筑前左植物 02"对象

(8) 打开"素材\项目十\植物单棵.psd"文件,将其拖曳到主场景中,将其所在图层命名为"建筑前右树 01",按 Ctrl+T 组合键调整至合适的大小和位置。在【图层】面板中选择"建筑前右树 01"图层,将其拖曳到【图层】面板底部的 按钮上复制图层,将复制的图层命名为"建筑前左树 01",并调整其位置和大小,效果如图 10-2-8 所示。

图 10-2-8 在建筑前右、左添加树

(9) 在室外建筑效果图中,路灯是不可缺少的。打开 "素材\项目十\路灯.psd"文件,将其拖曳到场景中,在【图层】面板中将其所在的图层命名为"建筑前右路灯 01",并复制三份,调整其大小放置在合适的位置,效果如图 10-2-9 所示。

图 10-2-9 添加并复制路灯

(10) 打开"素材\项目十\汽车.psd"文件,调整大小并放置在合适的位置,选择【滤镜】|【模糊】|【动感模糊】命令,弹出【动感模糊】对话框,参数设置如图 10-2-10 所示。单

击【确定】按钮，制作出汽车疾驰的效果，如图 10-2-11 所示。

图 10-2-10 【动感模糊】对话框　　　　　　　图 10-2-11 汽车疾驰的动感效果

　　(11) 打开"素材\项目十\汽车 2.psd"文件，调整大小并放置在主建筑前合适的位置，效果如图 10-2-12 所示。

图 10-2-12 添加"汽车 2"效果

　　(12) 打开"素材\项目十\单人.psd、双人.psd、多人.psd"文件，分别拖曳至主场景中，将其所在图层分别命名为"单人"、"双人"、"多人"，并调整其大小和位置，效果如图 10-2-13 所示。

图 10-2-13 为场景添加"人物"对象

　　(13) 打开"素材\项目十\飞鸟.psd"文件，将其拖曳到主场景中，并将其所在图层命名为"鸟"，如图 10-2-14 所示。

图 10-2-14　在场景中添加"鸟"对象

(14) 打开"素材\项目十\树枝.psd"文件,选择【编辑】|【变换】|【水平翻转】命令,将其拖曳到主场景的右上角,并将其所在图层命名为"近景树枝",如图 10-2-15 所示。

图 10-2-15　在场景中添加树枝

相关知识

图 10-1-11 所示的【滤镜】菜单中包含有像素化滤镜组、风格化滤镜组、艺术效果滤镜组等 13 个滤镜组,每个滤镜组都包含多个子滤镜,使用这些滤镜可以为图像添加不同的艺术效果。

1. 像素化滤镜组

该组滤镜主要用来产生将图像分块或将图像平面化以其他形状来重新再现的效果,它不是真正地改变了图像像素点的形状,只是在图像中表现出某种基础形状的特征,以形成一些类似像素化的形状变化,该类滤镜的子菜单如图 10-2-16 所示。下面我们针对图 10-2-17 所示的素材图进行滤镜效果的演示。

(1) 彩块化

【彩块化】滤镜将纯色或相似颜色的像素结块为彩色像素块,使扫描的图像像是手绘的或使现实图像与抽象化相似。对于比较细腻的图像效果较为明显。该滤镜效果如图 10-2-18 所示。

(2)　彩色半调

【彩色半调】滤镜模拟在图像的每个通道上使用扩大的半调网屏的效果。对于每个通道，此滤镜将图像用小矩形分割并用圆形替换矩形。圆形的大小与矩形的亮度成比例。参数设置有：最大半径；网角：对于一个或更多的通道，输入网角的数值(网点与水平方向的角度)。滤镜效果如图 10-2-19 所示。

(3)　晶格化

【晶格化】滤镜将图像中的像素结块为纯色的多边形。可以设置参数：单元格大小。滤镜效果如图 10-2-20 所示。

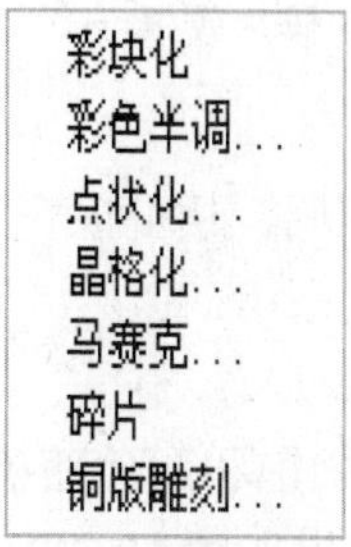

彩块化
彩色半调...
点状化...
晶格化...
马赛克...
碎片
铜版雕刻...

图 10-2-16　像素化滤镜组菜单

图 10-2-17　原图

图 10-2-18　彩块化效果

图 10-2-19　彩色半调效果

图 10-2-20　晶格化效果

(4)　点状化

【点状化】滤镜将图像中的颜色分散为随机分布的网点，就像是点彩画派的绘画风格一样，再将背景色用作网点之间的画布区域。滤镜效果如图 10-2-21 所示。

(5)　碎片

【碎片】滤镜为选区内的像素创建 4 个备份，进行平均，再使它们相互偏移。滤镜效果如图 10-2-22 所示。

图 10-2-21　点状化效果

图 10-2-22　碎片效果

(6) 马赛克

【马赛克】滤镜将图像中的像素结为方块，方块内的像素颜色相同，块的颜色代表选区的颜色。滤镜效果如图 10-2-23 所示。

(7) 铜版雕刻

【铜版雕刻】滤镜将图像转换为黑白区域的随机图案或彩色图像的饱和颜色随机图案。在对话框的【类型】下拉列表中，可以选择不同的网点图案。滤镜效果如图 10-2-24 所示。

图 10-2-23　马赛克效果

图 10-2-24　铜版雕刻效果

2. 扭曲滤镜组

该类滤镜使图像产生各种形式的扭曲，如几何扭曲、创建 3D 以及其他变形效果。需要注意的是这些滤镜在运行时会占用很多内存。该类滤镜的子菜单如图 10-2-25 所示。下面我们针对图 10-2-26 所示的原图进行滤镜效果的演示。

(1) 波浪

【波浪】滤镜是一个较为复杂的滤镜，可以在选择区域图像上创建起伏的图案，就像水池表面的波纹。参数设置有生成器、波长、波幅、比例、未定义区域和类型。滤镜效果如图 10-2-27 所示。

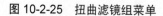

图 10-2-25　扭曲滤镜组菜单　　　　图 10-2-26　原图　　　　　图 10-2-27　波浪效果

(2) 波纹

【波纹】滤镜与波浪的效果类似，同样在图像中创建出起伏的图案，只是操作较为简单。可以设置的参数有数量和大小。滤镜效果如图 10-2-28 所示。

(3) 玻璃

【玻璃】滤镜使图像看起来像透过不同纹理的玻璃观看的效果。滤镜效果如图 10-2-29 所示。

图 10-2-28　波纹效果　　　　　　　图 10-2-29　玻璃效果

(4) 海洋波纹

【海洋波纹】滤镜为图像表面增加随机间隔的波纹，使图像看起来好像在水下面。参数设置有波纹大小和波纹幅度。滤镜效果如图 10-2-30 所示。

(5) 极坐标

【极坐标】滤镜可以将图像从平面坐标转换为极坐标或者从极坐标转换为平面坐标。在用【极坐标】滤镜产生【平面坐标到极坐标】的扭曲效果后，再使用【极坐标】滤镜，并选中【极坐标到平面坐标】单选按钮后就会出现正常的图像效果。滤镜效果如图 10-2-31 所示。

(6) 挤压

【挤压】滤镜使选择区域图像产生挤压变形的效果。可以设置的参数有：数量(100% 的值使图像向中心挤压变形；-100% 的值使图像向外挤压变形)。滤镜效果如图 10-2-32

所示。

图 10-2-30 海洋波纹效果

图 10-2-31 极坐标效果

图 10-2-32 挤压效果

(7) 镜头校正

【镜头校正】滤镜修复常见的镜头瑕疵，如桶形和枕形失真、晕影和色差。可以利用它修正由于镜头产生的图片的透视扭曲现象，如图 10-2-33 所示。

(8) 扩散亮光

【扩散亮光】滤镜使图像产生辉光照射物体后的一种柔和漫射效果。滤镜效果如图 10-2-34 所示。

图 10-2-33 镜头校正效果

图 10-2-34 扩散亮光效果

(9) 切变

【切变】滤镜使图像产生弯曲变形，类似哈哈镜的效果。滤镜效果如图 10-2-35 所示。

(10) 球面化

【球面化】滤镜使图像产生球面的效果，为对象制作三维效果，变形后的画面空间感很好。滤镜效果如图 10-2-36 所示。

(11) 水波

【水波】滤镜根据选区中像素的半径将选区径向扭曲，使图像产生水中涟漪的效果。可以设置的参数有起伏、数量和样式(水池波纹、从中心向外、围绕中心三选项)。滤镜效果如图 10-2-37 所示。

图 10-2-35　切变效果　　　　图 10-2-36　球面化效果　　　　图 10-2-37　水波效果

(12) 旋转扭曲

【旋转扭曲】滤镜使图像产生旋涡状扭曲效果。扭曲角度的取值范围为-999～+999，当数值为负值时，图像顺时针旋转。滤镜效果如图 10-2-38 所示。

(13) 置换

【置换】滤镜可以根据位移图中像素的不同色调来对图像进行变形，变形效果无法预先确定。【置换】滤镜需要一个扩展名为.psd 的图像作为位移图，通常需要两个图像才能完成，但位移图本身也可以给自己进行置换操作。滤镜效果如图 10-2-39 所示。

图 10-2-38　旋转扭曲效果　　　　　　图 10-2-39　置换效果

3．杂色滤镜组

杂色通常被人类称为噪音，图像中的噪音点实际上是一些颜色随机分布的像素点，就如同电视信号干扰的效果一样。该组滤镜产生增加或减少图像中杂点的效果，常用于修补扫描图像。该类滤镜的子菜单如图 10-2-40 所示。下面我们针对图 10-2-41 所示的原图进行滤镜效果的演示。

图 10-2-40　杂色滤镜组菜单　　　　　　图 10-2-41　原图

(1) 中间值

【中间值】滤镜通过混合选区内像素的亮度来减少图像中的杂色。滤镜在像素选区半径中搜索相同亮度的像素，去掉与邻近像素相差太大的像素，并用搜索到像素的中间亮度值替换中心像素。这种方式对于消除或减少图像的动感效果非常有用。滤镜效果如图 10-2-42 所示。

(2) 减少杂色

在基于影响整个图像或各个通道的用户设置保留边缘的同时减少杂色。用于对数码照片减噪。滤镜效果如图 10-2-43 所示。

图 10-2-42　中间值效果

图 10-2-43　减少杂色效果

(3) 去斑

【去斑】滤镜检查图像中的边缘区域(有明显颜色改变的区域)，然后模糊边缘外的部分。这种模糊可以去掉杂色，同时保留原来图像的细节。滤镜效果如图 10-2-44 所示。

(4) 添加杂色

【添加杂色】滤镜在图像上应用随机像素，模拟高速胶片上捕捉画面的效果。此滤镜也可以用来减少羽化选区域渐变填充的色带，或用来使过渡修饰的区域显得更为真实。滤镜效果如图 10-2-45 所示。

(5) 蒙尘与划痕

【蒙尘与划痕】滤镜通过改变不同的像素来减少杂色。如果要在清晰化图像和隐藏缺陷之间达到平衡，需要尝试使用不同的半径和阈值的设置来组合，或在图像的所选区域上应用滤镜。效果如图 10-2-46 所示。

图 10-2-44　去斑效果

图 10-2-45　添加杂色效果

图 10-2-46　蒙尘与划痕效果

4．模糊滤镜组

【模糊】滤镜使选择区域突出的图像更加柔和。通过对图像中选择区域相邻的像素进行平均化，产生平滑的过渡，增加对图像的修饰效果。该类滤镜的子菜单如图 10-2-47 所示。下面我们就针对图 10-2-48 所示的原图进行滤镜效果的演示。

图 10-2-47　模糊滤镜组菜单　　　　　　　　　　　图 10-2-48　原图

(1) 动感模糊

以某种方向和某种强度来模糊图像，使模糊的部分产生高速运动的效果。可以设置的选项有角度和距离。滤镜效果如图 10-2-49 所示。

(2) 平均

找出图像或选区的平均颜色，然后用该颜色填充图像或选区以创建平滑的外观。例如，如果选择了草坪区域，该滤镜会将该区域更改为一块均匀的绿色部分。滤镜效果如图 10-2-50 所示。

图 10-2-49　动感模糊效果　　　　　　　　　　图 10-2-50　平均效果

(3) 形状模糊

使用指定的内核来创建模糊。从自定形状预设列表中选取一种内核，并使用【半径】滑块来调整其大小。通过单击三角形并从列表中进行选取，可以载入不同的形状库。半径决定了内核的大小，内核越大，模糊效果越好，效果如图 10-2-51 所示。

(4) 径向模糊

模拟前后移动相机或旋转相机产生的模糊，以制作柔和的模糊效果。方法有旋转和缩放，可以设置旋转和缩放的数量。滤镜效果如图 10-2-52 所示。

(5) 方框模糊

以基于相邻像素的平均颜色值来模糊图像。此滤镜用于创建特殊效果。可以调整用于计算给定像素的平均值的区域大小，半径越大，产生的模糊效果越好。滤镜效果如图 10-2-53 所示。

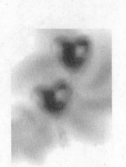

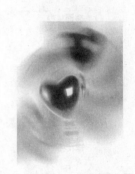

图 10-2-51　形状模糊效果　　　　　　图 10-2-52　径向模糊效果

(6)　模糊和进一步模糊

在图像中有显著颜色变化的地方消除杂色。【模糊】滤镜通过平衡已定义的线条和遮蔽区域的清晰边缘旁边的像素，使变化显得更加柔和。【进一步模糊】滤镜的效果比【模糊】滤镜强 3～4 倍。

(7)　特殊模糊

【特殊模糊】滤镜用于对一幅图进行细节模糊，因此可以用来进行人物肖像面部的柔化。模式有正常、边缘优先和叠加边缘。

(8)　表面模糊

在保留边缘的同时模糊图像。此滤镜用于创建特殊效果且消除杂色或粒度，因此常用来进行数码照片的降噪。【半径】选项制定模糊取样区域的大小；"阈值"选项控制相邻像素色调值与中心像素相差多大时才能成为模糊的一部分；色调值差小于阈值的像素被排除在模糊之外。滤镜效果如图 10-2-54 所示。

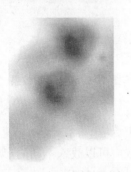

图 10-2-53　方框模糊效果　　　　　　图 10-2-54　表面模糊效果

(9)　镜头模糊

向图像中添加模糊以产生更窄的景深效果，以便使图像中一些对象在焦点内，而使另一些区域变模糊。可以使用简单的选区来确定哪些区域变模糊，或者可以提供单独的 Alpha 通道深度映射来准确描述希望如何增加模糊。滤镜效果如图 10-2-55 所示。

(10)　高斯模糊

【高斯模糊】滤镜按照可调的数量快速地模糊选区，此滤镜使图像产生朦胧的效果。高斯指的是当 Photoshop 对像素进行加权平均时所产生的钟形曲线。滤镜效果如图 10-2-56 所示。

图 10-2-55　镜头模糊效果

图 10-2-56　高斯模糊效果

5. 渲染滤镜组

渲染滤镜在图像中创建云彩、折射和模拟光线反射图案。还可以在三维空间中操纵对象、创建三维对象(立方体、球体和圆柱)，或从灰度文件创建纹理填充，以制作类似三维的光照效果。该类滤镜的子菜单如图 10-2-57 所示。下面我们就针对图 10-2-58 所示的原图进行滤镜效果的演示。

| 分层云彩 |
| 光照效果… |
| 镜头光晕… |
| 纤维… |
| 云彩 |

图 10-2-57　渲染滤镜组菜单　　　　　　　　图 10-2-58　原图

(1) 云彩

【云彩】滤镜使前景色和背景色相融合，随机生成柔和的云彩图案。滤镜效果如图 10-2-59 所示。

(2) 分层云彩

【分层云彩】滤镜使用前景色和背景色之间随机变化的值生成云彩图案。滤镜混合云彩的图案和选择的图像有关，第一次选取此滤镜时，图像的某些部分被转换为云彩图案，效果如图 10-2-60 所示。

图 10-2-59　云彩效果

图 10-2-60　分层云彩效果

（3）纤维

【纤维】滤镜使用前景色和背景色创建编织纤维的外观。可以使用【差异】滑块来控制颜色的变化方式(较低的值会产生较长的颜色条纹；而较高的值会产生较短且颜色分布变化更大的纤维)。【强度】滑块控制每根纤维的外观。低设置会产生松散的织物，而高设置会产生短的绳状纤维。单击【随机化】按钮可更改图案的外观；可多次单击该按钮，直到看到喜欢的图案。当应用【纤维】滤镜时，现用图层上的图像数据会被替换，效果如图 10-2-61 所示。

（4）光照效果

【光照效果】包括 17 种不同的光照风格、3 种光照类型和 4 组光照属性，可以在 RGB 图像上制作出各种各样的光照效果，也可以使用从灰度文件(称为凸凹图)的纹理制作出类似于三维图像的效果，并存储自创的风格。可以设置的参数有：样式、光照类型、强度、聚焦、光泽、材料、曝光度、环境及纹理通道。在应用【光照效果】滤镜时，选中【纹理通道】，会使图像出现立体的浮雕效果。滤镜效果如图 10-2-62 所示。

（5）镜头光晕

【镜头光晕】滤镜模拟亮光照到相机镜头所产生的折射效果。通过在图像缩览图内单击或拖动光晕十字线可指定光晕中心的位置。可以设置的参数有亮度、光晕中心及镜头类型。滤镜效果如图 10-2-63 所示。

图 10-2-61 纤维效果

图 10-2-62 光照效果

图 10-2-63 镜头光晕效果

6．画笔描边滤镜组

【画笔描边】滤镜模拟绘图时各种笔触技法的运用，以不同的画笔和颜料来生成一些精美的绘图艺术效果。该类滤镜的子菜单如图 10-2-64 所示。下面我们就针对图 10-2-65 所示的原图进行滤镜效果的演示。

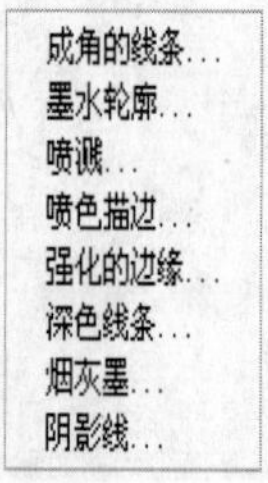

成角的线条…
墨水轮廓…
喷溅…
喷色描边…
强化的边缘…
深色线条…
烟灰墨…
阴影线…

图 10-2-64 画笔描边滤镜组菜单

图 10-2-65 原图

（1）喷溅

与喷枪的效果一样，产生用水在画面上喷溅、浸润的效果。可以设置的参数有：喷色半径和平滑度，调整图像被水浸润的程度。滤镜效果如图 10-2-66 所示。

（2）喷色描边

使用带有角度的喷色线条的主色重绘图像。可以设置的参数有：线条长度、喷色半径、描边方向。滤镜效果如图 10-2-67 所示。

图 10-2-66　喷溅效果

图 10-2-67　喷色描边效果

（3）墨水轮廓

以钢笔画的风格，用纤细的线条在原细节上重绘图像。滤镜效果如图 10-2-68 所示。

（4）强化的边缘

强化勾勒图像的边缘。当边缘的亮度控制被设置为较高的数值时，强化效果与白色粉笔滤镜的效果相似；当亮度控制设置为较低的数值时，强化效果与黑色油墨相似。可以设置的参数有边缘宽度、边缘亮度及平滑度。滤镜效果如图 10-2-69 所示。

（5）成角的线条

用对角线修描图像。图像中较亮的区域用一个方向的线条绘制，较暗的区域用相反方向的线条绘制。参数设置有方向平衡、线条长度、锐化程度。滤镜效果如图 10-2-70 所示。

图 10-2-68　墨水轮廓效果

图 10-2-69　强化的边缘效果

图 10-2-70　成角的线条效果

（6）深色线条

用短而密的线条绘制图像中与黑色接近的深色区域，并用长而白的线条绘制图像中较小的区域。可以设置的参数有平衡、黑色强度和白色强度。滤镜效果如图 10-2-71 所示。

（7）烟灰墨

用于表现日本风格图像，类似于饱和黑色墨水的画笔在宣纸上进行绘画的效果，该滤镜一般产生黑色柔和而模糊的边缘。可以设置的参数有线条宽度、描边压力及对比度。滤镜效果如图 10-2-72 所示。

(8) 阴影线

滤镜模拟在素描时，使用铅笔勾画阴影线，添加纹理和粗糙化图像的效果；并且在勾画彩色区域边缘时保留原图像的细节和特征。可以设置的参数有线条长度、锐化程度和强度。滤镜效果如图 10-2-73 所示。

图 10-2-71　深色线条效果　　　图 10-2-72　烟灰墨效果　　　图 10-2-73　阴影线效果

7. 素描滤镜组

素描滤镜组是一个丰富而且实用的滤镜组，主要用来模拟素描、速写手工和艺术效果。这类滤镜可以在图像中加入底纹而产生三维效果。需要注意的是：许多素描滤镜在重绘图像时使用前景色和背景色。该类滤镜的子菜单如图 10-2-74 所示。下面我们就针对图 10-2-75 所示的原图进行滤镜效果的演示。

半调图案…
便条纸…
粉笔和炭笔…
铬黄…
绘图笔…
基底凸现…
水彩画纸…
撕边…
塑料效果…
炭笔…
炭精笔…
图章…
网状…
影印…

图 10-2-74　素描滤镜组菜单

图 10-2-75　原图

(1) 便条纸

【便条纸】滤镜能够产生好像是由手工制纸构成的图像。图像中的较暗区域是图层上的洞，从而显露出背景色。滤镜效果如图 10-2-76 所示。

(2) 半调图案

"半调图案"滤镜模拟半调网的效果，并保持色调的连续范围。可以设置的参数有大小、对比度、图案类型。滤镜效果如图 10-2-77 所示。

(3) 图章

【图章】滤镜最好用于黑白图像，该滤镜使图像简化、突出主题，看起来好像是用橡皮或木制图章盖上去的。可以设置参数：明/暗平衡和平滑度。滤镜的图像效果如图 10-2-78 所示。

(4)　基底凸现

【基底凸现】滤镜使图像看起来像是被刻成浅浮雕并用光线照射，强调表面变化的效果。在图像中，较暗的区域使用前景色，较亮的区域使用背景色。可以设置的参数有细节、平滑度和光照方向。滤镜效果如图 10-2-79 所示。

图 10-2-76　便条纸效果

图 10-2-77　半调图案效果

图 10-2-78　图章效果

图 10-2-79　基底凸现效果

(5)　塑料效果

【塑料效果】滤镜使图像看上去好像用立体石膏压模而成，然后使用前景色和背景色为图像上色。图像上较暗的区域升高，较亮区域下陷。可以设置的参数有图像平衡、平滑度和光照方向。滤镜效果如图 10-2-80 所示。

(6)　影印

【影印】滤镜模拟影印图像的效果。大范围的暗色区域主要采用其边缘和远离纯色的中间色调。可以设置的参数有细节和暗度。滤镜效果如图 10-2-81 所示。

图 10-2-80　塑料效果

图 10-2-81　影印效果

(7) 撕边

【撕边】滤镜比较适合于文字或高对比度的图像，该滤镜重新组织图像为被撕碎的纸片，然后使用前景色和背景色为图像上色。可以设置的参数有图像平衡、平滑度和对比度。滤镜效果如图 10-2-82 所示。

(8) 水彩画纸

【水彩画纸】滤镜使图像好像是绘制在潮湿的纤维纸上，染色溢出、混合，产生渗透的效果。可以设置的参数有纤维长度、亮度和对比度。滤镜效果如图 10-2-83 所示。

图 10-2-82　撕边效果

图 10-2-83　水彩画纸效果

(9) 炭笔

【炭笔】滤镜产生色调分离的涂抹效果。主要边缘以粗线条绘制，而中间色调用对角描边进行素描。炭笔是前景色，纸张为背景色。可以设置的参数有炭笔粗细、细节、明/暗平衡。滤镜效果如图 10-2-84 所示。

(10) 炭精笔

【炭精笔】滤镜在图像上重复稠密的深色或白粉笔图像。该滤镜将前景色用于较暗区域。要得到更真实的效果，在应用滤镜前将前景色改为一种常用的"炭精笔"颜色(黑色、深棕色、鲜红色)。要得到柔和色调的效果，在应用滤镜前将背景色改为稍带前景色的白色。可以设置的参数有前景色阶、背景色阶、纹理、比例缩放、凸现、光照方向和反相。滤镜效果如图 10-2-85 所示。

图 10-2-84　炭笔效果

图 10-2-85　炭精笔效果

(11) 粉笔和炭笔

【粉笔和炭笔】滤镜模拟粗糙的粉笔绘制的灰色背景来重绘图像的高光和中间色调部分。暗调区的图像用黑色对角炭笔线替换。在图像绘制时，粉笔采用背景色。可以设置的参数有炭笔区、粉笔区和描边压力。滤镜效果如图 10-2-86 所示。

(12) 绘图笔

【绘图笔】滤镜使用精细的直线油墨线条来捕捉原图像中的细节，产生一种素描的效果。此滤镜对油墨使用前景色，对纸张使用背景色来替换源图像的颜色。可以设置的参数有线条长度、明/暗平衡和描边方向。滤镜效果如图 10-2-87 所示。

图 10-2-86　粉笔和炭笔效果

图 10-2-87　绘图笔效果

(13) 网状

【网状】滤镜模仿胶片感光乳剂受控收缩和扭曲的效果，使图像的暗色调区域好像被结块，高光区域好像被轻微颗粒化。可以设置的参数有浓度、前景色阶和背景色阶。滤镜效果如图 10-2-88 所示。

(14) 铬黄

【铬黄】又称【铬黄渐变】，【铬黄渐变】滤镜使图像像是被磨光的表面，看起来极为抽象。在反射表面中，高光点为亮点，暗调为暗点。可以设置的参数有细节和平滑度。滤镜效果如图 10-2-89 所示。

图 10-2-88　网状效果

图 10-2-89　铬黄渐变效果

8. 锐化滤镜组

【锐化】滤镜的作用都是通过增加相邻像素的对比度来使图像变得清晰些，或者说提高图像的清晰度。该类滤镜的子菜单如图 10-2-90 所示。下面我们就针对图 10-2-91 所示的原图进行滤镜效果的演示。

(1) USM 锐化

要进行专业的色彩校正，可使用【USM 锐化】滤镜调整边缘细节的对比度，并在边缘的每侧制作一条更亮或更暗的线，以强调边缘和产生更清晰的效果。滤镜效果如图 10-2-92

所示。

图 10-2-90　锐化滤镜组菜单　　　图 10-2-91　原图　　　图 10-2-92　USM 锐化效果

USM 锐化是在图像中用来锐化边缘的传统胶片复合技巧，一般用来校正照相、扫描、重定像素或打印过程产生的模糊，对于打印和网上显示图像都非常有用。

(2) 锐化和进一步锐化

【锐化】和【进一步锐化】滤镜都是通过使选区聚焦来提高选择区域图像清晰度的。【进一步锐化】滤镜可比【锐化】滤镜产生更强的锐化效果。滤镜效果如图 10-2-93 所示。

(3) 锐化边缘

【锐化边缘】滤镜可查找图像中明显颜色转换的区域并进行锐化，该滤镜仅锐化边缘而保持图像整体的平滑度，使用此滤镜锐化边缘时不必指定数量。滤镜的效果轻微、细致，效果如图 10-2-94 所示。

(4) 智能锐化

【智能锐化】滤镜通过设置锐化算法来锐化图像，或者控制阴影和高光中的锐化量，滤镜效果如图 10-2-95 所示。

图 10-2-93　进一步锐化效果　　　图 10-2-94　锐化边缘效果　　　图 10-2-95　智能锐化效果

9．艺术效果滤镜组

艺术效果滤镜组主要用来表现不同的绘图效果，就像一位熟悉各种绘图风格的绘图技巧的艺术大师，在相同风格滤镜的对话框中可以使一幅平淡的图像变成大师的力作，且绘画形式不拘一格。它能产生油画、水彩画、铅笔画、粉笔画和水粉画等各种不同的 15 种艺术效果。该类滤镜的子菜单如图 10-2-96 所示。下面我们就针对图 10-2-97 所示的原图进行艺术效果滤镜组效果的演示。

(1) 塑料包装

【塑料包装】滤镜使用图像好像是用闪亮的包装纸包装起来的，表面细节非常突出。可以设置的参数有高光强度、细节和平滑度。效果如图 10-2-98 所示。

(2) 壁画

【壁画】滤镜使用短的、圆的和潦草的斑点绘制风格，使图像产生古壁画效果。可以设置的参数有画笔大小、画笔细节和纹理。效果如图 10-2-99 所示。

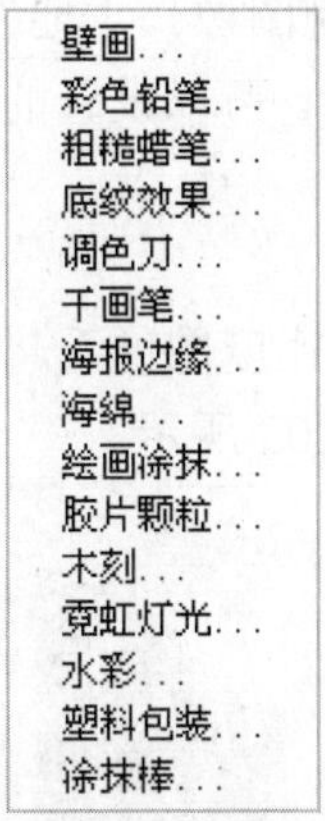

壁画...
彩色铅笔...
粗糙蜡笔...
底纹效果...
调色刀...
干画笔...
海报边缘...
海绵...
绘画涂抹...
胶片颗粒...
木刻...
霓虹灯光...
水彩...
塑料包装...
涂抹棒...

图 10-2-96　艺术效果滤镜组菜单

图 10-2-97　原图

图 10-2-98　塑料包装效果

图 10-2-99　壁画效果

(3)　干画笔

【干画笔】滤镜使用美术中的干画笔技术(介于油画和水彩画之间)绘制图像的边缘。该滤镜通过将图像的颜色范围减少为常用的颜色区来简化图像，效果如图 10-2-100 所示。

(4)　底纹效果

【底纹效果】的图像好像是绘制在有纹理的地图上面。可以选择"砖形"、"粗麻布"、"画布"、"砂岩"等不同的纹理类型，也可以选择自定义的纹理。效果如图 10-2-101 所示。

图 10-2-100　干画笔效果

图 10-2-101　底纹效果

(5) 彩色铅笔

【彩色铅笔】滤镜模拟使用彩色铅笔在纯色背景上绘制图像。主要的边缘被保留并带有粗糙的阴影线外观，纯背景色通过较光滑的区域显示出来。可以设置的参数有铅笔宽度、描边压力和纸张亮度。滤镜效果如图 10-2-102 所示。

(6) 木刻

【木刻】滤镜使图像好像由粗糙剪切的彩纸组成，高对比度图像看起来好像黑色剪影，而彩色图像看起来像由基层彩纸构成。滤镜效果如图 10-2-103 所示。

图 10-2-102　彩色铅笔效果

图 10-2-103　木刻效果

(7) 水彩

【水彩】滤镜使图像变为水彩画的风格，使用蘸了水和颜色的中号画笔绘制，简化图像中的细节，在图像边缘有明显的色调改变，滤镜使颜色更加饱和。可设置的参数有画笔细节、暗调强度和纹理。滤镜效果如图 10-2-104 所示。

(8) 海报边缘

【海报边缘】滤镜的作用是增加图像对比度并使边缘细微层次加上黑色，能够产生具有招贴画边缘效果的图像，近似木刻画的效果。可以设置的参数有边缘厚度，设置边缘的黑色数值宽度；边缘强度：设置边缘的对比度；海报化，控制颜色在图像上的分离程度。滤镜效果如图 10-2-105 所示。

图 10-2-104　水彩效果

图 10-2-105　海报边缘效果

(9) 海绵

【海绵】滤镜可创建带有强烈对比度颜色纹理的图像，好像是用海绵在图像上画过。

可以设置的参数有画笔大小，设置笔刷的尺度；定义，调整海绵铺设的颜色深浅；平滑度，调整线条的光滑度。滤镜效果如图 10-2-106 所示。

(10) 涂抹棒

【涂抹棒】滤镜使用短的对角线涂抹图像的较暗区域来柔和图像，使较亮区域变得更加明亮而舍弃细节。可以设置的参数有线条长度、高光区域和强度。滤镜效果如图 10-2-107 所示。

图 10-2-106　海绵效果

图 10-2-107　涂抹棒效果

(11) 粗糙蜡笔

【粗糙蜡笔】滤镜好像是用彩色粉笔在纹理背景上描绘图像。在图像的亮色区域，粉笔显得比较厚而且稍带纹理；在较暗的区域，粉笔好像是被刮掉而露出纹理。可以设置七个参数：线条长度；线条细节；纹理，可以选择不同的纹理类型，还可以选择自定义的纹理；比例缩放；凸显；光照方向；反相。滤镜效果如图 10-2-108 所示。

(12) 绘图涂抹

【绘图涂抹】滤镜可以为绘图式效果选取多种画笔大小(1～50)和画笔类型。画笔类型包括简单、未处理光照、未处理深色、宽锐化、宽模糊和火花。滤镜效果如图 10-2-109 所示。

(13) 胶片颗粒

【胶片颗粒】滤镜可产生胶片颗粒纹理效果。滤镜效果如图 10-2-110 所示。

(14) 调色刀

【调色刀】滤镜通过减少图像中的细节，使图像产生薄薄的画布效果，露出下面的纹理。可以设置的参数有描边大小：调节画笔范围的大小；线条细节；设置颜色细节的相近程度；软化度：调节边界的柔化程度。滤镜效果如图 10-2-111 所示。

(15) 霓虹灯光

【霓虹灯光】滤镜在图像中添加不同类型的发光效果，并且对柔和图像的外观着色非常有效。可以设置的参数有发光大小、发光亮度和发光颜色。滤镜效果如图 10-2-112 所示。

图 10-2-108　粗糙蜡笔效果

图 10-2-109　绘图涂抹效果

图 10-2-110　胶片颗粒效果

图 10-2-111　调色刀效果　　　　　　　　　　图 10-2-112　霓虹灯光效果

10．视频滤镜组

【视频】滤镜组包括【NTSC(National Television Standards Committee)颜色】滤镜和【逐行】滤镜。

(1)　NTSC 颜色

【NTSC 颜色】滤镜可限制图像的色彩范围为 NTSC 制式电视可以接受并表现的颜色，从而防止饱和颜色渗到电视扫描行中。该滤镜一般用于制作 VCD 静止帧的图像，创建用于电视或视频中的图像。

(2)　逐行

【逐行】滤镜通过移去视频图像中的奇数或偶数隔行线，以平滑在视频上捕捉的运动图像。该滤镜可用于视频中静止帧的制作，还可以选择通过复制或插值的方式来替换被去掉的行。

11．纹理滤镜组

【纹理】滤镜组在图像中铺设纹理，造成深度感和材质感。该滤镜组的子菜单如图 10-2-113 所示。下面我们就针对图 10-2-114 所示的原图进行滤镜效果的演示。

(1)　龟裂缝

【龟裂缝】滤镜模拟在高凸浮雕的石膏表面上绘画图像，沿着图像的轮廓产生精细的裂纹效果。可以设置的参数有裂缝间隙、裂缝深度和裂缝亮度。滤镜效果如图 10-2-115 所示。

| 龟裂缝…
| 颗粒…
| 马赛克拼贴…
| 拼缀图…
| 染色玻璃…
| 纹理化… |

图 10-2-113　纹理化滤镜组菜单　　　图 10-2-114　原图　　　图 10-2-115　龟裂缝效果

(2)　颗粒

【颗粒】滤镜通过模拟不同种类的颗粒来增加图像的纹理。可以设置参数：强度、对比度；颗粒类型，如常规、软化、喷洒、结块、强反差、扩大、点刻、水平、垂直和斑点等不同类型。滤镜效果如图 10-2-116 所示。

（3）马赛克拼贴

【马赛克拼贴】滤镜使图像产生好像由小片或块组成的效果，并且在块与块之间增加缝隙。可以设置参数：拼贴大小、缝隙宽度和加亮缝隙。滤镜效果如图10-2-117所示。

（4）拼缀图

【拼缀图】滤镜将图像拆分为块，用该方块的图像中最显著颜色进行填充。该滤镜随机减少或增加拼贴深度，以重复高光和暗调。可以设置参数：平方大小和凸现。滤镜效果如图10-2-118所示。

图 10-2-116　颗粒效果　　　　图 10-2-117　马赛克拼贴效果　　　　图 10-2-118　拼缀图效果

（5）染色玻璃

【染色玻璃】滤镜将图像重绘，并且用前景色勾画单色的相邻单元格，其效果就像是西方教堂独有的有色玻璃画。可以设置参数：单元格大小、边界厚度和光照强度。滤镜效果如图10-2-119所示。

（6）纹理化

【纹理化】滤镜可以在图像上应用预设纹理或者自己创建的纹理。参数设置：纹理、凸现和光照方向。滤镜效果如图10-2-120所示。

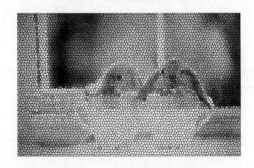

图 10-2-119　染色玻璃效果　　　　　　　　图 10-2-120　纹理化效果

12. 风格化滤镜组

通过置换像素并且查找和提高图像中的对比度，在选区上产生一种绘画式或印象派艺术效果。使用【查找边缘】和【等高线】等突出边缘的滤镜后，还可以应用【反相】命令，用彩色线条勾画出彩色图像边缘的轮廓，或使用白色线条勾画出灰度图像边缘的轮廓。该类滤镜的子菜单如图10-2-121所示。下面我们就针对图10-2-122所示的原图进行滤镜效果的演示。

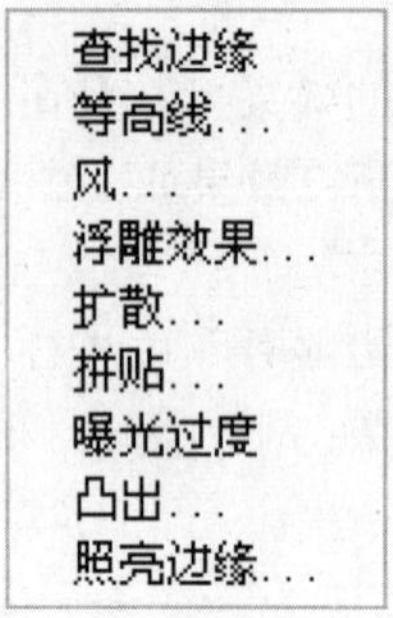

查找边缘
等高线...
风...
浮雕效果...
扩散
拼贴
曝光过度
凸出...
照亮边缘...

图 10-2-121　风格化滤镜组菜单

图 10-2-122　原图

(1)　凸出

【凸出】滤镜根据在对话框中设置的不同选项,为选择区域图层制作一系列的块状或金字塔状的三维纹理。滤镜的效果如图 10-2-123 所示。

(2)　扩散

【扩散】滤镜根据所选的项搅乱选区内的像素,使选区看起来不够聚焦。可以设置参数:正常、变暗优先、变亮优先和各向异性。滤镜效果如图 10-2-124 所示。

图 10-2-123　凸出效果

图 10-2-124　扩散效果

(3)　拼贴

从选区的原位置开始将原图像拆散为一系列的拼贴。可以设置参数:拼贴数、最大位移、背景色、前景颜色、反向图像和未改变的图像。滤镜效果如图 10-2-125 所示。

(4)　曝光过度

混合正片和负片图像,与冲洗照片过程中加强曝光的效果相似。滤镜效果如图 10-2-126 所示。

(5)　查找边缘

标识图像中有明显过渡的区域并强调边缘。与【等高线】滤镜一样,【查找边缘】滤镜在白色背景上用深色线条勾画图像的边缘,对于在图像周围创建边框非常有用。滤镜处理后的图像效果如图 10-2-127 所示。

(6)　浮雕效果

通过将选区的填充颜色转换为灰色,并用原填充色勾画边缘,使选区显得突出或下陷。选项包括浮雕角度(-360°～+360°),高度以及颜色数量的百分比(1%～500%)。要保留颜色和细节,可在应用【浮雕效果】滤镜后使用【消褪】命令。可以设置参数:角度、高度和数量。滤镜效果如图 10-2-128 所示。

图 10-2-125　拼贴效果

图 10-2-126　曝光过度效果

图 10-2-127　查找边缘效果

图 10-2-128　浮雕效果

（7）照亮边缘

通过查找并标识颜色的边缘，给它们增加类似于霓虹灯的亮光效果。可以设置参数：边缘宽度、边缘亮度和平滑度。滤镜效果如图 10-2-129 所示。

（8）等高线

查找主要亮度区域的过渡，并用线勾画出每个颜色通道，得到与等高线中的线条相似的结果。可以设置参数：色阶、边缘、"较低"和"较高"。选中【较高】单选按钮，将勾画高于指定色阶的像素颜色值。滤镜效果如图 10-2-130 所示。

（9）风

【风】滤镜在图像中创建细小的水平线以模拟风的动感效果。可以设置参数：方法和方向。滤镜效果如图 10-2-131 所示。

图 10-2-129　照亮边缘效果

图 10-2-130　等高线效果

图 10-2-131　风效果

13．其他

【其他】滤镜的主要作用是修饰某些细节部分，在某些场合下，可达到画龙点睛的效果。还可以用子菜单中的滤镜创建自己的特殊效果滤镜。

(1) 自定

【自定】滤镜是整个滤镜家族中功能最强大的滤镜，使用它可以创建自定滤镜。该滤镜允许通过对话框中的数值，以数学算法来改变图像中各像素点的亮度值(自定滤镜只对各像素点的亮度值起作用，而不改变像素点的色相与饱和度)，制作属于自己的新滤镜。例如，可以创建清晰化、模糊及浮雕等效果的滤镜。

(2) 高反差保留

【高反差保留】滤镜用来将图像中的变化较缓的颜色区域删掉，而只保留指定半径内色彩变化最大的部分，即颜色变化的边缘，并隐藏图像的其他部分(0.1 像素的半径仅保留边缘像素)。此滤镜去掉图像中低频率的细节，与【高斯模糊】滤镜的效果相反。可以从扫描图像提取线画稿和大块的黑白区域。

参数半径，定义像素周围的距离，以供高反差分析处理，参数范围为 0.1~250。

(3) 最大值

【最大值】滤镜具有收缩的效果，即向外扩展白色区域并收缩黑色区域。【最大值】滤镜查看图像中的单个像素。在指定半径内，【最大值】滤镜用周围像素中最大的亮度值替换当前像素的亮度值。在对话框中【半径】文本框中的值用来控制像素周围的距离。

(4) 最小值

【最小值】滤镜具有扩展的效果，即向外扩展黑色区域并收缩白色区域。【最小值】滤镜查看图像中的单个像素。在指定半径内，【最小值】滤镜用周围像素中最小的亮度值替换当前像素的亮度值。

(5) 位移

【位移】滤镜常用于选区通道的操作当中，可以在对话框中设定一定的偏移量，用它来移动通道中的白色区域位置。偏移量为正数时，通道向右下方移动，为负数时向左下方移动；另外，还可以设定"未定义区域"的处理方法。

选区通道的位置变化后，即可进一步使用各种通道运算命令来制作一些新的选区通道，这是各种特殊效果制作中常用的方法。

任务进阶

【进阶任务 1】利用【径向模糊】滤镜制作动感的照片，突出人物的效果。

其设计过程如下。

(1) 打开图片。打开 "素材\项目十\照片.jpg" 图片，如图 10-2-132 所示。

(2) 选择工具箱中的磁性套索工具，制作人物选区，再按 Ctrl+Shift+I 组合键进行反选，得到背景选区，如图 10-2-133 所示。

(3) 选择【滤镜】|【模糊】|【径向模糊】命令，【数量】设置为 90，【模糊方法】选择【缩放】，单击【确定】按钮。

(4) 按 Ctrl+D 组合键，取消选区，得到最终效果图，如图 10-2-134 所示。

图 10-2-132 打开图片

图 10-2-133 制作选区

图 10-2-134 最终效果

【进阶任务 2】利用【玻璃】、【高斯模糊】滤镜制作磨砂玻璃效果。

其设计过程如下。

(1) 打开 "素材\项目十\水果.jpg" 图片，如图 10-2-135 示。按 Ctrl+A 组合键，全选图像。执行【选择】|【变换选区】命令，选区周围出现控制框，分别调整控制框上边中间和下边中间控制手柄的位置，将选区在垂直方向缩小，按 Enter 键确认。选区效果如图 10-2-136 所示。

(2) 执行【图层】|【新建】|【通过拷贝的图层】命令(或按 Ctrl+J 组合键)，将选区中的图像复制到一个新图层——"图层 1"中。

(3) 执行【滤镜】|【模糊】|【高斯模糊】命令，弹出【高斯模糊】对话框，在其中设置【半径】为 3.7，单击【确定】按钮，图像效果如图 10-2-137 所示。

(4) 执行【滤镜】|【扭曲】|【玻璃】命令，弹出【玻璃】对话框，设置【扭曲度】为 4，【平滑度】为 3，【纹理】为【磨砂】，其他设为默认，单击【确定】按钮，图像效果如图 10-2-138 所示。

图 10-2-135　水果图像

图 10-2-136　选区效果

图 10-2-137　高斯模糊效果

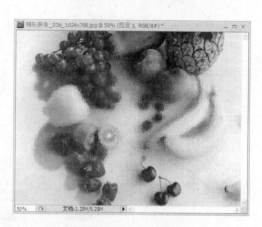

图 10-2-138　玻璃效果

(5)　单击【图层】面板底部的【添加图层样式】按钮，从弹出的下拉菜单中选择【描边】命令，弹出【图层样式】对话框，设置颜色为白色，【大小】为 1，【位置】为【外部】，【不透明度】为 50%，单击【确定】按钮，效果如图 10-2-139 所示。

图 10-2-139　描边效果

(6) 再次单击【图层】面板底部的【添加图层样式】按钮，从弹出的下拉菜单中选择【光泽】命令，弹出【图层样式】对话框，在其中设置颜色为浅红色(R:248, G:149, B:149)，其他选项设置如图 10-2-140 所示，单击【确定】按钮，最终效果如图 10-2-141 所示。

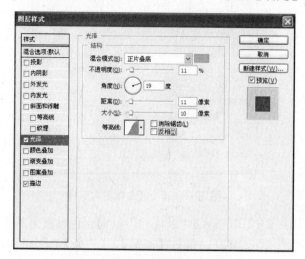

图 10-2-140　设置光泽参数

图 10-2-141　磨砂玻璃效果

【进阶任务 3】利用【分层云彩】滤镜制作旧照片烧纸效果。

其设计过程如下。

(1) 打开 "素材\项目十\城中小巷.jpg"，如图 10-2-142 所示。

(2) 执行【图像】|【调整】|【去色】命令(或按 Ctrl+Shift+U 组合键)，然后执行【图像】|【调整】|【色相/饱和度】命令，弹出【色相/饱和度】对话框，参数设置如图 10-2-143 所示，制作出旧照片效果，单击【确定】按钮，效果如图 10-2-144 所示。

图 10-2-142　原图像

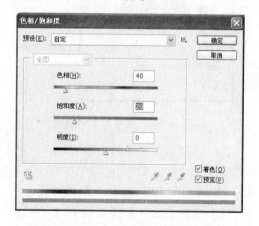

图 10-2-143　【色相/饱和度】对话框

(3) 执行【图像】|【调整】|【曲线】命令，弹出【曲线】对话框，调整其明暗对比度，参数设置如图 10-2-145 所示，单击【确定】按钮。

图 10-2-144　旧照片效果

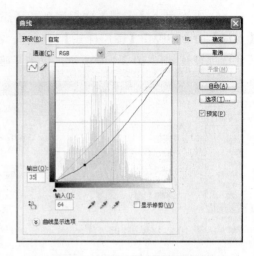

图 10-2-145　【曲线】对话框

(4)　单击【图层】面板下方的【新建图层】按钮，新建"图层 1"，前景色设置为黑色，按 Alt+Del 组合键利用前景色黑色对"图层"1 填充。执行【滤镜】|【渲染】|【分层云彩】命令，执行【图像】|【调整】|【色阶】命令，弹出【色阶】对话框，参数设置如图 10-2-146 所示，单击【确定】按钮，效果如图 10-2-147 所示。

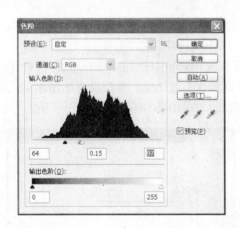

图 10-2-146　【色阶】对话框

图 10-2-147　"色阶"参数设置效果

(5)　选择工具栏中的魔棒工具，设置【容差值】为 40，单击黑色区域，同时在【图层】面板中隐藏"图层 1"，选定"图层 0"，如图 10-2-148 所示。按 Delete 键删除选区内容，效果如图 10-2-149 所示。

(6)　执行【选择】|【修改】|【扩展】命令，在打开的【扩展选区】对话框中设置【扩展量】为 6 像素，单击【确定】按钮扩展选区。再执行【选择】|【羽化】命令，在打开的【羽化选区】对话框中设置【羽化半径】为 3 像素，单击【确定】按钮羽化选区。执行【图像】|【调整】|【色相/饱和度】命令，打开【色相/饱和度】对话框，参数设置如图 10-2-150 所示。

(7)　单击工具栏中的加深工具，在选区内边缘进行涂抹，强化边缘烧焦的焦黄感，效果如图 10-2-151 所示。按 Ctrl+D 组合键取消选区。

图 10-2-148　隐藏"图层 1"

图 10-2-149　删除选区内容效果

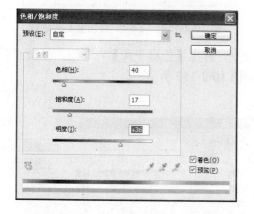

图 10-2-150　【色相/饱和度】对话框

图 10-2-151　边缘烧焦效果

　　(8)　新建图层 2，填充白色放在【图层】面板的最底层。选择"图层 0"，按 Ctrl+T 组合键调整其大小留出白色边缘，最终效果如图 10-2-152 所示。

图 10-2-152　旧照片"烧纸"效果

【进阶任务 4】利用【色彩平衡】命令和【半调图案】滤镜制作扫描线效果。

其设计过程如下。

(1)　按 Ctrl+O 组合键打开 "素材\项目十\美女.jpg"，如图 10-2-153 所示。

(2) 执行【图像】|【调整】|【亮度/对比度】命令，弹出【亮度/对比度】对话框，参数设置如图 10-2-154 所示。单击【确定】按钮，效果如图 10-2-155 所示。

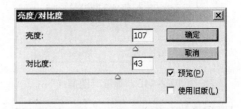

图 10-2-153　打开素材图片　　　　　　　　图 10-2-154　【亮度/对比度】对话框

(3) 执行【图像】|【调整】|【色彩平衡】命令，弹出【色彩平衡】对话框，参数设置如图 10-2-156 所示，单击【确定】按钮，效果如图 10-2-157 所示。

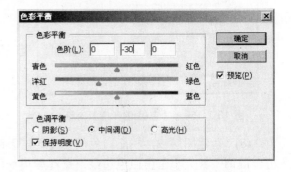

图 10-2-155　调整亮度/对比度图像效果　　　　图 10-2-156　【色彩平衡】对话框

(4) 按 Ctrl+Shift+N 组合键新建"图层 1"，并将该图层填充为白色，如图 10-2-158 所示。执行【滤镜】|【素描】|【半调图案】命令，在弹出的【半调图案】对话框中设置各项参数，如图 10-2-159 所示。单击【确定】按钮，得到的半调图案效果如图 10-2-160 所示。

图 10-2-157　调整色彩平衡图像效果　　　　　图 10-2-158　填充图层

图 10-2-159 【半调图案】对话框

(5) 设置"图层 1"的"图层混合模式"为"叠加",并设置其"不透明度"为 50%,如图 10-2-161 所示。此时,即可得到如图 10-2-162 所示的效果图。

图 10-2-160 半调图案图像效果

图 10-2-161 设置图层

图 10-2-162 最终效果图

任务 3　远景物的添加与修饰

任务背景

为建筑效果图添加远景物。

任务要求

添加远景物，丰富、美化效果图场景，在添加过程中要做到和主题建筑虚实有别、远近有别。

任务分析

远景物的添加与修饰，主要是对远景建筑物、光线等对象的处理。远景物的处理，一般重在"取势"，不细琢细节。

重点难点

❶　滤镜的操作。

❷　艺术效果滤镜参数的设置。

❸　艺术效果滤镜的灵活应用。

任务实施

其设计过程如下。

(1) 打开 "素材\项目十\配景建筑 01.psd" 文件。选择【移动工具】，将当前文件中的"配景建筑01"拖曳到主建筑场景中，将其所在的图层命名为"配景建筑左"，并将其图层拖曳到"主建筑"图层的下面，如图 10-3-1 所示。

图 10-3-1　为场景中添加"配景建筑左"对象

(2) 按 Ctrl+T 组合键对"配景建筑左"图像进行变换，在工具选项栏中单击 🔲 按钮，将【宽度】和【高度】分别设置为 150% 和 160%，如图 10-3-2 所示。

图 10-3-2　调整"配景建筑左"的大小

（3）在【图层】面板中选择"配景建筑左"图层，在【图层】面板的右上方将其【不透明度】设置为 45%，效果如图 10-3-3 所示。

图 10-3-3　调整"配景建筑左"图层的不透明度后的效果图

（4）下面将添加右侧的配景建筑，打开 "素材\项目十\配景建筑 02.psd"文件，选择【移动工具】，将当前文件中的"配景建筑 02"拖曳到主建筑场景中，将其所在的图层命名为"配景建筑右"，并将其图层拖曳到"主建筑"图层的下面，如图 10-3-4 所示。

图 10-3-4　在场景中添加"配景建筑右"对象

(5) 参考步骤 2 和步骤 3，将其宽度和高度都设置为 160%，【不透明度】设置为 60%，效果如图 10-3-5 所示。

图 10-3-5 调整"配景建筑右"的大小及不透明度后的效果图

(6) 最后做出太阳光照射到主建筑玻璃上光线反射效果。选中"主建筑"图层，选择【滤镜】|【渲染】|【镜头光晕】命令，打开【镜头光晕】对话框，参数设置如图 10-3-6 所示。单击【确定】按钮，最终效果图如图 10-3-7 所示。

图 10-3-6 设置【镜头光晕】滤镜参数　　　　图 10-3-7 建筑效果图最终效果

相关知识

1. 效果图的构图原则

当主题建筑的制作完成后，无论打算在建筑周围添加多少配景素材，它们肯定都是为主建筑服务的，所以在构图安排时，不能喧宾夺主。同时，无论是构图还是取景都要注意平衡。

平衡的方式有两种，一种是对称式，它是一种平板的方式。另一种是均衡式，它是把大小不同的物体，根据平衡的原理，把它们按照一定的布局，表现出一种有变化的环境。画面的均衡是从视觉中感受到的，有时也是由颜色的明度决定的。

2．效果图中光的类型

在建筑效果图的整体创作过程中，灯光的处理至关重要，因为任何物体的体积感都是通过光影来实现的，正确的灯光不仅能够表现建筑的结构，而且能够营造出真实的环境气氛。在效果图的创作中，常用的光线类型有 6 种：泛光、目标聚光、自由聚光、目标平行光、自由平行光和天光。

（1）泛光

泛光灯也称为点光源，类似于挂在线上而没有灯罩的灯。可以照亮所有面向它的对象，并且它的光不受任何网格对象的阻碍。其主要作用是作为辅光。在效果图中远距离使用许多不同颜色的低亮度的泛光是非常普遍的。同时泛光具备阴影投射及其他功能，你可以选择使用一个泛光来代替几个聚光或平行光。

（2）目标聚光灯

与泛光不同，目标聚光灯的方向是可以控制的。目标聚光灯在效果图中设置后，可以产生圆形和矩形两种投影区域，在照射区域以外的物体不受灯光的影响。

（3）自由聚光灯

自由聚光灯具有目标聚光灯的所有功能，只是没有目标对象。在使用该类型灯光时，并不是通过放置一个目标来确定聚光灯光锥的位置，而是通过旋转自由聚光灯来对准它的目标对象。选择自由聚光灯而不是目标聚光灯的原因一般是出于个人爱好，或者是动画与其他几何体有关的灯光的需要。

（4）目标平行光

使用目标平行光可以产生平行的照射区域，它与目标聚光灯的唯一区别就是目标平行光产生的圆柱状的平行照射区域类似于传统的平行光与聚光灯的混合，同样也具有聚光区和散光区。可用来模拟并制作太阳的照射，对于户外场景最为适用。

（5）自由平行光

自由平行光是一种可以发射平行光束的灯光。它同目标平行光一样也具有聚光区和散光区，但是没有目标控制点，这也是自由平行光与目标平行光唯一较大的区别之处。

（6）天光

该灯光不是基于物理学的灯光，所以可用于所有不需要物理数值的场景中。

任务进阶

【进阶任务】修改室内效果图灯光的照射强度。

其设计过程如下。

（1）打开"素材\项目十\灯光修改.tif"，如图 10-3-8 所示。

（2）使用【放大镜工具】 将电视墙顶左侧的灰色区域放大到 300%显示，使用【套索工具】 绘制虚线将灰色区域选择，然后缩小到 100%观察效果，如图 10-3-9 所示。

（3）选择【视图】|【显示】|【选区边缘】菜单命令，将选择的虚线暂时隐藏，以方便观察调节效果。

图 10-3-8　打开"灯光修改.tif"文件　　　　图 10-3-9　选择需要进行亮度调整的区域

　　(4)　选择【图像】|【调整】|【亮度/对比度】菜单命令，在打开的对话框中将亮度调整为+85，单击【确定】按钮，如图10-3-10所示。

　　(5)　最终效果如图10-3-11所示。

图 10-3-10　调节选择"亮度"　　　　　　　图 10-3-11　最终效果

实践任务　水景建筑效果图设计

任务背景

　　"水景别墅"是由某公司投资开发的高档住宅项目，在建筑外观和建筑文化主题上，形成独特的、高贵的建筑品位；在建筑外立面、植物、湖景、水景、园林、等方面均采用较为轻松的风格，拟将其打造成远离喧嚣、自然惬意为主题的高品质社区。要求为该投资开发公司设计制作"水景别墅"的建筑效果图。

任务要求

水景建筑效果图通过背景天空、背景植物、草地的编辑修改、水面效果以及湖岸效果的表现设置，来体现轻松自然的建筑环境。

任务分析

使用【变换】菜单命令调整对象的大小和透视角度；通过【填充】、【不透明度】以及【图层的混合模式】来设置添加对象的显示效果；执行【滤镜】|【扭曲】|【海洋波纹】命令制作水景倒影效果。

任务素材及参考图

水景建筑效果图设计任务素材如图 10-4-1～图 10-4-8 所示，参考效果图如图 10-4-9 所示。

图 10-4-1　近景树

图 10-4-2　远景树

图 10-4-3　灌木

图 10-4-4　天空

图 10-4-5　建筑

图 10-4-6　树枝

图 10-4-7　小船

图 10-4-8　水面

图 10-4-9　参考效果图

职业技能知识考核

一、填空题

1. 当执行完一个滤镜后,在_____菜单的_____会出现刚才使用过的滤镜,单击它可快速重复执行相同的滤镜命令,也可按_____组合键。

2. Photoshop 是针对选区执行滤镜命令的,如果没有定义选区,则对_____作处理。

3. 滤镜的处理以_____为单位,因此滤镜的处理效果与图像的_____有关。

4. _____组合键用于调整新的属性设置使用刚用过的滤镜。

5. _____组合键用于退去上次用过的滤镜或调整的效果。

6. 文字图层必须_____后才能用滤镜。

7. RGB 的模式中可以使用_____。

8. 只对选定区域进行滤镜效果处理时,为了使处理后的选区能够和原图很好地融合,减少突兀的感觉,可以对选取的范围_____。

9. 要想将一个前景对象从它的背景中分离出来,我们可以使用_____滤镜。

10. 使用_____滤镜可以模拟液体流动的逼真效果。

二、选择题

1. 可以用来模拟灯光照射图像的滤镜效果是(   )。
   A.【镜头光晕】滤镜   B.【分层云彩】滤镜
   C.【光照效果】滤镜   D.【进一步锐化】滤镜

2. 如果扫描的图像不够清晰,可用下列哪种滤镜弥补清晰效果?(   )
   A. 渲染   B. 风格化   C. 锐化   D. 扭曲

3. 能够制作无缝拼贴图案效果的滤镜是(   )。
   A.【抽出】滤镜   B.【液化】滤镜
   C.【图案生成器】滤镜   D.【进一步锐化】滤镜

4. 能够按照自己定义的路径来扭曲一幅图像的滤镜是(   )。
   A.【切变】滤镜   B.【挤压】滤镜
   C.【置换】滤镜   D.【液化】滤镜

5. 能够产生旋转模糊效果的滤镜是(   )。
   A.【模糊】滤镜   B.【动感模糊】滤镜
   C.【高斯模糊】滤镜   D.【径向模糊】滤镜

三、判断题

1. 滤镜的处理以像素为单位,因此滤镜的处理效果与图像的分辨率有关。   (   )

2. 如果在使用滤镜以前,没有定义选区,则该滤镜不起作用。   (   )

3. 在 RGB、CMYK 和 Lab 模式下,可以使用所有滤镜;位图、索引模式和 16 位模式下不能使用滤镜。   (   )

4．使用【位移】滤镜也可以制作无缝拼贴图案。 （ ）

5．在使用滤镜时，为了使处理后的图像与源图像有很好的融合效果，可在应用前先对其进行羽化处理。 （ ）

四、实训题

利用滤镜制作国画效果。

操作提示：

(1) 使用滤镜制作背景，使用去色命令将图片去色。

(2) 使用添加【杂色】滤镜添加图片杂色，使用【色彩平衡】命令调整图片的颜色。

(3) 使用【自定义形状工具】和【描边】命令制作装饰边框。素材如图 10-5-1 所示，国画效果如图 10-5-2 所示。

图 10-5-1　素材

图 10-5-2　效果图

参 考 文 献

[1] 刘银冬. Photoshop 职业应用项目教程(CS3 版). 北京：机械工业出版社，2009

[2] 王国省等. Photoshop CS3 应用基础教程. 北京：中国铁道出版社，2009

[3] 马增友. Photoshop 图像处理技术应用. 北京：北京交通大学出版社，2009

[4] 覃俊. 中文版 Photoshop CS4 平面设计实训案例教程. 北京：电子工业出版社，2010

[5] 赵艳丽等. Photoshop CS3 图形图像处理. 北京：海洋出版社，2009

[6] 陶晓欣. 中文版 Photoshop 7 图形图像处理基础与应用. 北京：海洋出版社，2008

[7] 朱丽静. Photoshop 平面设计案例教程(CS3 版). 北京：航空工业出版社，2008

[8] 沈大林. Photoshop CS2 图像处理实例教程. 北京：中国铁道出版社，2007

[9] 卢宇清等. Photoshop CS2 平面设计实用教程. 北京：清华大学出版社，2008

[10] 麓山文化. 中文版 Photoshop CS4 十大商业应用案例精粹. 北京：机械工业出版社，2010

[11] 李彪等. Photoshop CS4 图像处理高级应用技法. 北京：电子工业出版社，2010

[12] 思维数码. 中文版 Photoshop CS4 完美设计 100 例. 北京：科学出版社，2009

[13] 褚庆奎等. 中文版 Photoshop CS3 十大核心应用. 北京：兵器工业出版社，2008

[14] 杰创文化. Photoshop CS4 图像处理 100 例. 北京：科学出版社，2010

[15] 刘传梁. Photoshop CS4 平面与包装设计技法精讲(详细). 北京：中国铁道出版社，2010

[16] 杨斌. Photoshop CS3 平面设计 36 技与 72 例(详细). 北京：兵器工业出版社，2008

[17] 博艺智联. 博客式中文版 Photoshop CS4 核心技术典型案例(详细). 北京：清华大学出版社，2009

[18] 郝春雨等. Photoshop 字效设计商业案例(详细). 北京：清华大学出版社，2010

[19] 新知互动. Photoshop 文字艺术效果 100 例(详细). 北京：人民邮电出版社，2008

[20] 王红卫. 商业海报设计创意解析范例导航(详细). 北京：清华大学出版社，2007